Partikelerosion in laminaren und schwach turbulenten Strömungen

Dissertation

zur Erlangung des akademischen Grades
Doktor-Ingenieur (Dr.-Ing.)

vorgelegt dem

Zentrum für Ingenieurwissenschaften
der Martin-Luther-Universität Halle-Wittenberg
als organisatorische Grundeinheit für Forschung und Lehre im Range einer Fakultät
(§ 75 Abs. 1 HSG LSA, § 1 Abs. 1 Grundordnung)

von

Dipl.-Phys. Mathias Weickert
geboren am 26.05.1981 in Weinheim

Hauptreferent: Prof. Dr.-Ing. habil. M. Sommerfeld
Korreferent: Prof. Dr.-Ing. habil. U. Fritsching

Stuttgart, den 21.12.2010

Bibliografische Information der Deutschen Nationalbibliothek
Die Deutsche Nationalbibliothek verzeichnet diese Publikation in der Deutschen Nationalbibliografie; detaillierte bibliografische Daten sind im Internet über
http://dnb.d-nb.de abrufbar.

ISBN 978-3-86853-772-7

Sternstr. 18, 80538 München
Tel.: 089/66060798
www.dr.hut-verlag.de

1. Auflage 2011

Vorwort

Die vorliegende Arbeit entstand im Rahmen einer Industriepromotion während meiner Tätigkeit als Doktorand in der Forschung und Vorausentwicklung der Robert Bosch GmbH (Oktober 2006 - Juli 2009).

Mein besonderer Dank gilt Herrn Professor Dr.-Ing. habil. Martin Sommerfeld für die sehr gute Betreuung dieser Arbeit, die am Lehrstuhl für Mechanische Verfahrenstechnik der Martin-Luther-Universität Halle-Wittenberg eingegliedert war. Seine Vorschläge und Anregungen haben zum Gelingen dieser Arbeit wesentlich beigetragen. Ich bedanke mich bei Herrn Professor Dr.-Ing. habil. Udo Fritsching für die freundliche Übernahme des Korreferats.

Ebenso möchte ich mich bei Herrn Dr. rer. nat. Dr.-Ing. Uwe Iben und Dr. rer. nat. Martin Voss bedanken. Die vielen Diskussionen und Ratschläge haben die Richtung dieser Arbeit maßgeblich beeinflusst und ebenfalls zum Gelingen dieser Arbeit beigetragen. Für die stetige, fachliche Unterstützung möchte ich Herrn Dr.-Ing. Gerd Teike meinen freundschaftlichen Dank aussprechen. Bei allen Kollegen, die mich während meiner Zeit am Lehrstuhl und in der Forschung der Robert Bosch GmbH begleitet haben, möchte ich mich gleichermaßen bedanken. Das angenehme Arbeitsklima und der damit verbundene freundschaftliche Umgang haben ein kreatives und konzentriertes Arbeiten ermöglicht.

Bei meinem Kollegen Herrn Dr.-Ing. Helmut Schomburg und Herrn Oliver Schmidt, mit denen ich das Büro geteilt habe, möchte ich mich für die lehrreiche Zeit in freundschaftlicher und humorvoller Atmosphäre bedanken.

Meinen herzlichen Dank für die erfolgreiche und nette Zusammenarbeit gilt meinen Diplomanden Herrn Thorsten Gehrlein, Herrn Mario Kraus, Herrn Ulrich Schill und Herrn Sebastian Langer sowie meinem Praktikanten Herrn Paterne Assogba.

Ich möchte mich bei meiner Familie und meinen Freunden bedanken, die mir auch in schwierigen Zeiten zur Seite standen und mir in meinem Leben außerhalb der Promotion Kraft und Rückhalt gegeben haben.

Inhaltsverzeichnis

Nomenklatur

Lateinische Symbole

a	Koeffizient der Partikel-Wand Interaktion	$-$
a_f	Fit-Parameter	$-$
A	Fläche	m^2
$\mathbf{A}(\boldsymbol{\alpha})$	Drehmatrix	$-$
A_c	Beschleunigungszahl	$-$
A_{SD}	Van Driest Konstante	$-$
b	Kanalbreite	m
b_c	Kontakttiefe	m
b_f	Fit-Parameter	$-$
c	Propagationsgeschwindigkeit	m/s
c_f	Fit-Parameter	$-$
c_s	Schallgeschwindigkeit	m/s
C	Materialkonstante	$m^{0,5}\ s^{2,5}/kg$
C_a	Koeffizient der virtuellen Masse	$-$
C_B	Koeffizient der Basset-Kraft	$-$
C_d	Widerstandsbeiwert	$-$
C_{fp}	Impulsaustausch Koeffizient	$-$
C_{Li}	LES-Lilly Konstante	$-$
C_{LR}	Koeffizient der Magnuskraft	$-$
C_{LS}	Koeffizient der Saffmankraft	$-$
C_S	LES-Smagorinsky Konstante	$-$
C_{SD}	LES-Van Driest Konstante	$-$
C_W	LES-WALE Konstante	$-$
C_X	LES Modellkonstante	$-$
d	Durchmesser	m
d_f	Fit-Parameter	$-$
d_{max}	Größte Hauptträgheitsachse des Partikels	m
D	Rohr-/ Kanaldurchmesser	m
e	Reibungskoeffizient	$-$
$\mathbf{e}_i$	Geschwindigkeitsvektor in Richtung i	m/s
E	Energie	J
$\mathbf{E}_{el}$	Elastizitätstensor	Pa
E_{kin}	Kinetische Energie	J
f	Verteilungsfunktion	kg/m^3
f_{av}	Verhältnis zwischen Fluid- zur Partikelmasse	$-$
$\mathbf{f}_n$	Oberflächennormalen Vektor	m
f^0	Gleichgewichtsfunktion	kg/m^3
f^{neq}	Nicht-Gleichgewichtsfunktion	kg/m^3
F	Kraft	N
$\mathbf{F}$	Kraftvektor	N
$\mathbf{F}_a$	Auftriebskraft	N
$\mathbf{F}_{Basset}$	Basset-Kraft	N
$\mathbf{F}_d$	Widerstandskraft	N
$\mathbf{F}_{History}$	History-Kraft	N
$\mathbf{F}_{LR}$	Magnuskraft	N
$\mathbf{F}_{LS}$	Saffmankraft	N
$\mathbf{F}_{td}$	Turbulente Dispersionskraft	N
$\mathbf{F}_{VM}$	Kraft der virtuellen Masse	N

$\mathbf{g}^d$	Geschwindigkeitsquadrat-Tensor	m^2/s^2
g_0	Radiale Verteilungsfunktion	$-$
g_e	Erdbeschleunigung	m/s^2
$G(\mathbf{x}, \mathbf{x}')$	Filterkern	$-$
h	Kanalhöhe	m
H	Würfelhöhe	m
$HE\text{-}Grad$	Maß für den Volumenstromanstieg	$-$
$HE\text{-}Grad\ Rate$	Maß für die Rate des Volumenstromanstiegs	$1/s$
H_{max}	Maximale Eindringtiefe	m
$\mathbf{I}$	Einheitsmatrix	$-$
$\mathbf{j}$	Vektor der Impulsdichte	$kg/(m^2\ s)$
$\mathbf{J}$	Trägheitstensor	$kg\ m^2$
J_{aa}	Trägheitsmoment um die Körperachse a	$kg\ m^2$
J_{bb}	Trägheitsmoment um die Körperachse b	$kg\ m^2$
J_{cc}	Trägheitsmoment um die Körperachse c	$kg\ m^2$
k	Turbulente kinetische Energie	m^2/s^2
k_1	Materialkonstante	$m^{0,8}/kg^{0,6}$
k_2	Materialkonstante	$1/s$
$\mathbf{k}_n$	Gemittelter Oberflächennormalen Vektor	m
K	Materialkonstante	$m^{0,5}/s^{0,5}$
K_1	Materialkonstante im Tabakoff- und Grantmodell	$m\ s^2/kg$
K_{12}	Materialkonstante im Tabakoff- und Grantmodell	$-$
K_3	Materialkonstante im Tabakoff- und Grantmodell	s^4/m
K_f	Verhältnis zwischen horizontaler zu vertikaler Kraft	$-$
$\mathbf{K}_{\phi_p}$	Kraftaustauschvektor	N/m^3
k_{Θ_p}	Diffusionskoeffizient	m^2/s
l	Längenmaß	m
L	Kanallänge	m
$\mathbf{L}$	Drehimpulsvektor	$kg\ m^2/s$
$\Delta\mathbf{L}$	Änderung des Drehimpuls	$kg\ m^2/s$
$L_{\nu K}$	Karmansches Längenmaß	m
m	Masse	kg
$\mathbf{m}$	Moment im MRT Verfahren	$-$
$\mathbf{M}$	Drehmomentvektor	$kg\ m^2/s^2$
$\mathbf{M}_t$	Transformations Matrix	$-$
n	Anzahldichte	$1/m^3$
n^*	Rate des Geschwindigkeitsverlusts	$1/s$
N	Anzahl	$-$
$\overline{OP}$	LES-Modell Operator	$1/s$
p	Betrag des Impuls	$kg\ m/s$
$\mathbf{p}$	Impulsvektor	$kg\ m/s$
P	Druck	Pa
P_f	Fließdruck	Pa
P_m	Mittlerer maximal-elastischer Belastungsdruck	Pa
P_{max}	Maximaler Druck bei elastischer Verformung	Pa
q	Variabler Wandabstand	$-$
q_3	Verteilungsdichte	$1/m$
$\mathbf{q}_{\Theta_p}$	Diffusion der granularen Temperatur	$N/(m\ s)$
Q_3	Verteilungssumme	$-$
r	Radius	m
r_c	Abstandshöhe bei der Kollision	m
R_{Kante}	Krümmungsradius	m
s	Mittlerer Partikelabstand im granularen Medium	m

Δs	Partikelabstand	m
s_a	Activity Parameter	$-$
s_i	Kollisionsparameter	$-$
$\mathbf{S}$	Schertensor	$1/s$
$\mathbf{S}_\phi$	Quellterm	kg/s
ΔS_m	Systemlänge	m
ΔS_n	Charakteristische Länge	m
$scale$	Skalierungsfaktor	$-$
t	Zeit	s
T	Temperatur	$Kelvin$
TS	Turbulente Schwankung	m^2/s^2
Δt	Zeitschrittweite	s
t_c	Kontaktzeit	s
t_{ende}	Zeitpunkt am Ende	s
t_s	Systemzeit	s
T_{Takt}	Taktzeit	s
u	Betrag der Geschwindigkeit	m/s
$\mathbf{u}$	Geschwindigkeitsvektor	m/s
$\dot{u}$	Betrag der Beschleunigung	m/s^2
$\dot{\mathbf{u}}$	Beschleunigungsvektor	m/s^2
$\mathbf{u}_{el}$	Elastische Deformationsgeschwindigkeit des Materials	m/s
$u_{o,p}$	Virtuelle Geschwindigkeit	m/s
u_{pp}	Gemittelte Schergeschwindigkeit	m/s
$\mathbf{u}_{\mathbf{pp}}$	Schergeschwindigkeitsvektor des granularen Mediums	m/s
u_τ	Reibungsgeschwindigkeit	m/s
u_+	Dimensionslose Geschwindigkeit	$-$
U	Umfang	m
U_R	Geschwindigkeit nach Reichardt	m/s
U_R^+	Dimensionslose Geschwindigkeit nach Reichardt	$-$
V	Volumen	m^3
ΔV	Volumen der Gitterzelle	m^3
w	Fluidknoten	$-$
W	Volumenabtrag	m^3
x	Ortskoordinate	m
Δx	Gitterweite	m
Δx_{max}	Maximale Gitterweite im Fluidgebiet	m
Δx_{min}	Minimale Gitterweite im Fluidgebiet	m
y	Wandabstand	m
y_{el}	Maximale elastische Druckbelastung	Pa
y_t	Schnitttiefe	m
y_+	Dimensionsloser Wandabstand	$-$
Y	Massenanteil	$-$
$\mathbf{Z}$	Diagonalisierte Kollisions Matrix	$-$

Griechische Symbole

α	Betrag des Winkels	$Grad$
$\boldsymbol{\alpha}$	Vektor des Winkels	$Grad$
β	Rotationsfrequenz des Partikels bei der Kollision	$1/s$
Δ	Filterweite	m
ϵ	Volumenanteil	$-$
ϵ_m	Materialkonstante	J/m^3
ϵ_μ	Viskose Dissipation	$1/s^2$

ϵ_t	Turbulente Dissipation	$1/s^2$
γ_{Θ_p}	Dissipationsrate der kinetischen Energie	$N/(m^2\ s)$
κ	Karman-Konstante	–
λ_f	Lamé Viskositätskonstante	$kg/(m\ s)$
λ_p	Partikelform Parameter	–
μ	Dynamische Viskosität	$kg/(m\ s)$
ν	Kinematische Viskosität	m^2/s
ν_0	Molekulare Viskosität	m^2/s
ν_{po}	Poissonzahl	–
ν_t	Turbulente Viskosität	m^2/s
ν_{tf}	Kinematische Wirbelviskosität der Fluidphase	m^2/s
ν_{total}	Totale Viskosität	m^2/s
ω	Betrag der Rotationsfrequenz	$1/s$
$\boldsymbol{\omega}$	Vektor der Rotationsfrequenz	$1/s$
ω_i	Wichtungsfaktor	–
ω_{turb}	Turbulente Dissipation	$1/s$
$\boldsymbol{\Omega}$	Rotationstensor	$1/s$
$\phi_{f,p}$	Energietransfer vom Partikel zur Fluidphase	$N/(m^2\ s)$
ϕ_m	Materialkonstante	J/m^3
Φ	Strömungsgröße	–
Ψ	Verhältnis zwischen Wall zu Schnitttiefe	–
φ	Rotationswinkel in der Aufprallebene	$Grad$
$\tilde{\rho}$	Effektive Dichte	kg/m^3
ρ	Dichte	kg/m^3
ρ_0	Mittlere Dichte	kg/m^3
$\boldsymbol{\sigma}$	Reibspannungstensor	Pa
σ_{tf}	Turbulente Schmidt Zahl der Fluidphase	–
σ_ϕ	SAS Modellkonstante	–
τ	Relaxationszeit	s
τ_0	Dimensionslose molekulare Relaxationszeit	–
τ_c	Kollisionszeit	s
τ_{pp}	Scherrate des granularen Mediums	Pa
τ_{relax}	Partikel-Relaxationzeit	s
τ_s	Systemzeit	s
τ_t	Turbulenter dimensionsloser Relaxationsparameter	–
τ_{total}	Totaler dimensionsloser Relaxationsparameter	–
Θ	Statistisch gemittelter Partikelwinkel	$Grad$
Θ_{pp}	Granulare Temperatur	m^2/s^2
Θ_z	Trägheitsmoment um die z-Achse	$kg\ m^2$
ξ	Wichtungsfaktor	–
ζ	SAS Modellkonstante	–

Indizes

0	Initiale Größe
'	Turbulenter Teil
¯	Hauptteil
˜	Gemessen
$\perp$	Orthogonale Richtung
$\|\|$	Parallele Richtung
a, b, c	Richtung der Hauptachsen
cut	Schnitterosion
def	Deformation

eff	Effektiv
el	Elastisch
i, j, k, s, l	Schleifenvariable
f	Fluid
fric	Reibung
Geo	Geometrie
haupt	Hauptrichtung
kin	Kinetisch
kol	Kollision
LB	Lattice-Boltzmann
mittel	Arithmetisches Mittel
n	Normalenrichtung
p	Partikel
P	Druck
Pro	Prozess
pl	Plastisch
rel	Relativ
rot	Rotation
S	Smagorinsky
SL	Spritzlochachse
t	Tangentiale Richtung
w	Wand

Dimensionslose Kennzahlen

Cr	Courantzahl
Eu	Eulerzahl
Kn	Knudsenzahl
Ma	Machzahl
Re	Reynoldszahl
Re_r	Rotations-Reynoldszahl
Re_s	Scher-Reynoldszahl
Re_τ	Reibungsbezogene Reynoldszahl
St	Stokeszahl

Mathematische Operatoren und Funktionen

$\mathbb{N}$	Natürliche Zahlen
$\Re$	Reelle Zahlen

Bezeichnungen und Abkürzungen

BBO	Basset-Boussinesq-Oseen
BSA	Burst-Spectrum-Analyzer
DNS	Direkte numerische Simulation
EEV	Euler-Euler Verfahren
ELV	Euler-Lagrange Verfahren
Cl	Clavus
EVG	Elektrisches Vorschaltgerät
HE	Hydro-Erosion
LB	Lattice-Boltzmann
LBGK	Lattice-Bhatnagar-Gross-Krook
LDA	Laser-Doppler-Anemometrie

LES	Large-Eddy-Simulation
Mo	Morlina
MRT	Multiple-Relaxation-Time
NoS	Non-Slip
PIV	Particle-Image-Velocimetry
RANS	Reynolds-Averaged Navier-Stokes
REM	Raster-Elektronen-Mikroskop
RST	Reynoldscher Spannungsterm
SAS	Scale-adaptive Simulation
SGS	Subgrid-scale
SmS	Small-Slip
SPD	Single-Particle-Dynamics
SST	Shear-Stress-Transport

Kapitel 1

Einführung

Verbrauchs- und Emissionsreduzierung von Verbrennungsmotoren stellen Schwerpunkte der Entwicklungsarbeit in der Automobilindustrie dar. Im Bereich der dieselmotorischen Verbrennung wird eine Reduzierung sowohl der Stickstoffoxide NOx als auch der Rußpartikel angestrebt, um die im europäischen Gesetz [1] vorgeschriebene Abgasnorm einhalten zu können. Hierzu werden stetig präziser und sparsamer arbeitende Einspritzsysteme gefordert. In der Dieseleinspritztechnik mittels Common-Rail Injektoren sind verschiedene von Kraftstoff durchströmte Bauteile im Einsatz. Im Common-Rail Injektor wird Kraftstoff über eine Hochdruckleitung (Common-Rail) in das Spritzloch der Einspritzdüse gepumpt [2]. Der zeitliche Verlauf der Kraftstoffmenge wird sowohl über die Stellung der Ventilnadel als auch über Drosselplatten gesteuert. Die Bauteile bestehen aus Bohrungen, welche neben dem Kraftstofftransport auch zur hydraulischen Steuerung des Einspritzvorgangs und zur Sprayerzeugung im Motorraum dienen. Die Bohrungen besitzen Lochdurchmesser im Mikrometerbereich bei zugleich eng toleriertem Massendurchfluss. Die präzise fertigungstechnische Umsetzung dieser Durchflusstoleranzen hat für den Einspritzvorgang eine hohe Relevanz. Drosselplatten beeinflussen über jeweils eine Zu- und Ablaufdrossel das Steuerverhalten des Einspritzsystems. Die Brennstoffzerstäubung und Eindringtiefe in den Brennraum wird außer durch den angelegten Druck über die Düse auch von der Spritzlochgeometrie der Einspritzdüsen stark beeinflusst [3]. Das Turbulenz- und Kavitationsverhalten sowie das Geschwindigkeitsprofil der Düseninnenströmung ist stark von der Lochform abhängig [4]. Die Mikrobohrungen der Einspritzdüsen oder Drosseln werden in einem Erodierprozess hergestellt, bei dem sich im Allgemeinen weder scharfe Kanten noch raue Wände vermeiden lassen [5]. Beide Phänomene führen zu einer Durchflussreduktion und können in Extremfällen Hitze- oder Kavitationsschäden in den Bauteilen hervorrufen. Um solche Schäden zu vermeiden, muss die Innenkontur der jeweiligen Geometrie geglättet und auftretende Ecken abgerundet werden. Hierzu wird der Prozess des hydro-erosiven Verrundens, kurz HE-Runden, eingesetzt, der sich durch eine sehr kurze Bearbeitungszeit des Bauteils auszeichnet. Das HE-Runden wird durch eine Zweiphasenströmung realisiert, die aus einer Fluidphase (Mineralöl) und einer dispersen Phase, dem Schleifkorn, zusammengesetzt ist. Bei dem Schleifkorn handelt es sich um Mikropartikel, die eine ähnlich hohe Materialhärte wie Diamant besitzen [6]. Sie sind in der Lage, Kanten zu verrunden und raue Wände zu glätten. Darüber hinaus führt das Verfahren stets zu einer Optimierung des Durchflusses, weil sich das Schleifmedium den Weg mit dem geringsten Strömungswiderstand sucht [7].

1.1. Motivation und Zielsetzung

Das hydro-erosive Verrunden wird bei der Robert Bosch GmbH mehrere Millionen mal pro Jahr angewandt. Die physikalischen Zusammenhänge zwischen den einzelnen Parametern des hydro-erosiven Verrundens wie zum Beispiel des Drucks oder des Schleifkorns auf die Spritzlochform liegen außer als heuristische Erfahrungen in der Fertigung nicht vor. Die Erfahrungen aus der Fertigung beruhen nur auf gemessenen globalen Größen wie zum Beispiel dem Einlass- und Auslassdruck oder dem Massendurchfluss. Je nach Geometrietyp der Düse stellt sich ein anderes Verrundungsverhalten ein. Schädigungen an der Wand des Spritzlochs können an neuen Düsengeometrien nicht vorhergesagt werden. Um zukünftige Abgasnormen wie Euro 6 [1] einzuhalten, ist es erforderlich die dieselmotorische Verbrennung weiter zu optimieren. Eine weitere Zielgröße ist zudem die zeitliche Optimierung des hydro-erosiven Verrundens. Aktuell werden

Düsen in einer Fertigungszeit innerhalb wenigen Sekunden hergestellt. Die langfristige Zielsetzung der Robert Bosch GmbH ist es, durch die systematische Untersuchung der physikalischen Zusammenhänge des hydro-erosiven Verrundungsprozesses eine Taktzeitreduzierung bei gleichzeitiger Qualitätsverbesserung zu erreichen. Hierzu wird in dieser Dissertation ein Simulationsprogramm für das hydro-erosive Verrunden erstellt, welches mittels experimenteller und numerischer Untersuchungen entwickelt und anschließend an Bosch relevanten Bauteilen validiert wird. Insbesondere ist hierbei zu beachten, dass für die numerische Berechnung des kompletten HE-Prozesses die Rechenzeit nicht mehr als wenige Stunden betragen darf. Nur so kann das Softwareprogramm praktikabel bei der Entwicklung und Optimierung von Bauteilen angewendet werden.

1.2. Trägermedium und Schleifpartikel

Als feste disperse Phase wird das Schleifpartikel Borkarbid B_4C verwendet, das sich durch seinen hervorragenden Abrasionswiderstand und seine hohe Materialhärte auszeichnet [6]. Die Form der Schleifkörner ist mit einer REM (Raster-Elektronen-Mikroskop) Aufnahme in Abbildung 1.1 zu sehen.

Abbildung 1.1.: REM Aufnahme der Borkarbid-Größenklasse F1000. Die einzelnen Schleifkörner sind im Allgemeinen sehr scharfkantig und besitzen unterschiedliche Kantenlängen.

Es handelt sich hierbei um scharfkantige, unregelmäßig geformte Partikel. Im Allgemeinen sind die Kantenlängen eines Partikels unterschiedlich. In der Tabelle 1.2.1 sind die Materialeigenschaften der verwendeten Korngrößen des Borkarbids und den eingesetzten Öle aufgelistet.

	Morlina5	Morlina10	Clavus32	Morlina68	F3000	F1200	F1000	F400
Dichte bei $40°C$ $[kg/m^3]$	869	881	896	899	2520	2520	2520	2520
Härte [HV 0,1]	-	-	-	-	3000	3000	3000	3000
Mittlere[1] Korngröße $[\mu m]$	-	-	-	-	2,0	4,2	5,0	25,0
Kinematische Viskosität bei $40°C$ $[mm^2/s]$	5	10	32	68	-	-	-	-

Tabelle 1.2.1.: Materialeigenschaften der verwendeten Öle und Schleifkörner [6, 8].

Als Trägermedium werden Mineralöle in verschiedenen Viskositätsklassen eingesetzt [8]. In der Serienfertigung haben sich drei verschiedene Mineralöle mit den Handelsnamen Morlina5, Morlina10 und Clavus32 etabliert. Morlina5 und Morlina10 zeichnet sich durch eine hohe Alterungsbeständigkeit und ein stabiles Temperatur-Viskositäts Verhalten aus. Clavus32 kann Schädigungen an der Spritzlochwand durch seine höhere Viskosität bei bestimmten Düsentypen vermeiden. Zusätzlich wird in dieser Arbeit der Einfluss

[1] Massenbezogen

des Öls Morlina68 auf die Erosion untersucht. Die Idee der Verwendung eines hoch-viskosen Mineralöls entstand im Rahmen dieser Arbeit anhand von Messungen an einer Drossel. Das Morlina68 besitzt das Potential eine gleichmäßigere Erosion im Spritzloch bewirken. Der Volumenanteil der dispersen Phase darf nur bis zu maximal vier Prozent betragen, da sonst die Anlage verstopft. Das verwendete Schleifmedium Borkarbid kommt in den Kornklassen F400, F1000, F1200 und F3000 zum Einsatz.

1.3. Dynamik des hydro-erosiven Verrundens

Das hydro-erosive Verrunden zeichnet sich durch seine stark, zielgerichtete Einlasskantenverrundung aus. Andere Bereiche im Spritzloch werden hingegen je nach Düsentyp mehr oder weniger stark abgetragen. In Abbildung 1.2 ist die Erosionsrate an der Spritzlochgeometrie über den zeitlichen Verlauf des HE-Prozesses dargestellt. Phase I zeigt im Wesentlichen die Verrundung der Einlasskante im Spritzloch.

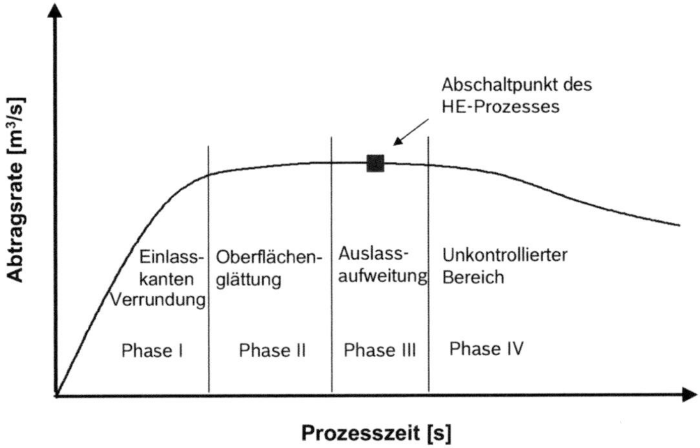

Abbildung 1.2.: Darstellung des zeitlichen Verlaufs der Abtragsrate im Spritzloch einer Einspritzdüse (siehe Abbildung 1.7).

Zu Beginn des HE-Prozesses erzeugt die scharfe Einlasskante ein Strömungsfeld, das die Partikel nur unter einem flachen Aufprallwinkel an die Einlasskante transportiert. Die Partikel werden zudem von der Wand in Richtung der Hauptströmung getrieben. Im Verlauf der Phase I entwickelt sich ein Strömungsfeld, welches die Partikel immer mehr zur Einlasskante fördert und sich somit die Erosionsrate erhöht. In der Phase II wird die Oberfläche der Spritzlochwand geglättet, weil die mittlerweile verrundete Einlasskante ein Strömungsfeld generiert, das die Partikel nicht mehr komplett von der Wand ablenkt. Danach verursacht das HE-Verfahren eine Aufweitung des Spritzlochs in Richtung des Auslasses, weil die Spritzlöcher durch ihre Konizität die Partikel im Verlauf des Spritzlochs zur Wand beschleunigen (Phase III). In diesem Bereich wird der HE-Prozess beendet. Eine längere Verrundungszeit lässt aufgrund der großen Lochaufweitung am Auslass keinen gezielten Abtrag der Einlasskante mehr zu (Phase IV).

1.4. Hydro-erosives Verrunden im industriellen Fertigungsprozess

Das HE-Runden wird bei der Robert Bosch GmbH hauptsächlich an einzelnen Bohrungen des Common-Rail Injektors angewendet. Das Einstellen der erodierten Bohrungen auf ein definiertes Durchflussvolumen ist nötig, damit Injektoren gleichen Typs über ihren Lebenszyklus im selben Betriebspunkt dieselbe Kraftstoffmenge einspritzen. Damit kann dauerhaft ein stöchiometrisch optimales Kraftstoff-Luft-Verhältnis im Motor gewährleistet werden [9]. Das Schleifmedium wird solange unter konstantem Druck durch die Bohrungen der Düsen oder Drosseln gefördert, bis der gemessene Solldurchfluss erreicht ist [10]. Mittels Durchflussprüfstationen wird der Fertigungsprozess kontrolliert. Aufgrund der hohen Stückzahlen werden hierzu automatisierte Anlagen (HE-Linien) verwendet. Diese bestehen im Wesentlichen aus Erodier-, Durchflussprüf- und den eigentlichen HE-Teilstationen.

1.4.1. Einspritzsystem Common-Rail

Eine wichtige Komponente moderner Dieselmotoren ist das Einspritzsystem. Eines der modernsten Systeme ist das Piezo Common-Rail System, in dem sich Diesel unter hohem Druck (bis zu 2000 bar) in einem Speicher befindet, der mit allen Injektoren verbunden ist [2]. Die Einspritzung des Treibstoffs in den Brennraum erfolgt über einen Injektor je Zylinder. Die Erzeugung eines gleichbleibenden Hochdrucks anhand einer autarken Kolbenpumpe sowie die Speicherung des Hochdrucks bringen für die Common-Rail-Anlage enorme Vorteile mit sich. Die Grundidee ist die vollständige Trennung der Druckerzeugung vom eigentlichen Einspritzvorgang. Nur in diesem Fall ist eine ausschließlich durch Kennfelder gesteuerte Einspritzung möglich. Einspritzzeitpunkt und Einspritzmenge werden durch die Motorelektronik, dem Steuergerät, geregelt [11]. Die Injektoren erhalten von diesem Rail ihren Kraftstoff bei einem konstant vorherrschenden Raildruck. Durch die kurzen Wege zwischen dem Verteilerrohr und den Injektoren (siehe Abbildung 1.3) ergeben sich kurze Druckanstiegszeiten im Injektor, die den Verbrennungsprozess und dessen Steuerung deutlich verbessert.

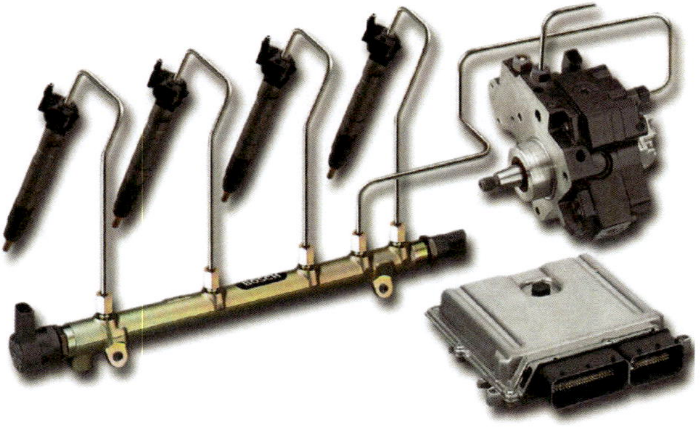

Abbildung 1.3.: Bauteile des Common-Rail Systems [9]: Verteilerrohr (Rail), Injektoren, Hochdruckpumpe und ECU-Steuergerät. Über ein Druckregelventil wird der Kraftstoff aus dem Tank in das Rail mittels der Hochdruckpumpe befördert.

Es sind verschiedene Einspritzungen wie zum Beispiel die Voreinspritzung, die Haupteinspritzung und die Nacheinspritzung realisierbar. Bei einem kurzen Voreinspritzen im Teillastbereich von ca. 0,4 ms wird der Temperaturanstieg sowie der Spitzendruck geringer und somit eine gute Durchmischung des eingespritzten Kraftstoffs unterstützt. Je häufiger die Haupteinspritzung unterteilt wird, desto stärker nimmt die Härte der Verbrennung und damit das Verbrennungsgeräusch ab [2]. Dies gilt besonders für neuere Anlagen, bei denen die Einspritzmenge in bis zu fünf Teilmengen aufgespalten wird. Dabei dienen die nach der Hauptmenge erfolgten Einspritzungen der Aufbereitung der Abgase durch bessere Oxidation im Zylinder und höhere Temperatur im Abgasstrang. Gleichzeitig steigen die Einspritzdrücke auf bis zu 2000 bar [10].

1.4.2. Aufbau eines Common-Rail Injektors

Ein Injektor besteht aus einem Aktor, der den Nadelhub in der Einspritzdüse steuert, die elektrische Steuerung des Aktors und einem hydraulischen Kraftstoffsystem. Um den Kraftstoff gezielt zur berechneten Zeit und in der jeweils vorgegebenen Menge in den Verbrennungsraum zu lenken, müssen die von der Steuerung vorgegebenen Signale exakt umgesetzt werden. Aktuell gibt es zwei verschiedene Bauarten von Common-Rail Injektoren, die sich im Wesentlichen durch die Ausführung des Aktors unterscheiden. Die ältere Generation von Injektoren arbeitet mit einem elektromagnetischen Aktor (CRI-MV). Hingegen bietet die neue Generation von Common-Rail Injektoren (siehe Abbildung 1.4) durch ihren piezoelektrischen Aktor (CRI 3.0) große Vorteile im Hinblick auf die Reaktionszeit der Düsennadel des Injektors.

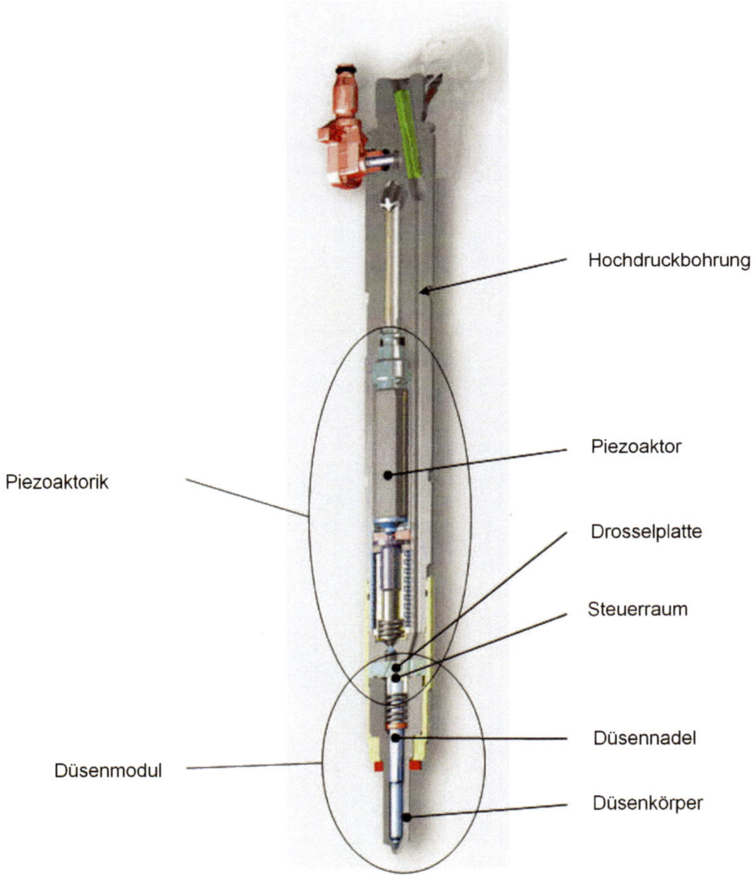

Abbildung 1.4.: Schematischer Aufbau des Piezo Common-Rail Injektors [12].

Der Kraftstoff wird über die Hochdruckbohrung in den Steuerraum geleitet. Drosselplatten steuern hierbei den Zu- und Abfluss des Kraftstoffs. Die Position der Düsennadel wird über den Aktor geregelt. Je nach Stellung der Nadel wird der Zufluss des Kraftstoffs zum Spritzloch des Düsenkörpers eingestellt.

1.4.3. Hydro-Erosion an Drosselplatten

Die Funktion eines Common-Rail Injektors wird von der Arbeitsweise und Steuerung seiner Piezoaktorik geprägt. Die Schaltfunktion kann als 2/2- oder 3/2-Wegeventil ausgeführt sein. Ein Bauteil von zentraler Bedeutung ist dabei die mit zwei Bohrungen (Drosseln) versehene Drosselplatte (siehe Abbildung 1.5).

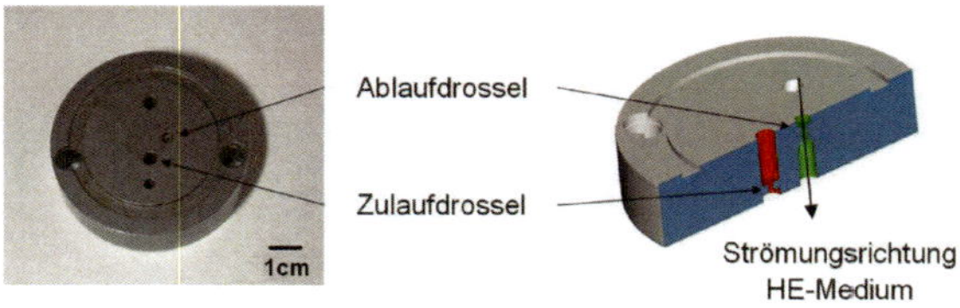

Abbildung 1.5.: Links: Drosselplatte. Rechts: Schematische Skizze der Bohrungen.

Über die Dimensionierung dieser beiden so genannten Zu- und Ablaufdrosseln (Z- und A-Drossel) zum Steuerraum wird das Steuerverhalten des Injektors geprägt. Sie erfolgt über die Spezifizierung der Durchflusswerte der beiden Drosseln. Fertigungstechnisch wird dies durch das hydro-erosive Verrunden in jeweils einer separaten Aufspannung pro Drossel umgesetzt.

1.4.4. Hydro-Erosion an Einspritzdüsen

Die Einspritzdüse dient als Schnittstelle zwischen der Kraftstoffversorgung und dem Verbrennungsraum im Motor. Sie ist im Zusammenspiel mit den Komponenten aus dem Düsenmodul (siehe Abbildung 1.6) außerdem für die Abdichtung des Brennraumes verantwortlich.

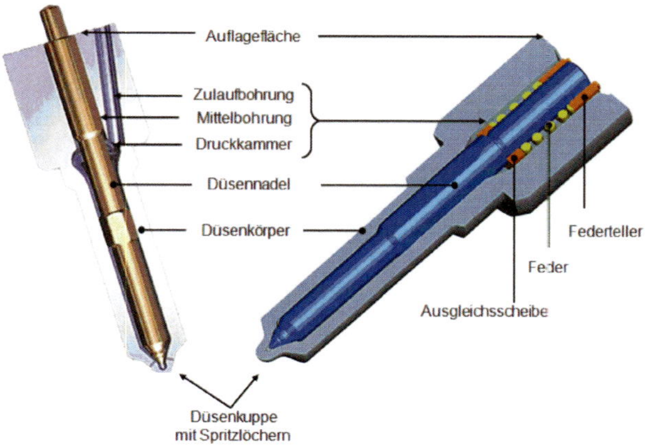

Abbildung 1.6.: Links: Aufbau der Düse. Rechts: Skizze der Düse im Inneren des Bauraums [11].

Zudem besitzt sie einen starken Einfluss auf die Einspritzdauer und -menge sowie auf die Aufbereitung und gezielte Einbringung des Kraftstoffs in den Brennraum. Der untere Teil des Düsenmoduls besteht aus einem Düsenkörper und einer Düsennadel. Solange keine Einspritzung stattfindet, wird die im Düsenkörper geführte Nadel von einem Bolzen im Injektor in den Sitz gedrückt. Sobald der Bolzen angehoben wird, hebt eine aus den Druck- und Flächenverhältnissen resultierende Kraft die Nadel aus dem Sitzbereich und der Kraftstoff wird in den Brennraum eingespritzt. Beim Piezo-Düsenmodul entfällt durch die Freiflächen der Düsennadel die aufwändige Fertigung der Druckkammer. Die Ansteuerung der Düsennadel beim Piezo-Injektor erfolgt nicht wie beim Magnet-Injektor über einen Bolzen, sondern rein hydraulisch. Aus diesem Grund setzt sich das Düsenmodul aus den eigentlichen Grundbauteilen Düsennadel und Düsenkörper sowie aus den Einzelteilen Ausgleichsscheibe, Federteller und Feder zusammen.

Neben der Einteilung der Düsenarten in Düsen und Düsenmodulen wird zwischen Sackloch- und Sitzlochdüsen unterschieden (siehe Abbildung 1.7). Bei der Sacklochdüse befindet sich unter der Nadel eine kleine Kammer, die über die Spritzlöcher mit dem Brennraum verbunden ist. Der im Sackloch verbleibende Brennstoff kann somit nach der Einspritzung undefiniert in den Brennraum gelangen und verschlechtert dadurch das Emissionsverhalten des Motors. Um dies zu vermeiden, wurde die Sitzlochdüse entwickelt. Allerdings kann hier durch Verkippen der Nadelsitzachse zur Körperachse die Nadelspitze nicht-zentriert stehen und somit eine unterschiedliche Vordrosselung für die einzelnen Spritzlöcher verursachen. Dadurch entsteht ein unregelmäßiges Strahlbild, weshalb heute Düsen mit minimiertem Sackloch, den sogenannten Mini- und Mikrosacklochdüsen, vermehrt eingesetzt werden. Jede Düse besitzt mehrere Spritzlochbohrungen, deren Geometrie im Wesentlichen die Brennstoffzerstäubung im Brennraum und somit die Motorcharakteristik beeinflusst.

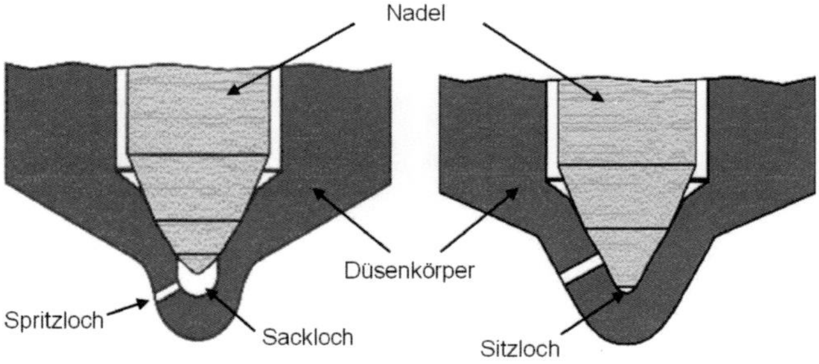

Abbildung 1.7.: Schematische Darstellung einer Düse. Links: Sackloch. Rechts: Sitzloch.

Die Zuströmung wird vor allem durch das hydro-erosive Verrunden an den Einlasskanten des Spritzlochs optimiert. Abbildung 1.8 zeigt die Einlasskante vor und nach dem hydro-erosiven Verrunden.

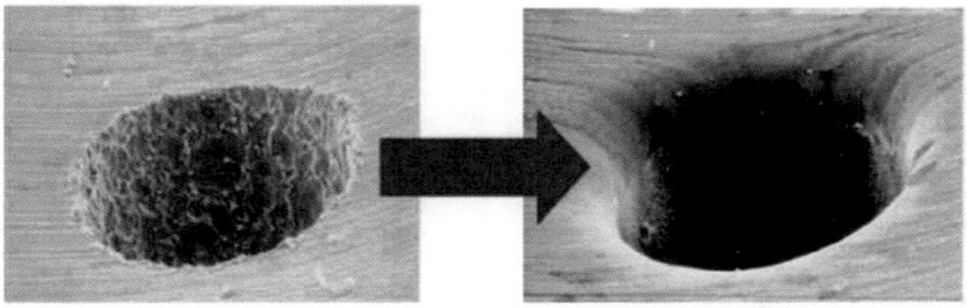

Abbildung 1.8.: Raster-Elektronen-Mikroskop Aufnahme der Einlasskante eines Spritzlochs vor dem hydro-erosiven Verrunden (links) und nach dem hydro-erosiven Verrunden (rechts). Der Spritzlochdurchmesser an der Einlasskante beträgt vor dem Verrunden 120 μm.

Die Einlasskante ist deutlich verrundet worden. Auch die rauhe Wand an der Spritzlochwand konnte durch den HE-Prozess geglättet werden.

1.5. Herausforderungen bei der Untersuchung des hydro-erosiven Verrundens

Eine der Herausforderungen beim hydro-erosiven Verrunden liegt in der Entwicklung eines für verschiedene Geometrien anwendbaren Erosionsmodells sowie die korrekte Beschreibung des Partikeltransports nicht-sphärisch geformter Schleifkörner in laminaren und schwach turbulenten Strömungen. Die Beschreibung des Partikeltransports ist für die Entwicklung eines Erosionsmodells notwendig, weil die lokalen Partikeleigenschaften wie zum Beispiel die Geschwindigkeit oder der Aufprallwinkel in die Entwicklung des Erosionsmodells mit einfließen. Hingegen ist eine experimentelle Beobachtung wie zum Beispiel Geschwindigkeit der mikroskaligen Partikelabmaße und des oftmals nicht vorhandenen optischen Zugangs sehr schwierig.

1.5.1. Numerische und experimentelle Untersuchung der Fluidphase

Die numerische Beschreibung der einphasigen Fluidströmung stellt eine Herausforderung in der Abbildung des transienten Bereichs zwischen der laminaren und turbulenten Strömung dar. Eine direkte numerische Simulation (DNS) ist aufgrund des numerischen Rechenaufwands in der Praxis nicht anwendbar. Die DNS konnte aber unter anderem von Eggels et al. [13] anhand von Messdaten validiert werden. Turbulenzmodelle ermöglichen es, das Strömungsfeld auf einer größeren Zeit- und Raumskala korrekt abzubilden, ohne dabei die kleinsten turbulenten Wirbel vollständig aufzulösen. Damit wird durch die Turbulenzmodellierung eine akzeptable Rechenzeit erreicht. Jedoch können nur bestimmte Turbulenzmodelle, wie zum Beispiel das „LES-WALE“ Modell [14] bei der sogenannten „Large-Eddy Simulation“ (LES) [15] oder das „scale-adaptive Simulation“ Modell [16] bei der skalen-adaptiven Turbulenzmodellierung, den transienten Übergang zwischen dem laminaren und transienten Bereich abbilden [14]. Es ist aus der Literatur [15, 17, 18, 19] bekannt, dass die Turbulenzmodelle je nach Anwendung und Rechengitterauflösung eine unterschiedliche Vorhersagequalität besitzen.

Die Strömung des hydro-erosiven Verrundens an Einspritzdüsen befindet sich je nach Düsentyp im transienten Bereich zwischen einer laminaren und einer schwach turbulenten Strömung. Das Turbulenzmodell sowie die Rechengitter- und Zeitauflösung muss demzufolge für die Berechnung des komplexen Strömungsfelds der Düseninnenströmung anhand von Messdaten bestimmt werden.

Eine Messmethode zur Bestimmung des Strömungsfelds in der Düse existiert bisher noch nicht, da der optische Zugang zum Spritzloch der Düse nicht vorhanden ist. Durch eine Plexiglasdüse im Originalmaßstab kann mittels einer mikro „3D Particle-Image-Velocimetry“ [20] das Strömungsfeld gemessen werden. Jedoch ist die räumliche Auflösung des Strömungsfelds nach aktuellem Stand der Technik nur sehr grob möglich.

In der Strömungsberechnung des hydro-erosiven Verrundens wird ein newtonsches Eigenschaft des Trägermediums (Mineralöl) vorausgesetzt, was bei Scherraten in der Größenordnung von 10^9 1/s keine Gültigkeit mehr besitzt [21]. Bei der Düseninnenströmung entsteht nach heutigem Stand an der Einlasskante des Spritzlochs eine maximale Scherrate des Fluidmediums von 10^7 1/s. Der Trend beim hydro-erosiven Verrunden kann in naher Zukunft die kritische Grenze erreichen.

1.5.2. Nicht-sphärischer Partikeltransport

Die Ermittlung der dynamischen Eigenschaften von Partikeln ist experimentell nur an makroskopischen Partikel unter einem sehr hohen Aufwand möglich. Das Experiment müsste eine drei-dimensionale Verfolgung des Partikels erlauben und zudem das Strömungsfeld visualisieren können. Die Simulation eines hochaufgelösten Partikeltransports ist mit den aktuellen Rechnerleistungen zu rechenintensiv, um damit den HE-Prozess in akzeptabler Rechenzeit abbilden zu können. Es existieren vereinfachte Modelle wie das Euler-Euler Verfahren, das unter anderem bei Bruns et al. [22] beschrieben wird, oder das Euler-Lagrange Verfahren, das zum Beispiel bei Sommerfeld [23] erläutert wird. Beide Modelle unterliegen der Annahme, dass die Partikel eine sphärische Form besitzen. Diese Modelle wurden zur Simulation des hydro-erosiven

Verrundens bereits zum Beispiel von Rizkalla [24] und Urzua [25] an einfachen Modellgeometrien eingesetzt. Die genannten Modelle beschreiben aber den Partikeltransport der Schleifkörner zu ungenau, um daraus ein von der Geometrie unabhängiges Erosionsmodell ableiten zu können.

In dieser Arbeit muss folglich einer der vereinfachten Ansätze auf die Bewegung nicht-sphärischer Partikel erweitert werden, um überhaupt ein HE-Softwaretool bei akzeptabler Rechenzeit einsetzen zu können. Das Euler-Euler oder das Euler-Lagrange Verfahren kann auf nicht-sphärische Partikel erweitert werden, in dem eine Transportgleichung für nicht-sphärische Partikel in die jeweiligen Verfahren implementiert wird.

Die Ermittlung der Transportgleichung für nicht-sphärische Partikel muss über ein hochauflösendes Verfahren realisiert werden. Hierbei steht die Bestimmung des Einflusses der Partikelform auf die Dynamik des Partikels in laminaren und schwach turbulenten Strömungen im Vordergrund. Darüber hinaus müssen auch die Strömungsprofile sowie die Partikelorientierungen und Eigenrotationen des Partikels variiert werden, um eine verallgemeinerte Transportgleichung bestimmen zu können. Für sphärische Partikel existiert, wie zum Beispiel bei Crowe et al. [26] beschrieben, eine solche Transportgleichung. Hölzer und Sommerfeld [27] zeigen, dass die Bestimmung einer verallgemeinerten Transportgleichung mittels dem Lattice-Boltzmann Verfahren möglich ist. Sie untersuchten unter anderem würfelförmige und zylinderförmige Partikel. Mit diesem numerisch aufwendigen Verfahren muss dann für jede Partikelform eine individuelle Transportgleichung ermittelt werden. Aufgrund des hohen numerischen Aufwands und der aufwendigen Ermittlung der Transportgleichung, muss ein repräsentatives Schleifpartikel ermittelt werden. Dies stellt eine große Herausforderung dar, da ein Standardteilchen des Schleifkorns aus vielen verschieden geformten Partikeln herauszufinden ist.

Die Benutzung von kommerziellen Strömungslöser wie ANSYS CFX11 [28] oder CFD++ [29] sind aus Gründen der Rechenzeit und der nur linearen räumlichen Interpolation zwischen einer um das Partikel hochaufgelösten Gitterstruktur und dem fixierten Rechengitter nicht möglich. Deshalb muss in dieser Dissertation ein zweites Simulationsprogramm entwickelt werden, welches die Partikel hochaufgelöst untersuchen und somit den Einfluss der Partikelform auf den Partikeltransport ermitteln kann.

Beim hydro-erosiven Verrunden können auch Partikel-Partikel-Stöße einen signifikanten Einfluss auf das Strömungsfeld besitzen, da im Prozess eine Partikel-Volumenkonzentration von bis zu 4% im Tank vorliegt. In der Euler-Euler Formulierung existiert für die Abbildung der Partikel-Partikel-Stöße die Theorie der granularen Medien [30]. Somit können Partikel-Partikel-Stöße für sphärische Partikel mit dem Modell nach Bouillard et al. [31] berücksichtigt werden. In dem etablierten kommerziellen Löser ANSYS CFX11 ist dieses Modell implementiert. Eine Erweiterung des Modells auf nicht-sphärische Partikel ist noch aktueller Stand der Forschung und muss anhand von Experimenten entwickelt werden. Beim hydro-erosiven Verrunden ist dieses Phänomen bei der geringen Partikel-Volumenkonzentration im Tank nur sehr schwer zu untersuchen. Eine größere Partikel-Volumenkonzentration im Tank würde die Anlage verstopfen.

1.5.3. Erosionsmodellierung

Die Partikel-Wand Interaktion stellt eine entscheidende Rolle bei der Modellierung der Erosion dar. Die Abbildung der Partikel-Wand Interaktion ist experimentell aufgrund der mikroskaligen Partikel nur sehr schwer umsetzbar. Joseph et al. [32] untersuchen die Partikel-Wand Interaktion von makroskopischen Partikel im Experiment, die eine Größenordnung von wenigen Millimetern besitzen. Aus dem Experiment kann allerdings kein Erosionsmodell abgeleitet werden, da die Partikel bei den im Experiment vorkommenden kleinen Partikelgeschwindigkeiten keine Erosion verursachen.

In der Simulation kann mit den berechneten physikalischen Werten wie zum Beispiel der Partikelgeschwindigkeit an der Wand oder dem Aufprallwinkel ein Erosionsmodell erstellt werden und somit unabhängig von der Geometrie ist. Um einen möglichst großen Gültigkeitsbereich des Erosionsmodells zu erreichen, müssen verschiedene Geometrien betrachtet werden. Dies erfordert einen hohen Anspruch und Aufwand an die Validierung.

Das Erosionsmodell muss darüber hinaus auch die Materialhärten der Wand und des Partikels sowie die Form des Schleifpartikels beachten, die nach Cousens und Hutchings [33] einen starken Einfluss auf die Erosion darstellt. Clark und Burmeister [34] zeigen, dass die Form des Partikels auch für die Erosion entscheidend ist. Je nach Lage und Form des Partikels wird eine bestimmte Menge an Fluidmasse beim Partikelaufprall verdrängt und somit über den sogenannten „Squeeze-film“ abgebremst.

Eine weitere Herausforderung stellt neben der Entwicklung eines Erosionsmodells auch die Abbildung des zeitlichen Verlaufs der Geometrieverformung während der gesamten Simulationszeit dar. Damit die Änderung des Strömungsfelds während der Prozesszeit mit berücksichtigt werden kann, muss eine Gitterverschiebung in der Simulation dafür sorgen, dass die Gitterauflösung und die Regularität des Gitters in der Nähe der Wand über die Simulationszeit gewährleistet bleibt.

1.6. Stand der Technik

Im folgenden Abschnitt werden sowohl die experimentellen und numerischen Analysen über das hydroerosive Verrunden als auch die theoretischen Ansätze bei der Erosionsmodellierung dargestellt, die den aktuellen Stand aus der Literatur repräsentieren.

1.6.1. Experimentelle Untersuchungen des hydro-erosiven Verrundens

In der Literatur existieren verschiedene experimentelle Untersuchungen über das hydro-erosive Verrunden. Clark [35] untersucht den Einfluss des Trägermediums auf die Erosion, in dem er sowohl ein Gas als auch eine Flüssigkeit im Experiment verwendet. In einer weiteren Studie [34] zeigt Clark, dass der „Squeeze-film“ eine entscheidende Rolle bei der Verwendung einer Flüssigkeit als Trägermedium spielt. Die Partikel haben bei einer zu kleinen Partikel-Reynoldszahl keinen Wandkontakt, jedoch bewegen sie sich aber in der Nähe der Wand weiter. Bei einer großen Partikel-Reynoldszahl bewegen sich die Partikel nach dem Aufprall von der Wand weg. Im Fall einer hinreichend kleinen Partikel-Reynoldszahl prallen die Partikel an der Wand und kehren zu ihr wieder zurück. Clark and Hartwick [36] untersuchen SiC-Partikel mit Partikelgrößen zwischen 14 und 780 μm in einem Trägermedium (Diesel). Sie zeigen, dass sich die Erosionsrate quadratisch zum Durchmesser der Partikel verhält.

Rizkalla stellt in [24] Ergebnisse zum Verhalten des hydro-erosiven Verrundens an 2D Planargeometrien vor. Die experimentelle Untersuchung der Teilchengeschwindigkeit mittels eines Durchlichtverfahrens ist aufgrund der mikroskaligen Partikel sehr schwierig. Im Versuchsaufbau von Rizkalla wird ein Laser verwendet, der eine Wellenlänge im sichtbaren Bereich hat. Das optische Auflösungsvermögen der Partikeloberfläche liegt somit an der physikalischen Grenze zum Messbaren, was aus der Abbe-Bedingung [37] hervorgeht. Eine weitere Herausforderung stellt die optische Tiefenschärfe des Objektivs im Versuchsaufbau des Durchlichtverfahrens dar. Eine zu große Tiefenschärfe bewirkt, dass sich Teilchen in der Ebene des Fokus gegenseitig verdecken können, und eine zu kleine Tiefenschärfe verursacht, dass sich die Teilchen nur teilweise in der Ebene des Fokus befinden. Insgesamt kann mit diesem Messverfahren somit keine quantitative Aussage über die Teilchengeschwindigkeit getroffen werden. Rizkalla leitet aber aufgrund des Abtragverhaltens an einer bestimmten Stelle der Geometrie ein semi-empirisches Modell ab, welches im Wesentlichen mit der Variation der Viskosität des Trägeröls validiert wird. Für die Bestimmung des Abtragverhaltens werden REM Aufnahmen des verrundeten Bauteils aufgenommen und mit einer Euler-Euler Simulation verglichen. Der Massendurchfluss nach dem HE-Runden stimmt hierbei zwischen der Simulation und dem Experiment überein.

In der Dissertation von Urzua [25] werden Experimente an einem Freistrahl untersucht. Hier versucht Urzua aufgrund von Erosionsschäden an der Geometrie in Abhängigkeit des Strahlwinkels die Materialkonstanten des Erosionsmodells nach Magnée [38] zu bestimmen. Die Erosionsschäden werden mittels REM Aufnahmen detektiert. Bei dieser Untersuchung kann das Erosionsmodell von Magnée in einem engen Validierungsbereich das Erosionsverhalten abbilden.

Für die Berechnung der Erosionsrate an der Wand existieren theoretische [39, 40], empirische [36, 41] und semi-empirische Modelle [24, 38, 42, 43]. In den detaillierten semi-empirischen Modellen nach Magnée [38], Rizkalla [24] sowie Grant und Tabakoff [42] wird die Partikeldynamik an der Wand, die Partikelform sowie die Materialeigenschaften der Schleifkörner und der Wand berücksichtigt. Die theoretischen Modelle von Finnie und Bitter [39, 40] berücksichtigen die Energieerhaltung bei der Partikel-Wand Interaktion. Die daraus abgeleiteten physikalischen Zusammenhänge gelten zum Beispiel nicht für eine Düsengeometrie. Die Herausforderung an den semi-empirischen Modellen ist, dass der Partikeltransport zur Erosionsstelle an der Geometrie verstanden werden muss. Somit ist es sehr schwierig, ein allgemeines semi-empirisches Erosionsmodell zu erstellen, bei dem die Partikeldynamik eines Schleifkorns im Trägermedium nicht mit berücksichtigt wird.

1.6.2. Numerische Untersuchungen des hydro-erosiven Verrundens

Für die numerische Beschreibung des Partikeltransports existieren erste Ansätze in der Literatur. Forder et al. [44] untersuchen das Erosionsverhalten in Steuerventilen mittels einer Euler-Lagrange Simulation in ANSYS CFX [28]. Sie setzen Wasser als Trägermedium und Sandpartikel mit einem Durchmesser zwischen 50 und 300 μm ein. In der Simulation verwenden sie dabei das Reynolds-Stress Turbulenzmodell [45] und die Partikelbewegung berücksichtigt nur die Widerstandskraft des Partikels. Hierbei wird in der Simulation die vereinfachte Annahme eines sphärischen Partikels getroffen. Mit dem Erosionsmodell nach Grant und Tabakoff [42] findet sich eine gute Übereinstimmung für alle untersuchten Strahlwinkel.

Eine der ersten Simulationen des hydro-erosiven Abtrags an Einspritzdüsen entstand in der Dissertation von Weber [7] aus dem Jahr 2000. Hierbei wird das Trägeröl und das Schleifkorn über einen Euler-Lagrange Ansatz numerisch abgebildet. Über die numerische Berechnung des stationären Strömungsfelds einer Düseninnenströmung werden die physikalischen Größen der Partikel an der Wand betrachtet. Es konnte abschließend kein semi-empirisches Erosionsmodell aus dem Zusammenspiel zwischen der Simulation und den Messdaten abgeleitet werden, da die Simulation einer zweiphasigen Düseninnenströmung die Grenzen der damaligen Rechnerleistung erreichte. Es existierte keine Simulation zur Geometrieverformung und zudem war auch eine Berücksichtigung der nicht-sphärischen Partikelform der Schleifkörner nicht möglich.

Jim et al. [46] zeigen bei einem System aus Rohrpaketen, dass das Erosionsmodell nach Grant und Tabakoff [42] im Zusammenspiel mit einer Euler-Lagrange Simulation, die Vorhersage der lokalen Erosionsstellen ermöglicht. Dabei kann auch der Effekt der Partikelträgheit auf die Erosionsstellen abgebildet werden. Der verwendete Partikeldurchmesser betragen zwischen 20 und 200 μm.

In der Simulation von Rizkalla [24] wird ein Euler-Euler Verfahren und bei Urzua [25] ein Euler-Lagrange Verfahren verwendet. Beide unterliegen der Annahme, dass das Schleifkorn eine sphärische Oberfläche besitzt. Die Auswirkungen dieser Annahme wird anhand dieser Arbeit im Kapitel 6 untersucht.

In der Simulation von Urzua [25] wird das Strömungsfeld der Zweiphasenströmung stationär berechnet. Urzua nutzt die physikalischen Informationen an der Wand als Eingangsgrößen für das Erosionsmodell von Magnée. Daraus kann Urzua in der Simulation die Erosionsrate eines an die Wand auftreffenden Freistrahls bei einer unveränderbaren Geometrieform ermitteln.

In der Simulation von Rizkalla [24] wird zum ersten Mal die Dynamik des hydro-erosiven Verrundens an einer Position einer Planargeometrie untersucht. Dies wird ermöglicht, in dem die Änderung der Geometrie während des HE-Prozesses an dieser einen Position numerisch berechnet wird. Dazu wird die Änderung der Geometrie mit einem numerischen Gitterverschiebungs-Algorithmus realisiert. Der Algorithmus lässt sich nur an einer anfangs ebenen Wand umsetzen. Zudem wird die Regularität des Gitters im Laufe der Simulationszeit immer mehr verletzt, so dass nur kleine Geometrieveränderungen an einer ebenen Wand abbildbar sind. Zur Validierung vergleicht Rizkalla an dieser Position die Oberfläche der Wand mit REM Aufnahmen aus den experimentell verrundeten Planargeometrien.

1.7. Aufbau der Arbeit

Die vorliegende Arbeit gliedert sich in drei Teile. Der erste Teil behandelt sowohl den Transport nicht-sphärischer Partikel in laminaren und schwach turbulenten Strömungen als auch die Partikel-Wand Interaktion im Detail. Die numerische Abbildung des nicht-sphärischen Partikeltransports erfolgt dabei über ein auf turbulente Strömungen weiterentwickeltes Lattice-Boltzmann Verfahren. Die dazu notwendige Gitterauflösung wird über ein mit dem Partikel bewegenden verfeinertem Gitter, der sogenannten „Gitterverschiebung", ermöglicht. Es werden sowohl die auf die Partikeloberfläche wirkende Strömungskräfte als auch das Verhalten der Partikel an der Wand einer Strömungsumlenkung untersucht. Die Strömungsumlenkung entspricht hierbei einer vereinfachten Realgeometrie.

Zu Beginn des zweiten Teils werden die aus der Lattice-Boltzmann Simulation abgeleiteten Gesetzmäßigkeiten in das Euler-Euler Verfahren von ANSYS CFX11 implementiert. Dabei steht das Euler-Lagrange Verfahren und das Euler-Euler Verfahren im Vordergrund, welches auf nicht-sphärische Partikel erweitert wird. Das anschließende Kapitel beschäftigt sich mit der experimentellen Validierung der Düseninnenströmung, die beim hydro-erosiven Verrunden auftritt. Es wird die einphasige Düseninnenströmung im Reynoldszahl Bereich von 400 bis 15.000 an einem Plexiglas-Düsengroßmodell mittels 2D „Laser-Doppler-Anemometrie" und 3D „Particle-Image-Velocimetry" laseroptisch untersucht, um sowohl die Turbulenzmodelle „scale-adaptive Simulation" und „LES-WALE" zu testen als auch die notwendige Zeit- und Gitterauflösung zu ermitteln.
Im folgenden Kapitel wird die Modellierung der Erosion an den Wänden der Bauteile erläutert, die von den Partikeln in der Strömung verursacht wird. Die Entwicklung und Implementierung eines geeigneten Erosionsmodells, das auf Modellen aus der Literatur aufbaut, wird im Detail erörtert. Hierbei wird auf die Information aus Kapitel 2 zurück gegriffen. Für die vollständige Abbildung des HE-Prozesses in der Simulation wird neben dem Erosionsmodell auch eine Gitterverschiebung in ANSYS CFX11 entwickelt und implementiert, die die Geometrieverformung während der Simulation umsetzt.

Im dritten Teil werden sowohl das auf nicht-sphärische Partikel erweiterte Euler-Euler Modell als auch das entwickelte Erosionsmodell mittels Experimenten an Planargeometrien sowie einer Drossel und einer Düse validiert.

Abschließend wird eine kurze Zusammenfassung gegeben.

Teil I.

Numerische Berechnung des nicht-sphärischen Partikeltransports

Kapitel 2

Untersuchung des Transportverhaltens nicht-sphärischer Partikel mittels Lattice-Boltzmann Verfahren

Gegenstand des vorliegenden Kapitels ist die Entwicklung und der Einsatz von neuen numerischen Verfahren auf Basis der Lattice-Boltzmann Methode. Primäres Ziel ist die Untersuchung des Transports nicht-sphärischer Partikel in einer Fluidströmung. Erste theoretische Überlegungen über den Einfluss der Partikelform auf das Transportverhalten existieren bereits bei Wadell [47] sowie McNown und Malaika [48]. Mittels dem Lattice-Boltzmann Verfahren soll eine eigene Differentialgleichung für die Dynamik nicht-sphärischer Partikel entwickelt werden, um diese in ein Euler-Euler Verfahren zu integrieren (siehe Kapitel 3). Um das Erosionsverhalten nicht-sphärischer, mikroskaliger Partikel quantifizieren zu können, stellt der Einsatz der entwickelten numerischen Methoden bei der Untersuchung von Partikel-Wand Interaktionen einen wichtigen Beitrag dar. Der experimentelle Zugang zu mikroskaligen Partikeln ist sehr eingeschränkt. Aus diesem Grund werden die numerischen Methoden an einem Strömungskanal validiert, bei dem die Partikel makroskopische Abmessungen haben.

Das Lattice-Boltzmann Verfahren eignet sich besonders gut für die Untersuchungen mikroskaliger Partikel, da das Verfahren sehr stabil bleibt, auch dann wenn enge Spalte bei der Partikel-Wand Interaktion entstehen. Zudem ist der explizite Löser bei transienten Rechnungen um das 10-fache schneller als kommerzielle 3D CFD Programme [49]. Einen Vorteil bietet zudem die mit dem Partikel mitbewegte lokale Gitterverfeinerung und -vergröberung. Diese ist in kommerziellen Programmen entweder meist gar nicht vorhanden [28] oder am Gitterübergang wird von einer Verfeinerungsstufe zur nächsten nur linear interpoliert [29].

2.1. Lattice-Boltzmann Verfahren

2.1.1. Grundlagen

Das Lattice-Boltzmann Verfahren leitet sich von den zellulären Automaten [50] ab und kann als eine explizite Diskretisierung der Boltzmann-Gleichung [51] in Raum und Zeit interpretiert werden. Die molekularen Teilchen der Fluid- oder Gasströmung werden bei der Boltzmann-Gleichung nicht einzeln aufgelöst, sondern es wird eine zusätzliche Abstraktionsebene eingeführt. Auf dieser mesoskopischen Ebene werden Ensembles von Teilchen in einer Verteilungsfunktion $f(\mathbf{x}, \mathbf{e}, t)$ zusammengefasst, die die Wahrscheinlichkeit beschreibt, dass sich ein Ensemble von Teilchen mit der molekularen Geschwindigkeit $\mathbf{e} = (e_1, e_2, e_3)^t$ am Ort $\mathbf{x} = (x_1, x_2, x_3)^t$ zur Zeit t aufhält. Die Lattice-Boltzmann-Gleichung beschreibt die diskretisierte Propagation von Verteilungsfunktionen $f_i(\mathbf{x}, t)$, bei denen auch die Richtung i der molekularen Geschwindigkeit $\mathbf{e}$ der Teilchen diskretisiert sind. Beim Aufstellen der Lattice-Boltzmann-Gleichung

$$\frac{D}{Dt} f_i(\mathbf{x}, t) = \frac{\partial f_i(\mathbf{x}, t)}{\partial t} + \mathbf{e}_i \cdot \nabla f_i(\mathbf{x}, t) = Q(f_i). \tag{2.1.1}$$

wird vorausgesetzt, dass gleichartige Punktteilchen mit derselben Masse m vorliegen. In Gleichung 2.1.1 wird der Gradient

$$\nabla = \left(\frac{\partial}{\partial x_1}, \frac{\partial}{\partial x_2}, \frac{\partial}{\partial x_3} \right) \tag{2.1.2}$$

als symbolische Schreibweise verwendet. Der Kollisionsoperator $Q(f_i)$ auf der rechten Seite der Gleichung 2.1.1 beschreibt die Wechselwirkung der Teilchen untereinander, die sich mit der molekularen Geschwindigkeit $\mathbf{e}_i$ in Richtung i bewegen.

Die Fluiddichte $\rho(\mathbf{x}, t)$ und der Vektor der Impulsdichte $\mathbf{j}(\mathbf{x}, t)$ am Ort $\mathbf{x}$ zur Zeit t folgen dann über die Summation aller N Propagationsrichtungen i:

$$\begin{aligned} \rho(\mathbf{x}, t) &= \sum_{i=1}^{N} f_i(\mathbf{x}, t) \\ \mathbf{j}(\mathbf{x}, t) = \rho(\mathbf{x}, t)\, \mathbf{u}(\mathbf{x}, t) &= \sum_{i=1}^{N} f_i(\mathbf{x}, t)\, \mathbf{e}_i, \end{aligned} \tag{2.1.3}$$

mit der makroskopischen Geschwindigkeit $\mathbf{u}(\mathbf{x}, t)$. Im isothermen Fall, das heißt bei konstanter Temperatur T, ist der Druck P mit der Dichte ρ und der Schallgeschwindigkeit

$$c_s = \sqrt{\left(\frac{\partial P}{\partial \rho} \right)_{\mathrm{T = konstant}}} = \sqrt{\frac{P}{\rho}} \tag{2.1.4}$$

verbunden. Eine häufig verwendete Approximation des Kollisionsoperators ist die Lattice-Bhatnagar-Gross-Krook (LBGK) Approximation [52], welche die Relaxationszeit τ der Partikel-Partikel-Kollisionen einbezieht:

$$\frac{D}{Dt}\, f_i(\mathbf{x}, t) = -\frac{1}{\tau} \left(f_i(\mathbf{x}, t) - f_i^{(0)}(\mathbf{x}, \mathbf{u}, t) \right). \tag{2.1.5}$$

Diese Gleichung ist für ein dichtes Fluid, das heißt bei einer Knudsenzahl

$$Kn = \frac{\text{mittlere freie Weglänge der Fluidmoleküle}}{\text{charakteristische Länge}} \tag{2.1.6}$$

kleiner als eins gültig. Bei dieser Formulierung wird der Stoßoperator $Q(f_i)$ über die Differenz zwischen der Verteilungsfunktion f zum Zeitpunkt t und der Gleichgewichtsverteilung

$$f_i^{(0)}(\mathbf{x}, \mathbf{u}, t) = \omega_i\, \rho \left[1 + \frac{3}{c^2} \mathbf{e}_i \cdot \boldsymbol{u} + \frac{9}{2c^4} (\mathbf{e}_i \cdot \boldsymbol{u})^2 - \frac{3}{2c^2} |\boldsymbol{u}|^2 \right] \tag{2.1.7}$$

abgebildet. In dieser Gleichung beschreibt ω_i den Wichtungsfaktor der Gleichgewichtsfunktion in Richtung i. Die Gleichgewichtsverteilung approximiert die analytische Boltzmann-Verteilung [51] in dieser Formulierung bis zur zweiten Ordnung der Machzahl. Die Machzahl

$$Ma = \frac{u}{c_s}, \tag{2.1.8}$$

die das Verhältnis der Teilchengeschwindigkeit zur Schallgeschwindigkeit definiert, sollte kleiner als 0,2 sein, um keine signifikanten Abweichungen zwischen der Boltzmann-Verteilung und der Approximation zu erhalten. Die LBGK Approximation entspricht den Navier-Stokes Gleichungen [53] in zweiter Ordnung, was aus der Chapman-Enskog Entwicklung [54] hervorgeht.

Für die Diskretisierung der mikroskopischen Geschwindigkeiten im Lattice-Boltzmann Verfahren existieren in Abhängigkeit von den Dimensionen und von der Anzahl der Geschwindigkeitsrichtungen $\mathbf{e}_i$ verschiedene Modelle [55, 56]. In dieser Arbeit wird das D3Q19 Modell mit 19 Geschwindigkeitsrichtungen im dreidimensionalen Raum verwendet. Die Wichtungsfaktoren ω_i des D3Q19 Modells lauten: $\omega_0 = \frac{1}{3}$, $\omega_i = \frac{1}{18}$ für i = 1, 2,..., 6 und $\omega_i = \frac{1}{36}$ für i = 7, 8,..., 18. In Abbildung 2.1 ist die Diskretisierung der Geschwindigkeit an einem Fluidknoten bei einer Gitterweite Δx illustriert.

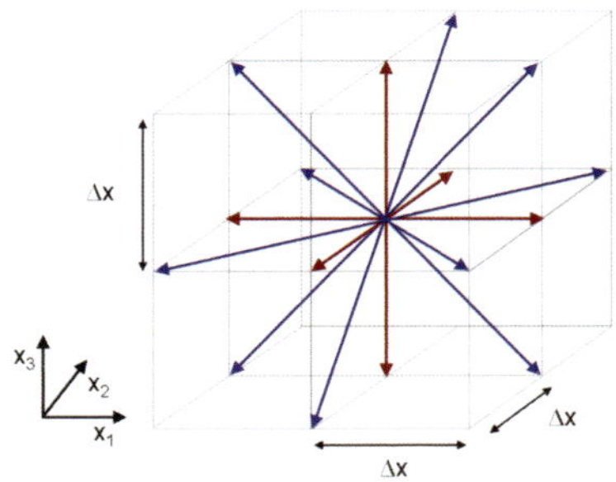

Abbildung 2.1.: D3Q19 Modell [56]: An einem Fluidknoten existieren 19 Richtungen für die molekulare Geschwindigkeit $\mathbf{e}_i$.

Die mikroskopischen Geschwindigkeiten $\mathbf{e}_i$ im D3Q19 Modell sind wie folgt definiert:

$$\{\mathbf{e}_i, i = 0, 1, ..., 18\} =$$
$$\begin{pmatrix} 0 & c & -c & 0 & 0 & 0 & 0 & c & -c & c & -c & c & -c & c & -c & 0 & 0 & 0 & 0 \\ 0 & 0 & 0 & c & -c & 0 & 0 & c & -c & -c & c & 0 & 0 & 0 & 0 & c & -c & c & -c \\ 0 & 0 & 0 & 0 & 0 & c & -c & 0 & 0 & 0 & 0 & c & -c & -c & c & c & -c & -c & c \end{pmatrix},$$

mit der Propagationsgeschwindigkeit

$$c = c_s\sqrt{3} = \frac{\Delta x}{\Delta t}. \tag{2.1.9}$$

Hierbei bezeichnet Δt die numerische Zeitschrittweite und Δx die Rechengitterweite. Die Lattice-Boltzmann Gleichung (2.1.10) lautet unter Verwendung der LBGK Approximation [52] in räumlicher und zeitlicher Diskretisierung:

$$f_i(\mathbf{x} + \mathbf{e}_i\Delta t, t) = f_i(\mathbf{x}, t) - \frac{\Delta t}{\tau} \underbrace{\left(f_i(\mathbf{x}, t) - f_i^{(0)}(\mathbf{x}, \mathbf{u}, t)\right)}_{f_i^{neq}(\mathbf{x},\mathbf{u},t)}. \tag{2.1.10}$$

Dabei stellt $f_i^{neq}(\mathbf{x}, \mathbf{u}, t)$ den Nicht-Gleichgewichtsanteil der Verteilungsfunktion dar.

2.1.2. Nicht-äquidistante Gitter

Die Grundlage für das Berechnungsgitter bilden auch im nicht-äquidistanten Fall kubische Gitterzellen, um die Struktur des D3Q19-Modells auch für lokal höher aufgelöste Bereiche des Berechnungsgebiets anwenden zu können. Für nicht-äquidistante Gitter wird auf jeder Gitterstufe $l \in \mathbb{N}$ die Lattice-Boltzmann Gleichung nach Filippova und Hänel [57] gelöst:

$$f_{i,l}(\mathbf{x} + \mathbf{e_i}\Delta t_l, t + \Delta t) = f_{i,l}(\mathbf{x}, t) - \frac{\Delta t_l}{\tau_l} \underbrace{\left(f_{i,l}(\mathbf{x}, t) - f_{i,l}^{(0)}(\mathbf{x}, \mathbf{u}, t)\right)}_{f_l^{neq}(\mathbf{x},\mathbf{u},t)}. \tag{2.1.11}$$

Dabei unterscheidet sich die Gitterweite Δx_{l+1} auf der Stufe $l + 1$ zu der Gitterweite Δx_l der Gitterstufe l um den Faktor

$$\frac{\Delta x_{l+1}}{\Delta x_l} = 2. \tag{2.1.12}$$

Die Schallgeschwindigkeit muss über das gesamte Rechengitter konstant sein. Daraus folgt, dass die Zeitschrittweite Δt auch in analoger Weise skaliert werden muss. Des Weiteren muss die kinematische Viskosität

ν für alle Gitterstufen l konstant sein. Aus der Chapman-Enskog Entwicklung [54] geht hervor, dass die kinematische Viskosität mit der Relaxationszeit τ verknüpft ist. Daraus ergibt sich, dass die Relaxationszeit für jede Gitterstufe l angepasst werden muss:

$$\tau = 3\left(\frac{\nu}{c} + \frac{\Delta t}{6}\right). \tag{2.1.13}$$

Für die Kontinuität der Spannungen muss nach Filippova und Händel [57] eine Skalierung an den Gitterübergängen durchgeführt werden:

$$\frac{3\nu + \frac{1}{2}\Delta t_l}{3\nu + \frac{1}{2}\Delta t_{l+1}} = scale_{l+1\to l} = \frac{1}{scale_{l\to l+1}}. \tag{2.1.14}$$

Damit ergeben sich die Werte für die Verteilungsfunktion auf der Gitterstufe l:

$$f_{i,l}(\mathbf{x},t) = f^{(0)}_{i,l+1}(\mathbf{x},\mathbf{u},t)\ (1 - scale_{l+1\to l})\ +\ scale_{l+1\to l}\ f_{i,l+1}(\mathbf{x},t). \tag{2.1.15}$$

In einem Zeitschritt wird auf der Gitterstufe $l_0 + l$ insgesamt 2^l mal häufiger relaxiert und propagiert als auf der Gitterstufe l_0, um die gleiche Propagationsweite für jeden Zeitschritt zu erreichen.

Interpolation

Beim Übergang vom feinen zum groben Gitter treten sogenannte hängende Knoten auf, die nach einem Propagationsschritt in einigen Propagationsrichtungen keine Verteilungen besitzen (siehe Abbildung 2.2). Dies macht eine räumliche Interpolation dieser fehlenden Verteilungen notwendig. Falls alle benachbarten

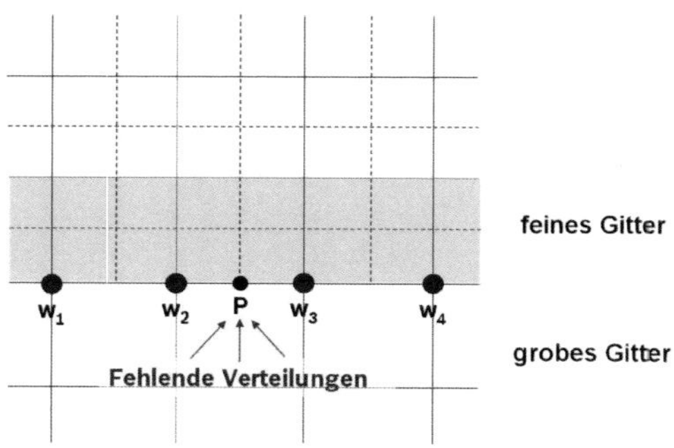

Abbildung 2.2.: Fehlende Verteilungsfunktionen an hängenden Knoten des Gitterübergangs müssen räumlich interpoliert werden.

Knoten auf dem feinen Gitterübergang Fluidzellen sind, wird nach Crouse [55] eine kubische Interpolation verwendet:

$$w(P) = -\frac{1}{16}w_1 + \frac{9}{16}w_2 + \frac{9}{16}w_3 - \frac{1}{16}w_4. \tag{2.1.16}$$

In den anderen Sonderfällen (zum Beispiel in Wandnähe) muss mit einer linearen oder quadratischen Interpolation der Wert $w(P)$ berechnet werden. Da auf dem feinen Gitter öfter eine Propagation und Relaxation durchgeführt wird, ist am Gitterübergang zusätzlich eine zeitliche Interpolation notwendig (siehe Abbildung 2.3). Zur Interpolation der fehlenden Verteilungsfunktionen wird eine lineare Interpolation zwischen der kleinen Zeitschrittweite Δx_f und der großen Zeitschrittweite Δx_g verwendet:

$$f(\mathbf{x},\mathbf{e}_i,t+\Delta t_f) = \frac{1}{2}\left(f(\mathbf{x},\mathbf{e}_i,t) + f(\mathbf{x},\mathbf{e}_i,t+\Delta t_g)\right). \tag{2.1.17}$$

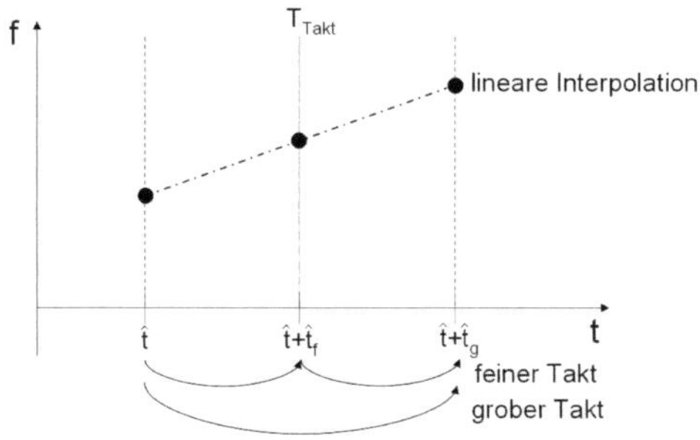

Abbildung 2.3.: Lineare Interpolation der Verteilungsfunktionen beim Gitterübergang zur Zeit T_{Takt}.

2.1.3. MRT-Lattice-Boltzmann Verfahren

Um das Verfahren für höhere Reynoldszahlen bei einem gegebenen Rechengitter zu stabilisieren, wird in dieser Arbeit das D3Q19 Multiple-Relaxation-Time (MRT) Verfahren von d'Humières et al. [58] verwendet. Die Lattice-Boltzmann Gleichung (2.1.18) lautet in der diskretisierten Formulierung im Momentenraum:

$$\mathbf{f}(\boldsymbol{x} + \boldsymbol{e}_i \Delta t, \mathbf{e}_i, t + \Delta t) - \mathbf{f}(\boldsymbol{x}, \boldsymbol{e}_i, t) = -\mathbf{M}_t^{-1} \mathbf{Z} \left[\mathbf{m}(\boldsymbol{x}, t) - \mathbf{m}^{(0)}(\boldsymbol{x}, t) \right], \tag{2.1.18}$$

mit den (N+1)-Tupel Vektoren **f** und **m**. Diese sind aus den diskreten (N+1) Verteilungsfunktionen f_i bzw. der (N+1) Momentenverteilungen m_i zusammengesetzt:

$$\begin{aligned} \mathbf{f}(\boldsymbol{x}, \mathbf{e}_i, t) &= (f_0(\boldsymbol{x}, t), f_1(\boldsymbol{x}, t), ..., f_N(\boldsymbol{x}, t))^t \\ \mathbf{f}^{(0)}(\boldsymbol{x}, \mathbf{u}, \mathbf{e}_i, t) &= \left(f_0^{(0)}(\boldsymbol{x}, \mathbf{u}, t), f_1^{(0)}(\boldsymbol{x}, \mathbf{u}, t), ..., f_N^{(0)}(\boldsymbol{x}, \mathbf{u}, t) \right)^t, \end{aligned} \tag{2.1.19}$$

mit dem Operator t, der den Vektor transponiert. Die diagonale Kollisionsmatrix **Z** ist definiert als:

$$\mathbf{Z} \equiv diag(s_0, s_1, \cdots, s_{18}), \tag{2.1.20}$$

mit den Kollisionsparametern s_i, welche in [58] angegeben werden. Die Transformation der Gleichgewichtsfunktionen vom Geschwindigkeitsraum $\mathbf{f}^{(0)}$ in den Momentenraum $\mathbf{m}^{(0)}$ wird über die Matrix $\mathbf{M}_t$ ausgeführt [58]:

$$\mathbf{m}^{(0)} = \mathbf{M}_t \, \mathbf{f}^{(0)}. \tag{2.1.21}$$

Die Gleichgewichte der Momente sind:

$$m_0^{(0)} = \rho_f \tag{2.1.22}$$
$$m_1^{(0)} = -11 \, \rho_f + \frac{19}{\rho_0} \, \boldsymbol{j} \cdot \boldsymbol{j} \tag{2.1.23}$$
$$m_2^{(0)} = \frac{-475}{63} \, \boldsymbol{j} \cdot \boldsymbol{j} \tag{2.1.24}$$
$$m_3^{(0)} = j_x \tag{2.1.25}$$
$$m_4^{(0)} = -\frac{2}{3} \, j_x \tag{2.1.26}$$
$$m_5^{(0)} = j_y \tag{2.1.27}$$
$$m_6^{(0)} = -\frac{2}{3} \, j_y \tag{2.1.28}$$

$$m_7^{(0)} = j_z \tag{2.1.29}$$
$$m_8^{(0)} = -\frac{2}{3}\, j_z \tag{2.1.30}$$
$$m_9^{(0)} = \frac{1}{\rho_0}\left[2j_x^2 - \left(j_y^2 + j_z^2\right)\right] \tag{2.1.31}$$
$$m_{10}^{(0)} = 0 \tag{2.1.32}$$
$$m_{11}^{(0)} = \frac{1}{\rho_0}\left[j_y^2 - j_z^2\right] \tag{2.1.33}$$
$$m_{12}^{(0)} = 0 \tag{2.1.34}$$
$$m_{13}^{(0)} = \frac{1}{\rho_0}\, j_x\, j_y \tag{2.1.35}$$
$$m_{14}^{(0)} = \frac{1}{\rho_0}\, j_y\, j_z \tag{2.1.36}$$
$$m_{15}^{(0)} = \frac{1}{\rho_0}\, j_x\, j_z \tag{2.1.37}$$
$$m_{16}^{(0)} = 0 \tag{2.1.38}$$
$$m_{17}^{(0)} = 0 \tag{2.1.39}$$
$$m_{18}^{(0)} = 0. \tag{2.1.40}$$

Hierbei stellt ρ_0 die mittlere Fluiddichte und $\boldsymbol{j} = \rho_f\, \boldsymbol{u}$ die Impulsdichte dar. Die mittlere Fluiddichte ρ_0 berechnet sich über das arithmetische Mittel der Fluiddichte im gesamten Strömungsgebiet.

2.2. Large-Eddy Simulation mittels Lattice-Boltzmann Verfahren

Turbulenzmodelle, die den Übergang von laminarer zu voll turbulenter Strömung abbilden können, sind von zentraler Bedeutung für industrielle Anwendungen. Large-Eddy Simulationen (LES) liefern dabei einen viel versprechenden Ansatz, da einerseits die numerischen Kosten im Vergleich zur direkten numerischen Simulation (DNS) signifikant geringer sind und andererseits die turbulenten Strukturen im Vergleich zu Reynolds-Averaged Navier-Stokes (RANS) Verfahren genauer aufgelöst werden [59]. Seit mehreren Jahren existieren verschiedene „Subgrid-scale“ (SGS) Modelle für LES, die zu unterschiedlichen Ergebnissen in Abhängigkeit von der Implementierung und Anwendung führen [15]. Innerhalb dieser Arbeit wird das LES-WALE [14], das Smagorinsky [60] und das Smagorinsky-Van-Driest [17] Modell in das Lattice-Boltzmann Verfahren integriert. Anhand von drei Testfällen werden diese SGS Modelle erprobt und miteinander verglichen.

Der erste Testfall ist eine Kanalströmung mit der Kanalhöhe D und der mittleren Geschwindigkeit u bei einer Kanal-Reynoldszahl von $Re = \frac{u\,D}{\nu} = 6876$. Dieser Testfall wird mit den in der Literatur bekannten DNS Simulationen von Moser [61] validiert. Der zweite Testfall untersucht die Strömung über einen wandgebundenen Würfel in einem Kanal. Die Reynoldszahl bezogen auf die Würfelhöhe beträgt 2000. Die Ergebnisse werden mit der „scale-adaptive Simulation“ (SAS) [16] in ANSYS CFX 11 [28] verglichen. Die SAS Simulation basiert dabei auf einem finiten Volumenverfahren, welches die Navier-Stokes Gleichungen auf einem unstrukturierten Gitter löst. Im dritten Testfall wird die Umströmung des wandgebundenen Würfels im voll turbulenten Regime ($Re = 40.000$) betrachtet und mit experimentellen Ergebnissen von Martinuzzi [62] verglichen.

2.2.1. Implementierung von LES Modellen

In LES Verfahren wird die turbulente Viskosität ν_t eingeführt, welches je nach SGS Modell unterschiedlich berechnet wird. Hintergründe und eine detaillierte Beschreibung der turbulenten Viskosität befinden sich in Kapitel 3. Die turbulente Viskosität ist durch den Ansatz

$$\nu_t = (C_x \, \Delta x)^2 \, \overline{OP} \tag{2.2.1}$$

gegeben [60]. Hierbei symbolisiert C_x die SGS modellabhängige Konstante, Δx die Gitterweite und $\overline{OP}$ den SGS Modelloperator. Die turbulente Viskosität ν_t^{LB} in dimensionslosen Lattice-Boltzmann Einheiten lässt sich über die Gitterweite Δx und die Zeitschrittweite Δt ermitteln:

$$\nu_t^{LB} = \nu_t \, \frac{\Delta t}{\Delta x^2}. \tag{2.2.2}$$

Im Lattice-Boltzmann Verfahren ist die dimensionslose totale Viskosität

$$\nu_{total}^{LB} = \nu_0^{LB} + \nu_t^{LB} = \frac{2\tau_0 - 1}{6} + \frac{\tau_t}{3} \tag{2.2.3}$$

mit der Relaxationszeit τ_0 und der dimensionslosen molekularen Viskosität ν_0^{LB} verknüpft. In Analogie zur Viskosität, ist die Relaxationszeit τ in einen molekularen und einen turbulenten Teil aufgeteilt. Die totale Relaxationszeit führt zu:

$$\tau_{total} = 3 \, \nu_{total}^{LB} + \frac{1}{2}. \tag{2.2.4}$$

Unter Verwendung von Gleichung (2.2.1) folgt:

$$\tau_{total} = 3 \, \left(\nu_0^{LB} + C_x^2 \, \Delta x^2 \, \overline{OP}^{LB} \right) + \frac{1}{2}. \tag{2.2.5}$$

Der totale Relaxationsparameter τ_{total} wird somit durch den SGS Modelloperator $\overline{OP}$ bestimmt und ist eine Funktion des Schertensors $\mathbf{S}$ und des Rotationstensors $\mathbf{\Omega}$. Der Schertensor $\mathbf{S}$ ist für newtonsche Fluide über die Gleichung

$$S_{i,j} = \frac{1}{2} \, (\frac{\partial u_i}{\partial x_j} + \frac{\partial u_j}{\partial x_i}) \tag{2.2.6}$$

definiert. Der Rotationstensor $\mathbf{\Omega}$ für newtonsche Fluide lautet:

$$\Omega_{i,j} = \frac{1}{2} \, (\frac{\partial u_i}{\partial x_j} - \frac{\partial u_j}{\partial x_i}). \tag{2.2.7}$$

In dieser Arbeit wird ein zentrales Differenzenverfahren angewandt, um den Schertensor $\mathbf{S}$ und den Rotationstensor $\mathbf{\Omega}$ zu berechnen. In Lattice-Boltzmann Einheiten folgt für den turbulenten Relaxationsparameter

$$\tau_t = \frac{\sqrt{\tau_0^2 + 18 \, C_x^2 \, \overline{OP}^{LB}} - \tau_0}{2}. \tag{2.2.8}$$

Smagorinsky Modell

Das wohl am häufigsten verwendete Feinstrukturmodell wurde von Smagorinsky [60] im Jahre 1963 entwickelt. In seinem Modell wird der Operator

$$\overline{OP} = \nu_0 \, \sqrt{\sum_{i,j} 2 \, S_{i,j} S_{i,j}} \tag{2.2.9}$$

nur über den Schertensor $\mathbf{S}$ und der kinematischen Viskosität ν_0 bestimmt. In dieser Arbeit wird die Einsteinsche Summenkonvention verwendet, so dass über gleiche Indizes summiert wird. Die SGS Konstante $C_x \equiv C_S$ hängt von der Anwendung ab und liegt im Allgemeinen im Bereich zwischen 0,05 und 0,16. Hou et al. [63] hat dieses Modell zum ersten Mal in das 3D MRT Lattice-Boltzmann Verfahren integriert. Probleme treten bei diesem Modell in der turbulenten Viskosität auf, weil diese auch bei laminaren Strömungen größer als null bleibt. Darüber hinaus wurde von Nicoud und Dueros [14] gezeigt, dass das Wandgesetz nicht eingehalten wird.

Smagorinsky-Van Driest Modell

Im Smagorinsky-Van Driest Modell [17] wird die SGS Konstante in Abhängigkeit vom Wandabstand gesetzt:

$$C_x \equiv C_{SD} = \left[C_{Li}\,\Delta x\left(1 - \mathrm{e}^{-y_+/A_{SD}}\right)\right]^2, \tag{2.2.10}$$

mit der Van Driest Konstante $A_{SD} = 25$, der Lilly Konstanten $C_{Li} = 0{,}17$ und dem dimensionslosen Wandabstand y_+. Dieses erweiterte Smagorinsky Modell bildet das Wandgesetz besser ab [14]. Ein Nachteil dieses Ansatzes ist die globale Abhängigkeit der SGS Konstante von dem dimensionslosen Wandabstand y_+.

WALE Modell

Das WALE Modell [14] basiert auf dem Geschwindigkeitsquadrat-Tensor $\mathbf{g}^d$, der den Schertensor $\mathbf{S}$ und Rotationstensor $\mathbf{\Omega}$ berücksichtigt. Der Operator

$$\overline{OP} = \nu_0\,\frac{(g^d_{i,j}g^d_{i,j})^{\frac{3}{2}}}{(S_{i,j}S_{i,j})^{\frac{5}{2}} + (g^d_{i,j}g^d_{i,j})^{\frac{5}{4}}} \tag{2.2.11}$$

ist mit dem Geschwindigkeitsquadrat-Tensor

$$g^d_{i,j} = S_{i,k}S_{k,j} + \Omega_{i,k}S_{k,j} - \frac{1}{3}\delta_{i,j}(\mathbf{S}^2 - \mathbf{\Omega}^2) \tag{2.2.12}$$

und dem Kronecker-Delta Operator $\delta_{i,j}$ verknüpft. Das Quadrat des Schertensors $\mathbf{S}$ und des Rotationstensors $\mathbf{\Omega}$ ist dabei definiert als:

$$\mathbf{S}^2 = \sum_{i,j} S_{i,j}S_{i,j} \qquad \mathbf{\Omega}^2 = \sum_{i,j} \Omega_{i,j}\Omega_{i,j}. \tag{2.2.13}$$

In diesem Modell ist die SGS Konstante C_x aus Gleichung (2.2.1) zu $C_x \equiv C_W = 0,5$ gesetzt, wie von Nicoud und Ducros vorgeschlagen wird [14]. Es hält das y_+^3 Wandgesetz für die turbulente Viskosität ohne dynamische Algorithmen oder Dämpfungsfunktionen ein. Dabei bezeichnet y_+ den Betrag des Abstands zur Wand. Zusätzlich zeigt Nicoud und Ducros bereits, dass das Modell Strömungen im laminar-turbulenten Übergangsbereich berechnen kann.

Dynamisches Smagorinsky Modell

Bei den dynamischen Modellen ist die SGS Konstante, die auch als Feinstrukturkonstante bezeichnet wird, sowohl vom Ort als auch von der Zeit abhängig. Um die Feinstrukturkonstante zu bestimmen, werden zwei verschiedene Filter benutzt [18], die sich in der Ortsdiskretisierung unterscheiden. Die zeitliche Änderung der Feinstrukturkonstanten während der Simulation kann zu numerischen Instabilitäten führen [64]. Aus diesem Grund wird ein dynamisches Modell nicht in das Lattice-Boltzmann Verfahren implementiert.

2.2.2. Testfälle

Turbulente Kanalströmung

Bei der turbulenten Kanalströmung handelt es sich um einen Standard-Testfall für wandgebundene Strömungen. In dieser Arbeit wird eine turbulente Kanalströmung bei einer reibungsbezogenen Reynoldszahl von

$$Re_\tau = \frac{u_\tau\,\frac{D}{2}}{\nu_f} = 395 \tag{2.2.14}$$

untersucht und mit den DNS Daten von Moser et al. [61] verglichen. Hierbei wird die Reibungsgeschwindigkeit [15] mit u_τ, die Kanalhöhe mit D und die kinematische Viskosität des Fluids mit ν_f bezeichnet. Dieser Testfall ermöglicht die Untersuchung der turbulenten Viskosität an einer einfachen Geometrie, bei der das y_+^3 Wandgesetz [61] im Detail analysiert werden kann.

Rechengebiet

Untersuchungen der Wandgrenzschicht erfordern eine hohe Gitterauflösung. Um den numerischen Aufwand zu reduzieren, wird die Gitterweite sukzessive mit größer werdendem Wandabstand vergrößert. Die Dimensionen des Kanals sind in Abbildung 2.4 und Abbildung 2.5 illustriert.

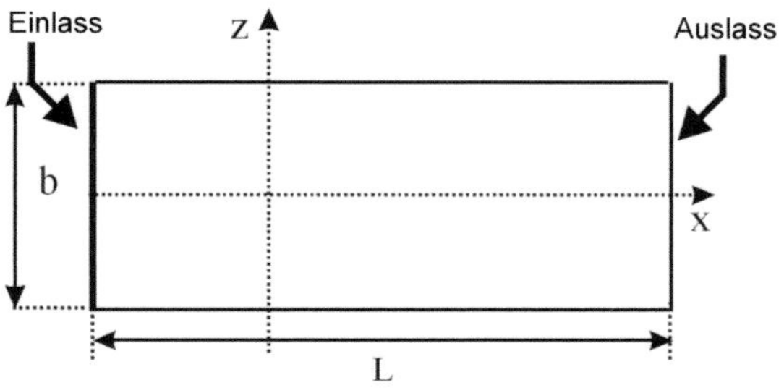

Abbildung 2.4.: Rechengebiet der turbulenten Kanalströmung in der xz-Ebene mit der Länge $L = 200$ und Breite $b = 32$ in dimensionslosen Einheiten.

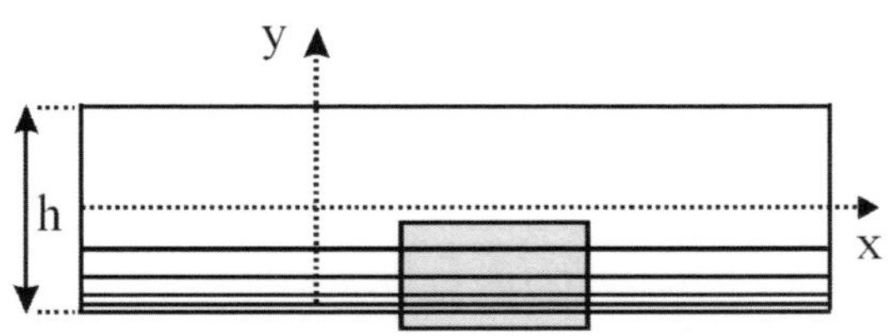

Abbildung 2.5.: Rechengebiet der turbulenten Kanalströmung in der xy-Ebene mit der Höhe $h = 48$ in dimensionslosen Einheiten. Die schattierte Box ist in Abbildung 2.6 vergrößert dargestellt.

Es ist bekannt [19], dass bei einem Rechengitter eine Übereinstimmung der Geschwindigkeitsprofile zwischen den Ergebnissen der SGS Modelle und der DNS existieren kann und sich zugleich bei einer feineren Gitterauflösung keine gute Übereinstimmung mehr zeigt. Um den Einfluss der Gitterauflösung zu untersuchen, wird die Grenzschicht mit drei verschiedenen Gittern aufgelöst. Für das feinste Rechengitter ist der Kanal in fünf Stufen verfeinert, so dass die Wandzelle $\frac{1}{16}$tel so groß ist wie die Zelle in der Kanalmitte (Abbildung 2.6). Bei dem gröbsten Rechengitter entfällt die feinste Gitterstufe und es wird dafür eine weitere gröbere Gitterstufe verwendet. Der dimensionslose Wandabstand beträgt $y_+ = 0,51$ für die feinste Gitterauflösung. Hierbei ist $y_+ \equiv \frac{u_\tau y_1}{\nu_0}$ über die Reibungsgeschwindigkeit u_τ, die kinematische Viskosität ν_0 und dem Wandabstand y_1 zur nächsten Fluidzelle definiert. Die verschiedenen Gitterauflösungen sind in der Tabelle 2.2.1 gezeigt.

Gitter	h_0	h_1	h_2	h_3	h_4	h_5
fein	0	21	1,75	0,875	0,25	0,125
mittel	10	12,5	0,75	0,5	0,25	0
grob	20	2,5	0,75	0,5	0,25	0

Tabelle 2.2.1.: Gebietsabmaße der turbulenten Kanalströmung in Einheiten der größten Fluidzelle.

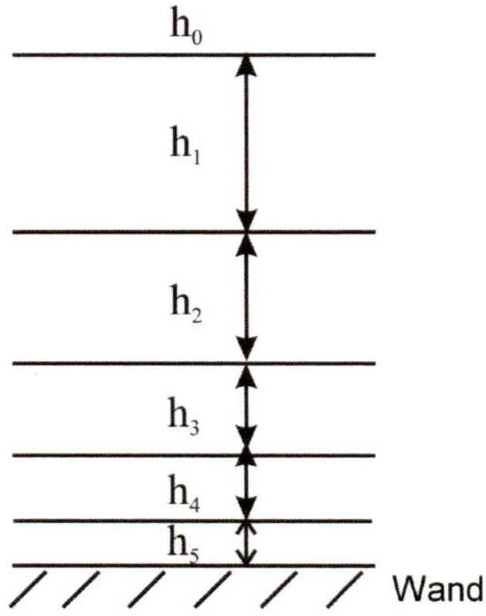

Abbildung 2.6.: Lokale Gitterverfeinerung der turbulenten Kanalströmung in der Nähe der Wand. Alle sechs vorkommenden Gitterstufen sind skizziert.

Anfangs- und Randbedingungen

Die Einlass- und Auslassrandbedingungen sind periodisch gesetzt, so dass die Geschwindigkeiten vom Auslass auf den Einlass in jedem Zeitschritt kopiert werden. Die obere und untere Gebietsbegrenzungen (siehe Abbildung 2.5) sind Wände mit einer Haftrandbedingung und die restlichen beiden Begrenzungen stellen Symmetrieebenen dar, an denen der Geschwindigkeitsgradient normal zum Rand null ist.

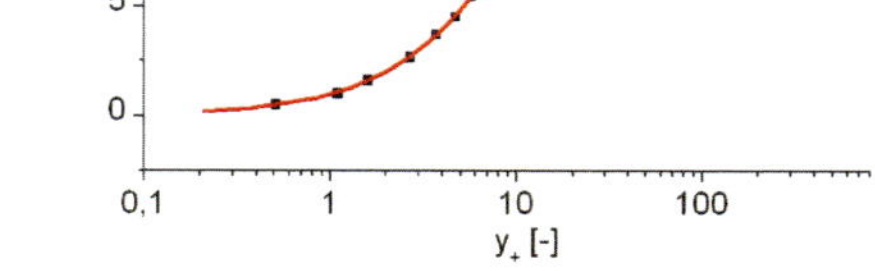

Abbildung 2.7.: Initiale Geschwindigkeitskomponente U_R^+ der turbulenten Kanalströmung in der Lattice-Boltzmann Simulation wird mit den DNS Daten von Moser [61] verglichen.

In diesem Testfall beträgt die SGS Modellkonstante $C_S = 0{,}05$. Die Geschwindigkeitskomponente $U_R(y)$ in Hauptströmungsrichtung parallel zur Wand wird mit dem Gesetz nach Reichardt [65] initialisiert:

$$U_R(y) = u_\tau \, U_R^+(y_+) \tag{2.2.15}$$

mit

$$U_R^+(y_+) = \frac{1}{\kappa}\, ln(1 + 0{,}4y_+) + 7{,}8 \left[1 - e^{\frac{-y_+}{11}} - \frac{y_+}{11}\, e^{\frac{-y_+}{11}}\right] \tag{2.2.16}$$

und der Karman-Konstante $\kappa = 0{,}41$. Die mit dieser Funktion initialisierten Werte sind in Abbildung 2.7 mit den DNS Daten von Moser [61] verglichen und zeigen hierbei eine identische Übereinstimmung.

Anschließend wird mit Ausnahme des Einlasses zu jeder Geschwindigkeitskomponente im Rechengebiet ein zufälliger Anteil mit einer maximalen Amplitude von drei Prozent zur initialen Geschwindigkeit addiert. Dadurch kann sich überhaupt erst eine turbulente Strömung in der Simulation ausbilden [15]. Das Druckfeld wird mit einer LES-WALE Rechnung nach 40.000 Iterationen bezogen auf das grobe Gitter initialisiert. Die Iterationszahl, die zur Konvergenz des Geschwindigkeits- und Druckfeldes benötigt wird, kann dadurch von 40.000 auf 10.000 Iterationen reduziert werden. Im Anschluss beginnt die zeitliche Mittelung der Strömungsgrößen für die Auswertung.

Numerische Ergebnisse

Die Simulationen mit den SGS Modellen (WALE, Smagorinsky und Smagorinsky-Van Driest) werden mit der DNS Simulation von Moser et al. [61] verglichen. Abbildung 2.8 veranschaulicht das Verhalten der zeitlich gemittelten, dimensionslosen Geschwindigkeit U_R^+ gegenüber dem dimensionslosen Wandabstand y_+ für das feinste Rechengitter. Die Ergebnisse der LES-WALE Simulation stimmen sehr gut mit den DNS Daten von Moser überein, da das y_+^3 Wandgesetz eingehalten wird. Das Smagorinskys Modell und das Smagorinsky-Van Driests Modell unterscheiden sich signifikant von der DNS. Ein Grund dafür ist, dass das y_+^3 Wandgesetz nicht eingehalten wird. Das Wandgesetz verhält sich beim Smagorinsky Modell proportional zu y_+ und beim Smagorinsky-Van Driest Modell proportional zu y_+^2.

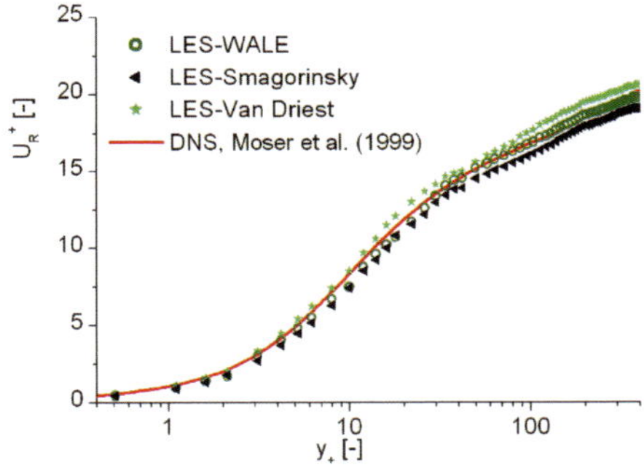

Abbildung 2.8.: Gemittelte Geschwindigkeitskomponente U_R^+ der turbulenten Kanalströmung auf dem feinsten Gitter. Die Mittelung wird über 40.000 Zeitschritte bezogen auf die größte Gitterweite berechnet. Es werden die drei verschiedenen SGS Modelle LES-WALE, LES-Smagorinsky und LES-Van Driest verglichen.

In Abbildung 2.9 wird der deviatorische Reynolds Stress $\overline{u'u'}^{\,*} = \overline{u'u'} - \frac{1}{3}(\overline{u'u'} + \overline{v'v'} + \overline{w'w'})$ für die verschiedenen SGS Modelle gegenüber dem Wandabstand y_+ dargestellt. Die SGS Modelle unterscheiden sich dabei sehr wenig, allerdings existiert eine geringe, aber signifikante Abweichung zur DNS.

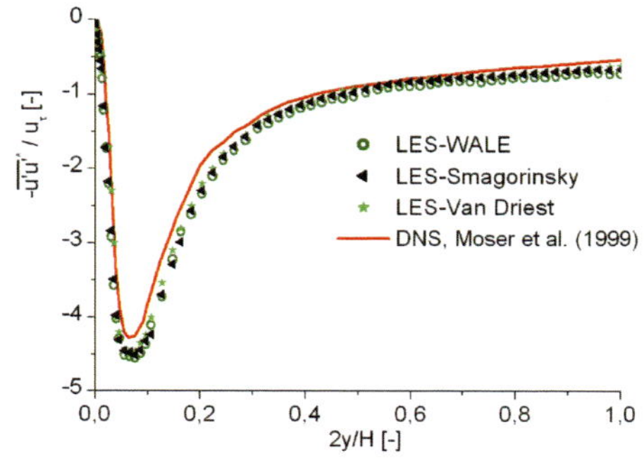

Abbildung 2.9.: Geschwindigkeitsfluktuation in Hauptströmungsrichtung U_R^+ der turbulenten Kanalströmung. Die Daten werden dabei über 40.000 Zeitschritte bezogen auf die größte Gitterweite gemittelt. Es sind die drei verschiedenen SGS Modelle LES-WALE, LES-Smagorinsky und LES-Smagorinsky-Van Driest dargestellt.

Um den Einfluss der Gitterauflösung zu untersuchen, wird in Abbildung 2.10 und Abbildung 2.11 die gemittelte Geschwindigkeit U_R^+ für das Gebiet mit mittel-feiner und niedriger Gitterauflösung illustriert.

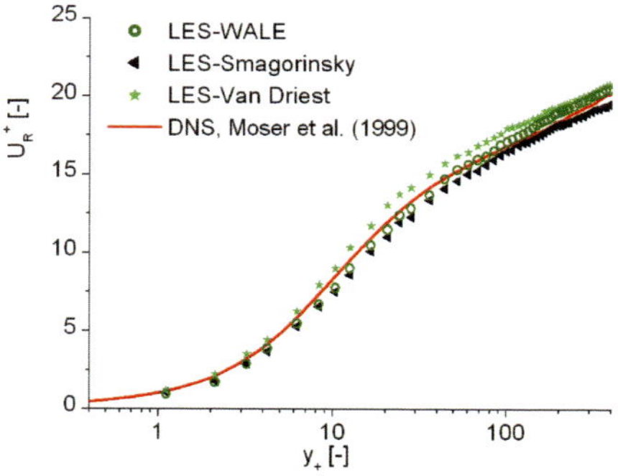

Abbildung 2.10.: Gemittelte Geschwindigkeitskomponente U_R^+ der turbulenten Kanalströmung (mittelfeines Gitter). Die Mittelung erfolgt über 40.000 Zeitschritte bezogen auf die größte Gitterweite.

Mit feiner werdender Gitterauflösung konvergieren die LES Ergebnisse zu den DNS Ergebnissen für $y_+ < 100$. Für größere y_+ Werte tendieren die aus dem Smagorinsky Modell berechneten mittleren Geschwindigkeiten zu kleineren Werten als die DNS Ergebnisse. Bei dem LES-Van Driest Modell konvergieren die gemittelten Geschwindigkeiten hingegen zu größeren Werten als die Ergebnisse aus der DNS. Nur das LES-WALE Modell konvergiert zu den gleichen gemittelten Geschwindigkeiten wie bei der DNS für $y_+ > 100$.

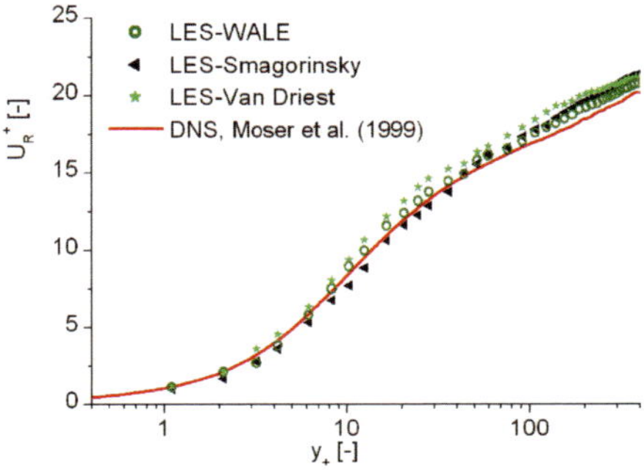

Abbildung 2.11.: Gemittelte Geschwindigkeitskomponente U_R^+ der turbulenten Kanalströmung (grobes Gitter). Die Mittelung erfolgt über 40.000 Zeitschritte bezogen auf die größte Gitterweite.

Ein weiterer möglicher Einflussparameter auf die Lösung stellt die Machzahl (Ma) dar, die in Gleichung 2.1.8 definiert ist. Da die Gleichgewichtsverteilung bis zur zweiten Ordnung in der Machzahl approximiert wird (Gleichung 2.1.7), sollte die Machzahl klein genug sein, um eine ausreichend gute Näherung zu garantieren.

In Abbildung 2.12 werden keine signifikanten Abweichungen zwischen den Machzahlen 0,1 und 0,02 beobachtet. Somit ist die Machzahl 0,1 hinreichend klein genug, um eine gute Übereinstimmung mit den DNS Daten zu erhalten.

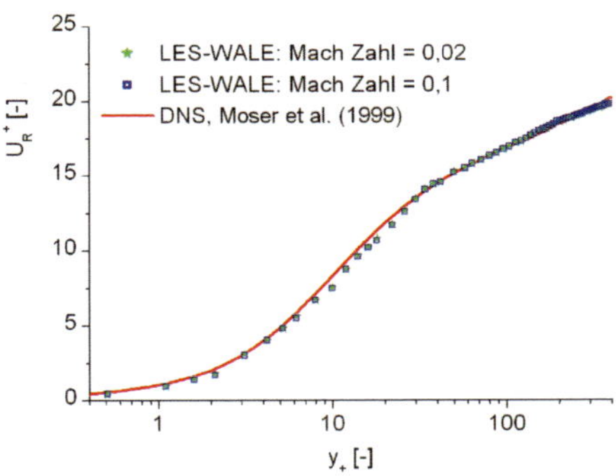

Abbildung 2.12.: Einfluss der Machzahl auf die gemittelte Geschwindigkeitskomponente U_R^+ bei der turbulenten Kanalströmung (feines Gitter). Die Mittelung erfolgt über 40.000 Zeitschritte bezogen auf die größte Gitterweite.

Um den Einfluss des SGS Modells auf die numerische Lösung zu untersuchen, wird der sogenannte Activity-Parameter [19] für alle drei Gitterauflösungen in Abbildung 2.13 gezeigt. Der Activity-Parameter s_a ist als das Verhältnis zwischen turbulenter Dissipation und totaler Dissipation definiert:

$$s_a = \frac{\epsilon_t}{\epsilon_t + \epsilon_\mu} \tag{2.2.17}$$

mit

$$\epsilon_t = \nu_t^{LB} \; 2 \, S_{ij} \frac{\Delta u_i}{\Delta x_j} \tag{2.2.18}$$

und

$$\epsilon_\mu = \frac{1}{Re_\tau} S_{ij} \frac{\Delta u_i}{\Delta x_j}. \tag{2.2.19}$$

Das Verhältnis kann verwendet werden, um den relativen Anteil der SGS Turbulenzmodellierung im Vergleich zu der mit dem Rechengitter direkt aufgelösten Turbulenz bei der LES zu bestimmen. Ein hoher Grad an numerischer Turbulenzmodellierung führt somit zu einem großen Activity-Parameter.

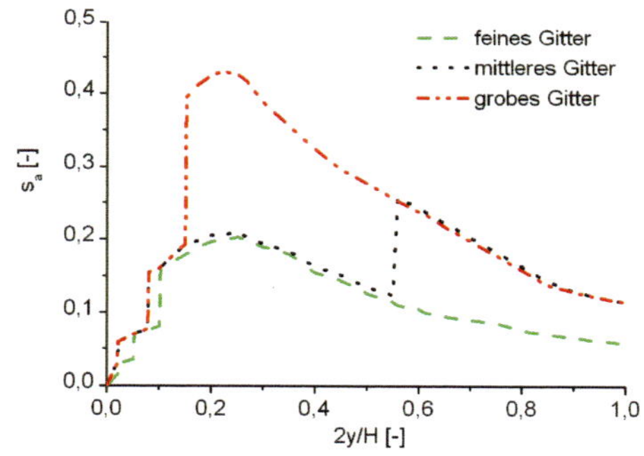

Abbildung 2.13.: Darstellung des Activity-Parameters für die drei verschiedenen Gitterauflösungen der turbulenten Kanalströmung. An den Gitterübergängen ist ein Sprung des Activity-Parameters zu beobachten.

Die jeweilige Gittervergröberung um den Faktor zwei führt zu einem Sprung des Activity-Parameters. Für eine glatte Auflösung des Wandbereichs sollte folglich erst ab einem geeigneten Abstand zur Wand hin das Gitter vergröbert werden. In der Literatur existiert ein erster Ansatz die Gitterweite nicht sprunghaft um den Faktor zwei zu ändern, in dem ein Finite-Volumen Ansatz für das Lattice-Boltzmann Verfahren gewählt wird [66]. Dieser Ansatz ist aber bisher nur für zweidimensionale Gebiete gültig und verursacht zudem einen sehr hohen numerischen Rechenaufwand.

Wandgebundener Würfel im Übergangsbereich ($Re = 2000$)

In den verschiedensten Anwendungen findet man die Situation vor, dass ein Hindernis in einem Kanal umströmt wird. Für diesen Fall gibt es keine allgemeingültige analytische oder numerische Lösung, wann der Umschlagpunkt von laminarer zur turbulenter Strömung auftritt. Der folgende Testfall soll diesen Umschlagpunkt untersuchen. Zum Vergleich werden die Ergebnisse des LES-WALE und des LES-Smagorinsky Modells aus den Lattice-Boltzmann Simulationen mit dem Programm ANSYS CFX11 [28] verglichen, das mit einem unstrukturierten Gitter das Rechengebiet vernetzt. Dabei wird das skalen adaptive Turbulenzmodell SAS verwendet [16]. Der Vorteil einer SAS Simulation ist, dass je nach zeitlicher und räumlicher Auflösung der Strömungsprofile die numerische Lösung der Reynolds-Averaged-Navier-Stokes (RANS) Gleichungen oder einer Large-Eddy Simulation entspricht.

Rechengebiet

Für die Lattice-Boltzmann Simulation werden zwei Verfeinerungsstufen um den Würfel benötigt. Die Anzahl der Fluidzellen im Rechengebiet beträgt 9,8 Millionen. Im gesamten Rechengebiet wird ein maximaler y_+ Wert von 1,0 eingehalten. Abbildung 2.14 und Abbildung 2.15 skizzieren die xz-Ebene und die xy-Ebene des Strömungsgebiets. Die unterschiedlichen Farben bezeichnen Bereiche mit unterschiedlicher Gitterauflösung. Der Bereich mit der größten Gitterweite ($\Delta x = 1\,\mu m$) ist orange, die Verfeinerungsstufen um den Würfel bzw. der Kanalwand sind blau und weiß dargestellt. Die Abmaße des Fluidgebiets sind in Tabelle 2.2.2 in Mikrometer-Einheiten zusammengefasst.

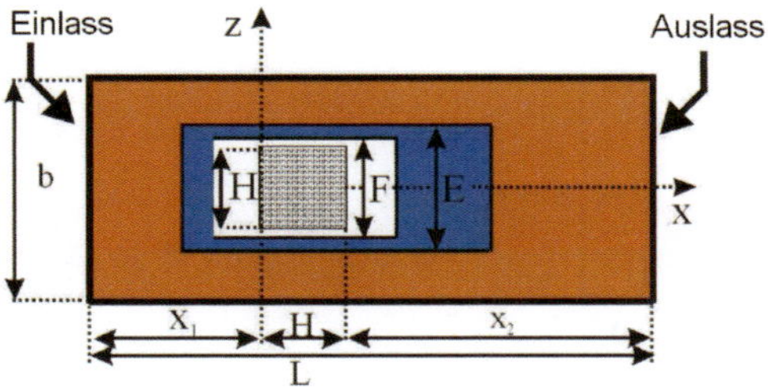

Abbildung 2.14.: Rechengebiet zur Untersuchung der Strömung über einen wandgebundenen Würfel im Übergangsbereich ($Re = 2000$) in der xz-Ebene mit der Länge $L = 256\,\mu$m und der Breite $b = 96\,\mu$m. Weiß: feine Gitterweite, blau: mittlere Gitterweite, orange: große Gitterweite.

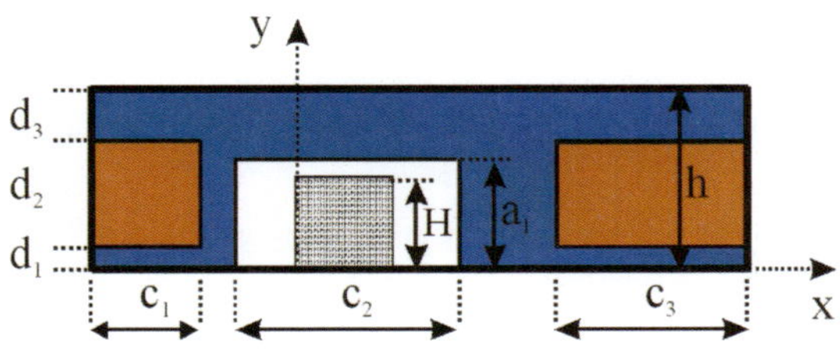

Abbildung 2.15.: Rechengebiet zur Untersuchung der Strömung über einen wandgebundenen Würfel im Übergangsbereich ($Re = 2000$) in der xy-Ebene mit der Länge $L = 256\,\mu$m und der Höhe $h = 64\,\mu$m. Weiß: feine Gitterweite, blau: mittlere Gitterweite, orange: große Gitterweite.

In der ANSYS CFX11 Simulation wird ein unstrukturiertes Gitter verwendet, so dass ein maximaler y_+ Wert von 1,0 für alle Reynoldszahlen erreicht wird. Die Grenzschicht an der Wand wird dabei immer

a_1	b	c_1	c_2	c_3	d_1	d_2	d_3
40	96	40	64	80	6	52	6
E	F	h	H	L	x_1	x_2	
42	36	64	32	256	64	160	

Tabelle 2.2.2.: Gebietsabmaße in Mikrometer für den wandgebundenen Würfel im Übergangsbereich.

mit mindestens 10 Fluidzellen aufgelöst. In diesem Testfall wird die Smagorinsky Konstante C_S auf 0,16 gesetzt. Die zeitliche Mittelung des Geschwindigkeitsfelds bei der Ergebnisauswertung beginnt nach 1500 Iterationen (bezogen auf die größte Gitterweite) und erfolgt über die folgenden 40.000 Iterationen.

Anfangsbedingung

Das Geschwindigkeitsfeld wird mit dem Gesetz nach Reichardt (siehe Gleichung 2.2.15) initialisiert. Die maximale Geschwindigkeit am Einlass beträgt 112 m/s. Die Auslass-Randbedingung wird so gewählt, dass der Geschwindigkeitsgradient in Normalenrichtung zur Auslass-Fläche verschwindet. Die untere, obere und die beiden seitlichen Begrenzungen werden als Wand mit Haftrandbedingung behandelt.

Numerische Ergebnisse

Das Strömungsfeld in der xy-Ebene der LES-WALE Lattice-Boltzmann Simulation ist in Abbildung 2.16 dargestellt. Bei der Position 1 - direkt vor dem Würfel ($x = 63{,}75\,\mu$m, $z = 0\,\mu$m) - und Position 2 - eine

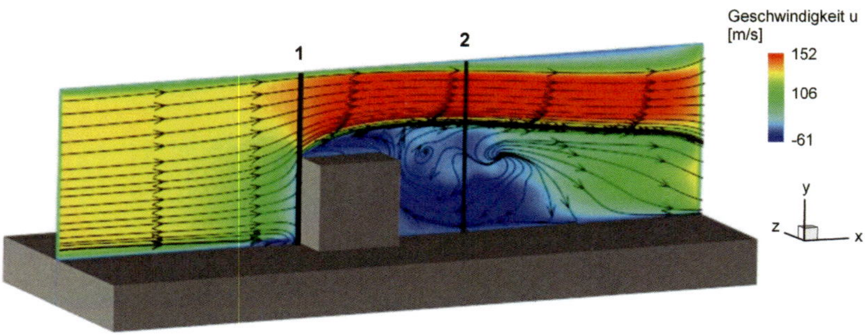

Abbildung 2.16.: Geschwindigkeitskomponente u in Hauptströmungsrichtung nach 1500 Zeitschritten (Re = 2000). Die Stromlinien skizzieren die Strömungstopologie. Die quantitative Auswertung erfolgt an den Positionen 1 und 2.

Würfellänge hinter dem Würfel ($x = 128{,}0\,\mu$m, $z = 0\,\mu$m) - zeigen die Abbildungen 2.17(a) und 2.17(b) die gemittelte Geschwindigkeitskomponente u und v bei der Reynoldszahl 2000. Die Geschwindigkeitskomponente u zeigt dabei in x-Richtung und die Komponente v in y-Richtung. Es werden die zwei SGS Modelle und die ANSYS CFX11 Simulation mit dem verwendeten skalen adaptiven Turbulenzmodell SAS verglichen. Es sind keine signifikanten Unterschiede in beiden gemittelten Geschwindigkeitskomponente u und v direkt vor dem Würfel zwischen den SGS Modellen und der SAS Simulation zu erkennen.

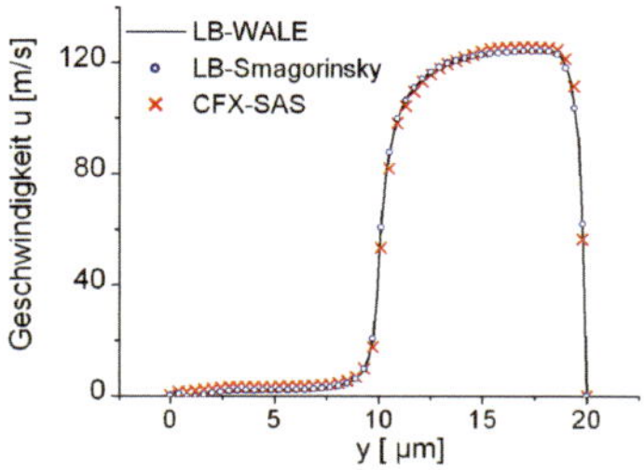

(a) Gemittelte Geschwindigkeitskomponente u (Position 1).

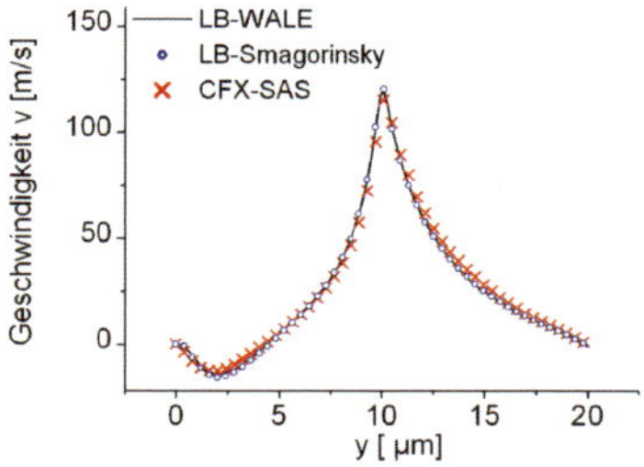

(b) Gemittelte Geschwindigkeitskomponente v (Position 1).

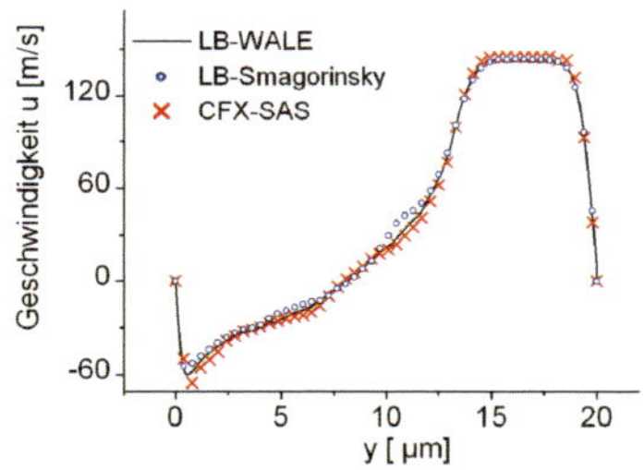

(c) Gemittelte Geschwindigkeitskomponente u (Position 2).

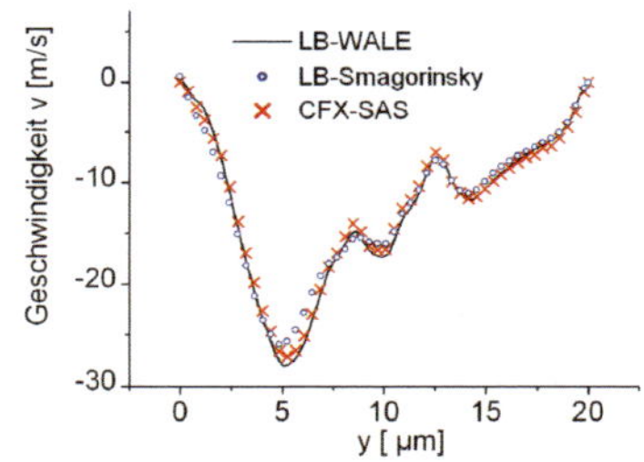

(d) Gemittelte Geschwindigkeitskomponente v (Position 2).

Abbildung 2.17.: Darstellung der über 40.000 Zeitschritte gemittelten Geschwindigkeitskomponenten u und v an der Position 1 und Position 2 in Abbildung 2.16 (Re = 2000).

Bei der Position 2 hinter dem Würfel sind zwischen der LES-WALE und der SAS Simulation ebenfalls keine signifikanten Unterschiede bei beiden gemittelten Geschwindigkeitskomponenten (siehe Abbildungen 2.17(c) und 2.17(d)) festzustellen. Das Smagorinsky Modell zeigt jedoch leichte Unterschiede in der gemittelten Geschwindigkeitskomponente v. Eine Erklärung dafür ist, dass aufgrund des wirbelbehafteten Rückstromgebiets die turbulente Viskosität hinter dem Würfel besser über die Kombination aus dem Scher- und Rotationstensor (LES-WALE Modell) modelliert wird.

Numerischer Aufwand

Die Berechnungszeit für die LES-WALE Simulation beträgt 206 CPU Sekunden (AMD Athlon 3GHz) für den konvektiven Transport des Fluids über die Gitterzelle mit der maximalen Courantzahl

$$Cr = \frac{u\,\Delta t}{\Delta x} \tag{2.2.20}$$

von 0,14. Hierbei bezeichnet u den Betrag der Geschwindigkeit, Δt die Zeitschrittweite und Δx die Gitterweite. Die ANSYS CFX11 Simulation dauert dagegen 2600 CPU Sekunden (AMD Athlon 3GHz) für einen entsprechenden Zeitschritt.

Parallelisierung des Lattice-Boltzmann Verfahrens

Das Lattice-Boltzmann Verfahren wurde über die Standardbibliothek OpenMP [67] parallelisiert. Dieses Verfahren beruht auf einen gemeinsamen Speicher, so dass nur CPU's zur Parallelisierung benutzt werden können, die mit dem Speicher verbunden sind. Im Lattice-Boltzmann Verfahren wird die Berechnung der einzelnen Fluidknoten willkürlich, aber mit ausgeglichener Lastverteilung, auf die einzelnen CPUs verteilt. Die Reihenfolge der Fluidknoten muss bei wandfernen Knoten nicht beachtet werden, da die Berechnung nur von den Verteilungsfunktionen aus dem vorangegangenen Zeitschritt abhängen. Dadurch ist für die Umsetzung der Parallelisierung kein weiterer Speicheraufwand notwendig. Die Rechenzeit beträgt beim Lattice-Boltzmann Verfahren unter der Verwendung von 16 CPUs 14,1 mal weniger als bei der Verwendung von einer CPU (AMD Athlon 3GHz).

Wandgebundener Würfel im voll turbulenten Bereich ($Re = 40.000$)

Ein voll turbulentes Strömungsfeld entwickelt sich im Fall des wandgebundenen Würfels bei einer Reynoldszahl von 40.000. Das Rechengebiet ist im Vergleich zum vorangegangenen Testfall vergrößert und an die Kanalabmaße des Experiments von Martinuzzi [62] angepasst. In diesem Testfall ist die Smagorinsky Konstante C_S auf 0,16 gesetzt.

Rechengebiet

Das Gitter besteht aus drei Diskretisierungsstufen, die um den Würfel angeordnet sind. Die größte Gitterweite beträgt $\Delta x = 0{,}78125\,\text{mm}$. Das Fluidgebiet besteht aus 16,4 Millionen Fluidzellen. Die Abmaße des Kanals werden in Abbildung 2.18 und 2.19 gezeigt. Die Farbskala ist analog zu Abschnitt 2.2.2 gewählt.

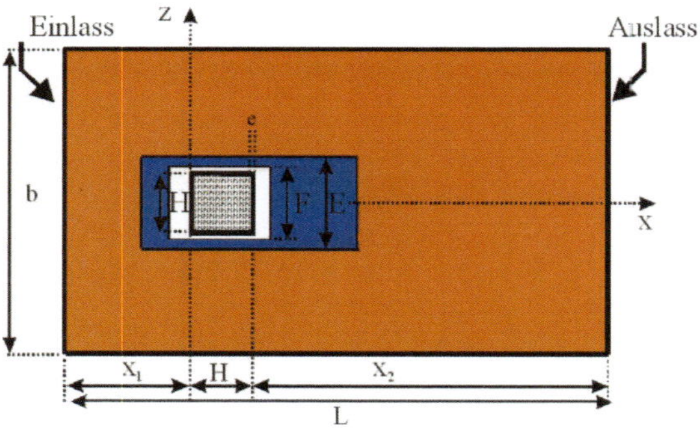

Abbildung 2.18.: Rechengebiet zur Untersuchung der Strömung über einen wandgebundenen Würfel im voll turbulenten Bereich in der xz-Ebene mit der Länge $L = 250\,\text{mm}$ und der Breite $b = 175\,\text{mm}$. Weiß: feine Gitterauflösung, blau: mittlere Gitterauflösung, orange: grobe Gitterauflösung.

Die Abmessungen des Rechengebiets, die in Tabelle 2.2.3 zusammengefasst sind, beziehen sich dabei wieder auf die entsprechende Anzahl grober Gitterzellen.

Nach 20.000 Zeitschritten wird die Geschwindigkeit über 60.000 Zeitschritte bezogen auf die größte Gitterweite gemittelt. Wenn die Gitterauflösung kleiner als die turbulenten Strukturen an der Wand des Würfels ist, wird die Strömung direkt numerisch gelöst. Turbulente Strukturen, die kleiner als die Gitterauflösung sind, werden mit dem LES Feinstrukturmodell berücksichtigt.

Anfangsbedingung

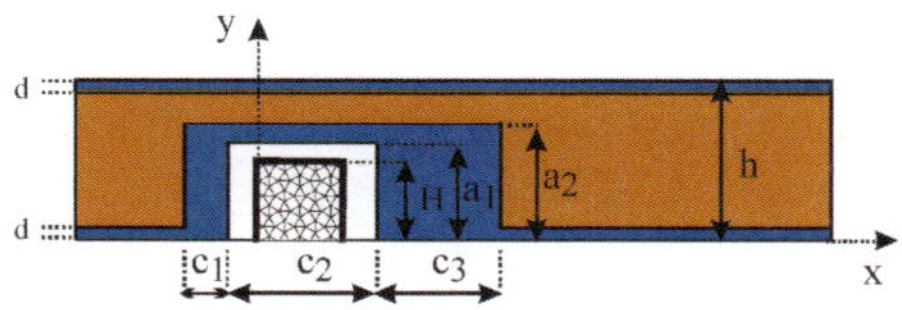

Abbildung 2.19.: Rechengebiet zur Untersuchung der Strömung über einen wandgebundenen Würfel im voll turbulenten Bereich in der xy-Ebene mit der Länge $L = 250\,\text{mm}$ und der Höhe $h = 50\,\text{mm}$. Weiß: feine Gitterauflösung, blau: mittlere Gitterauflösung, orange: grobe Gitterauflösung.

a_1	a_2	b	c_1	c_2	c_3	d	e
36	42	224	20	48	40	6	2
E	F	h	H	L	x_1	x_2	
44	38	64	32	320	96	192	

Tabelle 2.2.3.: Gebietsabmaße für den wandgebundenen Würfel im voll turbulenten Bereich. Die Einheit der Tabellenwerte entsprechen der größten Gitterweite $\Delta x = 0{,}78125\,\text{mm}$.

Das Geschwindigkeitsfeld wird wieder mit dem Reichardt Gesetz (siehe Gleichung 2.2.15) initialisiert. Für die oberen, unteren und seitlichen Randbedingungen werden Wände mit Haftrandbedingung verwendet. Die Auslassrandbedingung ist so gewählt, dass der Geschwindigkeitsgradient in Normalenrichtung zur Auslassfläche verschwindet [59].

Numerische Ergebnisse

Die turbulente Viskosität (Abbildung 2.20) veranschaulicht die Amplitude der mit dem SGS Modell berechneten Viskosität in Lattice-Boltzmann Einheiten.

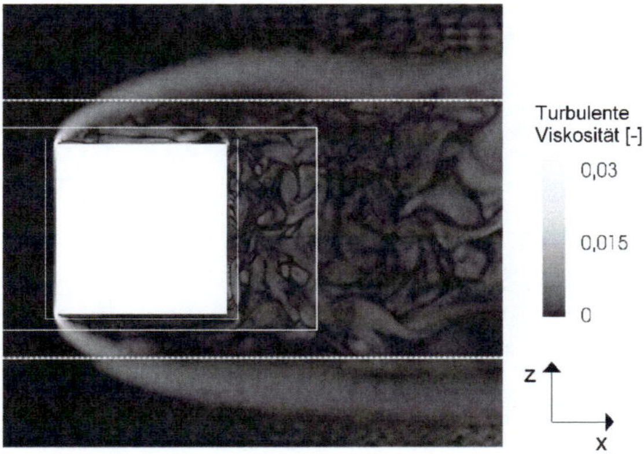

Abbildung 2.20.: Dimensionslose turbulente Viskosität des wandgebundenen Würfels im voll turbulenten Bereich in der xz-Ebene an der Stelle $y = \frac{h}{3}$. Die gestrichelten Linien markieren die Grenze zwischen den verschiedenen Gitterauflösungen.

In Abhängigkeit von der Gitterauflösung variiert die minimale turbulente Struktur, die noch mit der Gitterweite direkt numerisch berechnet werden kann. Es ist vor allem in unmittelbarer Nähe der Wand die modellierte turbulente Viskosität am größten. Auch an der Grenze zwischen dem Rückstromgebiet und der Hauptströmung erhöht sich die turbulente Viskosität aufgrund der lokal höheren Scherrate.

Validierung

Für die Validierung wird die gemittelte Geschwindigkeit in Hauptströmungsrichtung u auf die Blockgeschwindigkeit $u_b = 24{,}0\,\frac{\text{m}}{\text{s}}$ normiert und mit den experimentellen Daten von Martinuzzi [62] verglichen. In Abbildung 2.21 wird zur Übersicht das Strömungsfeld in der xy-Ebene nach 40.000 Zeitschritten bezogen auf die größte Gitterzelle dargestellt.

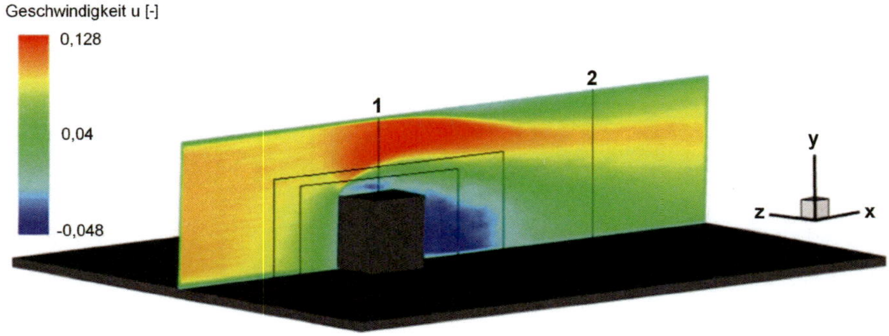

Abbildung 2.21.: Konturplot der momentanen Geschwindigkeit in Hauptströmungsrichtung u in Lattice-Boltzmann Einheiten bei der Symmetrieebene $z = 0\,\text{mm}$. Die schwarzen Linien kennzeichnen den Gitterübergang zwischen den einzelnen Gitterstufen. Die Linien bei den Zahlen 1 und 2 kennzeichnen diejenigen Stellen, an denen in Abbildung 2.22(a) und 2.22(b) die mittlere Geschwindigkeit in Hauptströmungsrichtung u verglichen wird.

Bei der Position direkt über dem Würfel und vier Würfellängen hinter dem Würfel (siehe Abbildung 2.21) wird die gemittelte Geschwindigkeitskomponente u in Abbildung 2.22(a) und Abbildung 2.22(b) dargestellt. Zum Vergleich der „Subgrid-scale“ Modelle im MRT-Lattice-Boltzmann Verfahren wird jeweils die LES-WALE und LES-Smagorinsky Simulation dargestellt. Die LES-WALE Simulation kommt den experimentellen Daten etwas näher als die LES-Smagorinsky Simulation, was auch bereits bei der turbulenten Kanalströmung festgestellt wurde.

Zusammenfassend lässt sich feststellen, dass einphasige Fluidströmungen vom laminaren bis hin zum voll turbulenten Bereich mit dem in dieser Arbeit entwickelten LES MRT-Lattice-Boltzmann Verfahren sehr präzise simulieren lässt. Im folgenden Abschnitt wird das numerische Verfahren um eine zweite Phase, der disperse Phase, erweitert. Damit kann dann der nicht-sphärische Partikeltransport im Detail untersucht und eine Transportgleichung für die Borkarbidteilchen, die sowohl laminare als auch turbulente Strömungen berücksichtigt, erstellt werden.

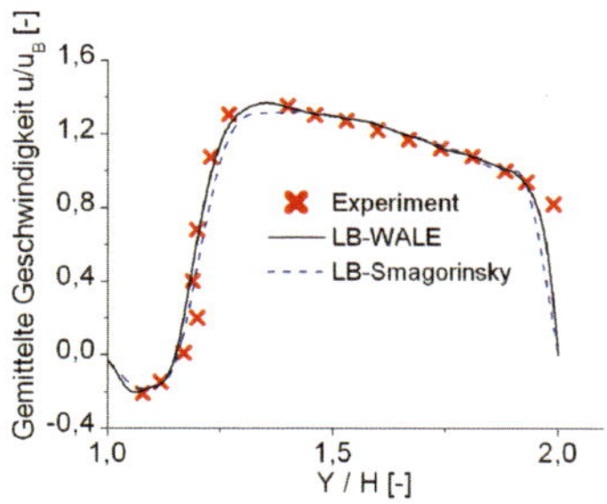

(a) Vergleich des Geschwindigkeitsprofils an der Position 1 des wandgebundenen Würfels im voll turbulenten Bereich.

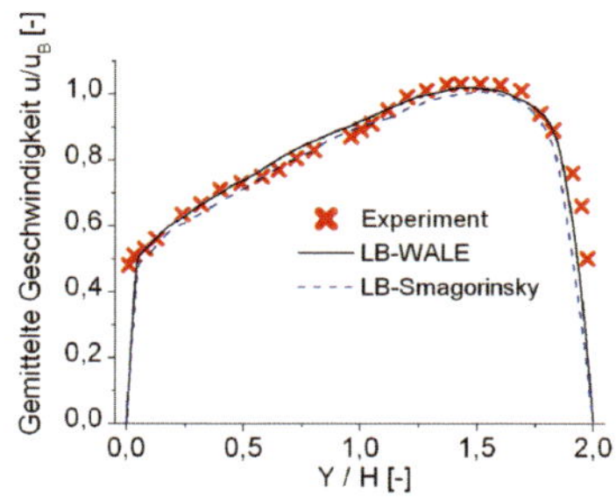

(b) Vergleich des Geschwindigkeitsprofils an der Position 2 des wandgebundenen Würfels im voll turbulenten Bereich.

Abbildung 2.22.: Darstellung der gemittelten Geschwindigkeitskomponente u aus dem Experiment und der Lattice-Boltzmann Simulation. Die Positionen 1 und 2 sind in Abbildung 2.21 zu sehen.

2.3. Entwicklung eines Lattice-Boltzmann Verfahrens für die Berechnung nicht-sphärischer, hoch aufgelöster Partikel

Im Lattice-Boltzmann Verfahren können Partikel über eine separate Randbedingung abgebildet werden. Zellen, die von einem Partikel überdeckt werden, erhalten eine eigene Randbedingung. Die Strömungskräfte, die auf das Partikel wirken, können durch den Impulsaustausch zwischen dem Fluid und dem Partikel bestimmt werden (siehe Abschnitt 2.3.2). Um eine hohe Auflösung um das bewegte Partikel bei adäquater Rechenzeit sicherstellen zu können, wird ein Algorithmus zur Gitterverschiebung entwickelt, der im Abschnitt 2.3.3 erklärt wird.

2.3.1. Partikelrandbedingung

Die Implementierung der Methode, welche die Partikel in einem Strömungsfeld abbilden kann, wird über eine spezielle Randbehandlung im Lattice-Boltzmann Verfahren realisiert. In der Literatur existieren Ansätze, die eine gekrümmte Wand abbilden können [68, 69, 70]. Guo und Zheng entwickelten eine Extrapolationsmethode zweiter Ordnung für sich bewegende gekrümmte Wände [69]. Dieses Verfahren ist eine Kombination aus einem Nichtgleichgewichts „Bounce Back" Verfahren [71] und einem Extrapolationsverfahren erster Ordnung. Dieses Verfahren ist in Abbildung 2.23 für einen vereinfachten zweidimensionalen Fall skizziert. Die Verbindung zwischen dem Fluidknoten $\mathbf{x}_f = \mathbf{x}_w + \mathbf{e}_i \Delta t$ und dem Wandknoten $\mathbf{x}_w$ schneidet die physikalische Wand des Partikels bei $\mathbf{x}_b$. Der Anteil der Verbindung in der Fluidregion definiert

$$q = \frac{|\mathbf{x}_f - \mathbf{x}_b|}{|\mathbf{x}_f - \mathbf{x}_w|}. \tag{2.3.1}$$

Die Verteilungsfunktionen im Fluidgebiet, die direkt an das Partikel angrenzen, werden in einen Gleichgewichtsanteil und einen Nicht-Gleichgewichtsanteil aufgespalten und gesondert berechnet. Der fiktive Gleichgewichtsanteil $f_i^{(0)}(\mathbf{x}_w, \mathbf{u}_w, t)$ auf dem Wandknoten wird über den Ansatz

$$f_i^{(0)}(\mathbf{x}_w, \mathbf{u}_w, t) = \omega_i \left[\rho_w + \rho_0 \left(\frac{3}{c_s^2}\, \mathbf{e}_i \cdot \mathbf{u}_w + \frac{9}{2c_s^4} (\mathbf{e}_i \cdot \mathbf{u}_w)^2 - \frac{3}{2c_s^2}\, \mathbf{u}_w \cdot \mathbf{u}_w \right) \right] \tag{2.3.2}$$

berechnet.

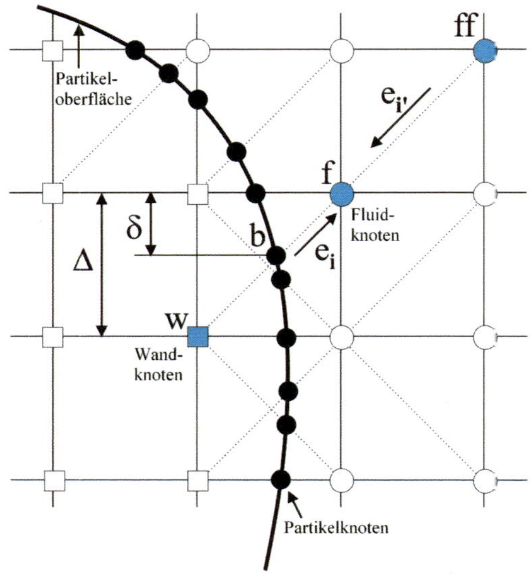

Abbildung 2.23.: Prinzipdarstellung der Behandlung gekrümmter Wände. Zur Vereinfachung wird das Partikel in 2D dargestellt.

Hierbei wird der Wichtungsfaktor des D3Q19-Geschwindigkeitsmodells mit ω_i (siehe Abschnitt 2.1.1), die mittlere Dichte im Fluid $\rho_0(\mathbf{x}_f)$, die Fluiddichte am Fluidknoten $\rho_w = \rho(\mathbf{x}_f)$ und die Geschwindigkeit des Partikels $\boldsymbol{u}_w$ dargestellt. Die Geschwindigkeit $\boldsymbol{u}_w$ wird in Abhängigkeit von q linear extrapoliert über:

$$\begin{aligned} \boldsymbol{u}_w &= \mathbf{u}(\mathbf{x}_b) + (q-1)\,\mathbf{u}(\mathbf{x}_f) + (1-q)\,\frac{2\,\mathbf{u}(\mathbf{x}_b) + (q-1)\,\mathbf{u}(\mathbf{x}_f)}{1+q} && \text{für } q < 0,75 \\ \boldsymbol{u}_w &= \frac{\mathbf{u}(\mathbf{x}_b) + (q-1)\,\mathbf{u}(\mathbf{x}_f)}{q} && \text{für } q \geq 0,75. \end{aligned} \tag{2.3.3}$$

Für den Nicht-Gleichgewichtsanteil $f_i^{neq}(\mathbf{x}_w, t)$ wird eine Extrapolation erster Ordnung verwendet, die auch von der Variable q abhängig ist:

$$\begin{aligned} f_i^{neq}(\mathbf{x}_w, \mathbf{u}_w, t) &= f_i^{neq}(\mathbf{x}_f, \mathbf{u}_f, t) && \text{für } q \geq 0,75 \\ f_i^{neq}(\mathbf{x}_w, \mathbf{u}_w, t) &= q\, f_i^{neq}(\mathbf{x}_f, \mathbf{u}_f, t) + (1-q)\, f_i^{neq}(\mathbf{x}_{ff}, \mathbf{u}_{ff}, t) && \text{für } q < 0,75. \end{aligned} \tag{2.3.4}$$

Insgesamt ergibt sich damit wie beim Lattice-Boltzmann Verfahren ein Verfahren zweiter Ordnung, da der Nicht-Gleichgewichtsanteil auf den Gleichgewichtsanteil mit dem Wichtungsfaktor $\frac{\Delta t}{\tau}$ addiert wird (siehe Gleichung 2.1.10).

Um das gezeigte Verfahren auf bewegte Partikelränder erweitern zu können, müssen die vom Partikel überdeckten Wandknoten zu Fluidknoten geschaltet werden können. In Abbildung 2.24 ist dieses sogenannte „Refill-Problem" skizziert.

Eine Initialisierungsmethode von Caiazzo [72] wird für diese Fluidknoten übernommen. Der Gleichgewichtsanteil wird mit Gleichung 2.1.7 berechnet, wobei die Dichte ρ_f und die Fluidgeschwindigkeit u_f auf die zweite Ordnung genau auf den Knoten extrapoliert werden. Der Nicht-Gleichgewichtsanteil wird mit einem Extrapolationsverfahren erster Ordnung approximiert, in dem der Nicht-Gleichgewichtsanteil eines direkten Nachbarn auf diesen Knoten kopiert wird. Dieses Verfahren besitzt exakt die gleiche Ordnung wie das Lattice-Boltzmann Verfahren [72].

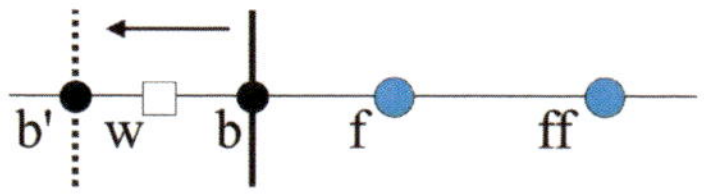

Abbildung 2.24.: Refill Problem: Der äußere Rand des Partikels verschiebt sich von b nach b'. Der Wandknoten w wird damit zu einem Fluidknoten geschalten.

2.3.2. Partikeldynamik

Für die Berechnung der Partikeldynamik werden die auf das Partikel wirkenden Kräfte benötigt, die dem Impulstransfer von der Strömung auf das Partikel entsprechen. Im Lattice-Boltzmann Verfahren ist der Impulsübertrag $\Delta p(t)_{LB}$ über die gesamte Partikeloberfläche gegeben durch:

$$\Delta \mathbf{p}(t)_{LB} = \rho_f \sum_{\text{Oberfläche}} \sum_{i=1}^{19} \left[f_i(\mathbf{x}, t + \Delta t)\mathbf{e}_i - f_{i'}(\mathbf{x}, t)\mathbf{e}_{i'} \right] \Delta x^3, \tag{2.3.5}$$

wobei ρ_f die Fluiddichte, i' die „bounce back" Richtung von i symbolisiert und $\mathbf{e}_i$ die mikroskopische Geschwindigkeit der Fluidteilchen in den dimensionslosen Lattice-Boltzmann Einheiten darstellt [73].
Um den Impulsübertrag in die physikalische Einheit $[kg\frac{m}{s}]$ zu transformieren, muss der Wert skaliert werden:

$$\Delta \mathbf{p}(t) = \Delta \mathbf{p}(t)_{LB} \frac{\Delta x}{\Delta t}. \tag{2.3.6}$$

Die Partikelbewegung Δs innerhalb eines Zeitschritts kann mittels eines expliziten Euler Integrationsverfahrens berechnet werden, da die Zeitschrittweite stets klein genug ist. Innerhalb dieser Untersuchungen ist die Zeitschrittweite um drei Größenordnungen kleiner als die Partikel-Relaxationszeit. In physikalischen Einheiten erhält man:

$$\Delta \mathbf{s} = \frac{\Delta \mathbf{p}(t)}{m_p} \Delta t, \tag{2.3.7}$$

mit der Partikelmasse m_p. Für den Drehimpuls $\Delta L(t)_{LB}$ ergibt sich:

$$\Delta \mathbf{L}(t)_{LB} = \rho_f \sum_{x} \sum_{i=1}^{19} \left[(\mathbf{x} - \mathbf{x}_p) \times (f_i(x, t + \Delta t)\mathbf{e}_i - f_{i'}(x, t)\mathbf{e}_{i'}) \right] \Delta x^3. \tag{2.3.8}$$

Daraus folgt der Drehimpuls in physikalischen Einheiten:

$$\Delta \mathbf{L}(t) = \Delta \mathbf{L}(t)_{LB} \frac{\Delta x}{\Delta t}. \tag{2.3.9}$$

Das Drehmoment

$$\mathbf{M} = \mathbf{J} \cdot \dot{\boldsymbol{\omega}} + \boldsymbol{\omega} \times (\mathbf{J} \cdot \boldsymbol{\omega}) \tag{2.3.10}$$

folgt aus der totalen zeitlichen Ableitung des Drehimpuls $\mathbf{L}$. Hierbei ist $\mathbf{J}$ der Trägheitstensor und $\boldsymbol{\omega}$ stellt die Winkelgeschwindigkeit des Partikels dar. Die Winkelgeschwindigkeit des Partikels kann innerhalb eines Zeitschritts mit den Euler-Gleichungen [74] im körperfesten System berechnet werden. In diskretisierter Form erhält man für die Momente um die Hauptachsen a, b und c im körperfesten System:

$$\begin{aligned} M_a(t - \Delta t) &= J_{aa} \frac{\omega_a(t) - \omega_a(t - \Delta t)}{\Delta t} - (J_{bb} - J_{cc})\, \omega_b(t)\, \omega_c(t) \\ M_b(t - \Delta t) &= J_{bb} \frac{\omega_b(t) - \omega_b(t - \Delta t)}{\Delta t} - (J_{cc} - J_{aa})\, \omega_b(t)\, \omega_c(t) \\ M_c(t - \Delta t) &= J_{cc} \frac{\omega_c(t) - \omega_c(t - \Delta t)}{\Delta t} - (J_{aa} - J_{bb})\, \omega_b(t)\, \omega_c(t). \end{aligned} \tag{2.3.11}$$

In diesem Gleichungssystem stellen J_{aa}, J_{bb} und J_{cc} die Diagonalelemente des diagonalisierten Trägheitstensors $\mathbf{J}$ im körperfesten Bezugssystem dar. Die Lösung des Gleichungssystems nach den Winkelgeschwindigkeiten $\omega_{a,b,c}$ ist analytisch nicht lösbar und kann nur iterativ berechnet werden [27].
Die Transformation der Rotationsfrequenz $\boldsymbol{\omega}$ und dem Drehmoment $\mathbf{M}$ vom raumfesten Bezugssystem in das körperbezogene Bezugssystem (bc) benötigt eine lineare Transformation:

$$\begin{aligned} \boldsymbol{\omega}_{bc} &= \mathbf{A}(\alpha)\, \boldsymbol{\omega} \\ \mathbf{M}_{bc} &= \mathbf{A}(\alpha)\, \mathbf{M}, \end{aligned} \tag{2.3.12}$$

mit der Rotationsmatrix $\mathbf{A}$, die vom Partikelwinkel $\boldsymbol{\alpha}$ zwischen dem körperfesten Bezugssystem und dem raumzentrierten Bezugssystem abhängig ist. Insbesondere gilt: $\mathbf{A}^{-1} = \mathbf{A}^T$. In Fällen einer starken Rotation pro Zeitschritt muss die Rotation in mehrere Schritte zerlegt werden, damit die Drehinvarianz nicht verletzt wird. Die Euler-Gleichungen werden mit einem iterativen Verfahren gelöst, welches die Werte von $\boldsymbol{\omega}_{bc}$ in jedem Zeitschritt aktualisiert. Die Rücktransformation wird über

$$\boldsymbol{\omega} = \mathbf{A}(\boldsymbol{\alpha})^{-1}\, \boldsymbol{\omega}_{bc} \tag{2.3.13}$$

berechnet. Die Änderung des Partikelwinkels $\Delta\boldsymbol{\alpha}$ innerhalb eines Zeitschritts kann mittels dem expliziten Euler Integrationsverfahren gelöst werden:

$$\Delta\boldsymbol{\alpha} = \boldsymbol{\omega}\Delta t. \tag{2.3.14}$$

Somit ist mit diesem Verfahren die Lage des Partikels für den nächsten Zeitschritt bestimmt.

2.3.3. Gitterverschiebung

Der Algorithmus zur Gitterverschiebung besteht im Wesentlichen aus einem Stempelkonzept, bei dem in einem quaderförmigen Teilbereich des Berechnungsgebiets die Gitterauflösung um ein Niveau erhöht wird. Bei diesem Ansatz ist es möglich, mehrere Stempel ineinander zu platzieren. Wenn sich das Partikel im Laufe der Simulationszeit über die größte Gitterzelle bewegt (siehe Abbildung 2.25), wird die Gitterverschiebung aktiviert.

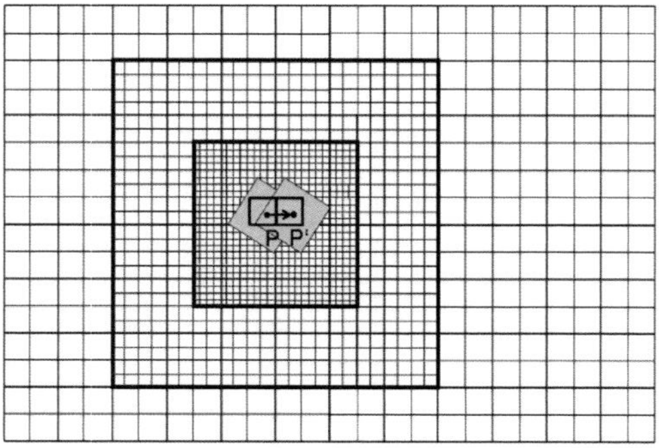

Abbildung 2.25.: Die zum Partikelmittelpunkt nächst gelegene Fluidzelle P wechselt zu P', wenn der Algorithmus zur Gitterverschiebung aktiviert wird. Es befinden sich zwei Stempel um das Partikel, die die Gitterauflösung um das Partikel definieren.

Gitterverfeinerung und -vergröberung

Mit der Aktivierung der Gitterverschiebung werden Fluidknoten vom Stempel neu bzw. nicht mehr überdeckt. Diese Knoten benötigen dann eine andere Gitterauflösung als im Zeitschritt zuvor. Im Beispiel in Abbildung 2.26 muss das Gitter auf der rechten Seite verfeinert und auf der linken Seite vergröbert werden, weil sich das Partikel nach rechts bewegt hat. Bei der Erzeugung neuer Fluidknoten wird der

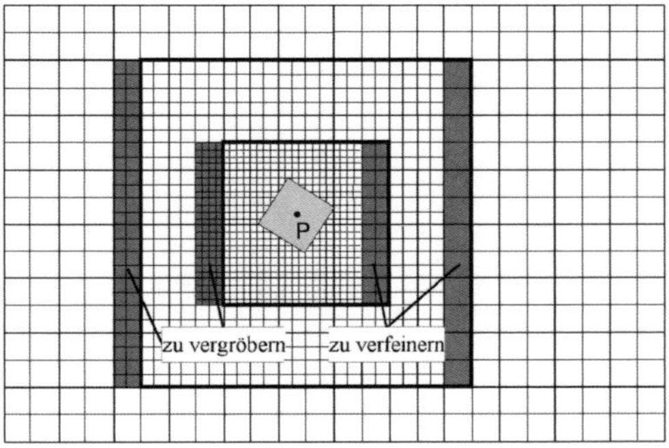

Abbildung 2.26.: Die Auflösung des Gitters um das Partikel ist um zwei Stufen verfeinert. Auf der rechten Seite der Stempel müssen die feinen Gitterzellen vergröbert und auf der linken Seite der Stempel verfeinert werden.

Gleichgewichts- und Nicht-Gleichgewichtsanteil linear aus den direkten Nachbarn interpoliert. Eine detaillierte Beschreibung des Algorithmus zur Gitterverschiebung ist in der Diplomarbeit von Langer [75] zu finden.

Ablaufplan des Algorithmus zur Gitterverschiebung

Um einen Überblick für den Ablauf des entwickelten Lattice-Boltzmann Verfahrens zu erhalten, wird in Abbildung 2.27 ein voller Zeitschritt auf einem zweistufigen Gitter dargestellt. Dabei stellt der Kollisionsschritt die Berechnung des Nicht-Gleichgewichtsanteils dar, welcher der rechten Seite der Gleichung 2.1.18 entspricht. Während des Propagationsschritts wird dann der Nicht-Gleichgewichtsanteil auf den Gleichgewichtsanteil des entsprechenden Fluidknotens addiert. Eine detaillierte Erläuterung des Ablaufs ohne den Algorithmus zur Berechnung der Partikeldynamik wird in der Arbeit von Crouse [55] gegeben. Die Routine für die Umsetzung der Partikeldynamik schließt sich am Ende des Ablaufplans nach Crouse an. Zunächst wird in der Routine eine neue Partikelposition bestimmt. Wenn das Kriterium für eine Gitterverschiebung erfüllt ist, beginnt die Routine für die Gitterverschiebung das Gitter entsprechend zu vergröbern bzw. zu verfeinern.

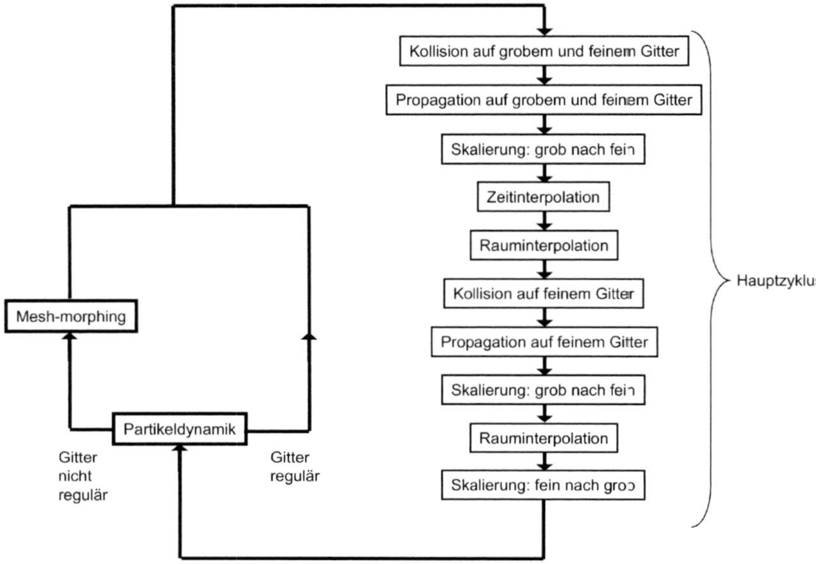

Abbildung 2.27.: Zeitlicher Ablaufplan des gesamten Lattice-Boltzmann Verfahrens mit der Partikeldynamik und dem Algorithmus zur Gitterverschiebung. Die Partikeldynamik entscheidet, ob die Routine der Gitterverschiebung aktiviert wird.

2.4. Bestimmung der Strömungsbeiwerte sphärischer und nicht-sphärischer Partikel

In diesem Abschnitt sollen die entwickelten numerischen Methoden für die Berechnung der Partikeldynamik nicht-sphärischer Partikel eingesetzt werden. In der Simulation werden sowohl Kugeln und Würfel als auch ein Standardtyp des beim hydro-erosiven Verrunden eingesetzten Schleifkorns (siehe Abbildung 2.28) untersucht.

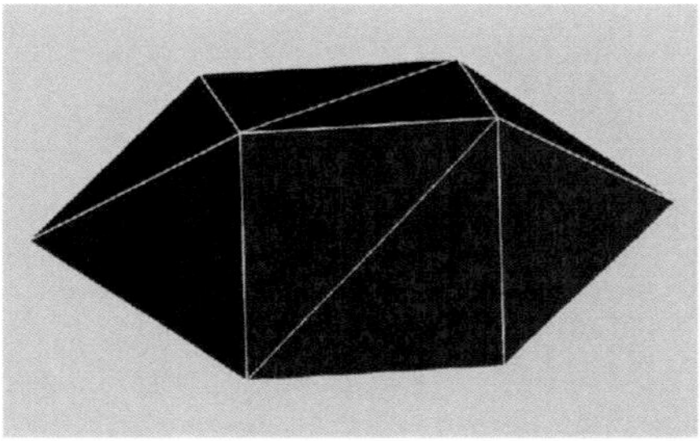

Abbildung 2.28.: Standardtyp des in der Euler-Euler Simulation verwendeten Borkarbidteilchens. An zwei gegenüberliegenden Oberflächen eines Würfels mit der Kantenlänge von 2 μm befindet sich jeweils eine Pyramide mit der Höhe von 1 μm.

2.4.1. Grundlagen der Strömungsbeiwerte sphärischer Partikel

Im Folgenden werden die einzelnen auftretenden Partikelkräfte für sphärische Partikel dargestellt. Die Summe aller auf das Partikel wirkenden Kräfte wird in der Literatur mit der BBO Gleichung nach Basset, Boussinesq und Oseen [76] beschrieben.

- **Widerstandskraft sphärischer Partikel**
  Die Widerstandskraft $\mathbf{F}_d$ ist die dominante Kraft in den meisten dispersen Mehrphasenströmungen. Sie beschreibt den Widerstand des Partikels in Abhängigkeit von der Relativgeschwindigkeit zwischen Partikel und Strömung. In der Literatur gibt es unterschiedliche Ansätze für die Widerstandskraft bei Kugeln. Einige werden bei Boemer [77] und Baily [78] diskutiert. Im Allgemeinen wird ein Widerstandsbeiwert C_d zur Berechnung der Widerstandskraft

$$\mathbf{F}_d = \frac{1}{2}\rho_f \, C_d \, A_p \, |\mathbf{u}_f - \mathbf{u}_p| \, (\mathbf{u}_f - \mathbf{u}_p) \tag{2.4.1}$$

  benötigt. Hierbei wird die Dichte mit ρ, die Querschnittsfläche des Partikels mit A_p und der Geschwindigkeitsvektor mit $\mathbf{u}$ bezeichnet. Die Indizes p beziehungsweise f stehen für das Partikel bzw. das Fluid. In Abhängigkeit von der Partikel-Reynoldszahl

$$Re_p = \frac{d_p \, |\mathbf{u}_p - \mathbf{u}_f|}{\nu_f} \tag{2.4.2}$$

  wird in Abbildung 2.29 der Widerstandsbeiwert C_d für fünf unterschiedliche Regime bei sphärischen Partikeln dargestellt [77].
  Die folgenden Funktionen gelten für die ersten vier Bereiche bei Kugeln:

$$\begin{aligned}
C_d &= \frac{24}{Re_p} \quad \text{für } Re_p < 1 \\
C_d &= \frac{24}{Re_p}\left[1 + 0{,}1315 Re_p^{(0{,}82-0{,}05\, log(Re_p))}\right] \quad \text{für } 1 < Re_p < 20 \\
C_d &= \frac{24}{Re_p}\left[1 + 0{,}1935 Re_p^{0{,}6305}\right] \quad \text{für } 20 < Re_p < 260
\end{aligned}$$

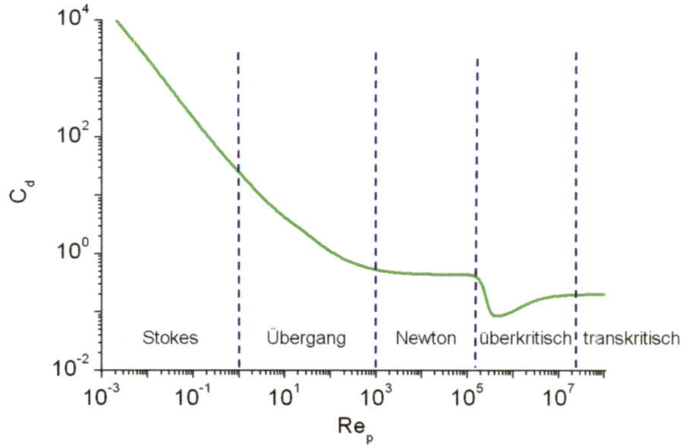

Abbildung 2.29.: Widerstandsbeiwert von Kugeln in Abhängigkeit von der Partikel-Reynoldszahl [77]. Der Widerstandsbeiwert ist in fünf Bereiche aufgeteilt: Stokesbereich, Übergangsbereich, Newtonbereich, überkritischer Bereich und transkritischer Bereich.

$$C_d = \frac{24}{Re_p}\left[1 + 0{,}500 Re_p^{0{,}6870}\right] \quad \text{für } 260 < Re_p < 1000$$
$$C_d = 0{,}44 \quad \text{für } 1000 < Re_p < 2 \cdot 10^5.$$

Der Verlauf der Partikelgeschwindigkeit in Abhängigkeit von der Fluidgeschwindigkeit hängt unter anderem vom Widerstandsbeiwert ab, der aus dem Kräftegleichgewicht zwischen der Widerstandskraft und der Trägheitskraft des Partikels hervorgeht:

$$\frac{\partial \mathbf{u}_p}{\partial t} = \frac{18\mu_f}{\rho_p\, d_p^2} \frac{C_d\, Re_p}{24} \left(\mathbf{u}_f - \mathbf{u}_p\right), \tag{2.4.3}$$

mit der dynamischen Viskosität μ_f des Fluids.

Im Stokesbereich gilt

$$\frac{C_d\, Re_p}{24} = 1. \tag{2.4.4}$$

Über den Separationsansatz lässt sich nun der Verlauf der Partikelgeschwindigkeit über die Partikel-Relaxationszeit τ_{relax} für Kugeln angeben:

$$\mathbf{u}_p = \mathbf{u}_f \left(1 - e^{-\frac{t}{\tau_{relx}}}\right), \tag{2.4.5}$$

mit der Partikel-Relaxationszeit

$$\tau_{relax} = \frac{d_p^2\, \rho_p}{18\mu_f}. \tag{2.4.6}$$

Sie beschreibt die notwendige Zeit, die ein Partikel benötigt, um auf 63% der Fluidgeschwindigkeit zu beschleunigen. Es ist zu beachten, dass diese Beziehung nur für den Stokesbereich seine Gültigkeit besitzt.

- **Archimedische Auftriebskraft und Gravitationskraft**
  Die archimedische Auftriebskraft ergibt sich aufgrund des Dichteunterschieds zwischen Partikel und Fluid. Sie ist direkt proportional zum Dichteunterschied und zur Erdbeschleunigung $\mathbf{g}$ und unabhängig von der Partikelform:

$$\mathbf{F}_a = (\rho_p - \rho_f) V_p\, \mathbf{g}. \tag{2.4.7}$$

- **Druckkraft**
  Die Druckkraft ergibt sich aufgrund des Druckgradienten ∇P über der Partikeloberfläche. Mit der Annahme eines konstanten Druckgradienten in der Partikelumgebung ergibt sich durch Integration über die Teilchenoberfläche:

$$\mathbf{F}_P = -\nabla P \, \frac{m_p}{\rho_p}. \tag{2.4.8}$$

- **Auftriebskraft**
  Auftriebskräfte treten aufgrund eines asymmetrischen Druckfelds um das Partikel herum auf. Diese Asymmetrien können durch eine Scherströmung mit der Scherrate $\boldsymbol{\omega}_f = \nabla \times \mathbf{u}_f$ oder durch eine Partikelrotation $\boldsymbol{\Omega}_p$ eines Partikels entstehen. Für Kugeln existiert in einer Scherströmung (siehe Abbildung 2.30(a)) im Stokesbereich eine analytische Lösung, die sogenannte Saffmankraft [79, 80]:

$$\mathbf{F}_{LS} = 1,615\, d_p^2 \sqrt{\mu_f \rho_f}\, \frac{(\mathbf{u}_f - \mathbf{u}_p) \times \boldsymbol{\omega}_f}{\sqrt{|\boldsymbol{\omega}_f|}} \qquad \text{für} \qquad Re_p \ll \frac{d_p^2}{\nu_f} \boldsymbol{\omega}_f. \tag{2.4.9}$$

  Des Weiteren existiert für rotierende Kugeln im Stokesbereich (siehe Abbildung 2.30(b)) auch eine analytische Lösung nach Rubinow und Keller [81], die sogenannte Magnuskraft:

$$\mathbf{F}_{LR} = \frac{\pi}{8} d_p^3 \rho_f \left[\left(\frac{1}{2} \nabla \times \mathbf{u}_f - \boldsymbol{\omega}_p \right) \times (\mathbf{u}_f - \mathbf{u}_p) \right]. \tag{2.4.10}$$

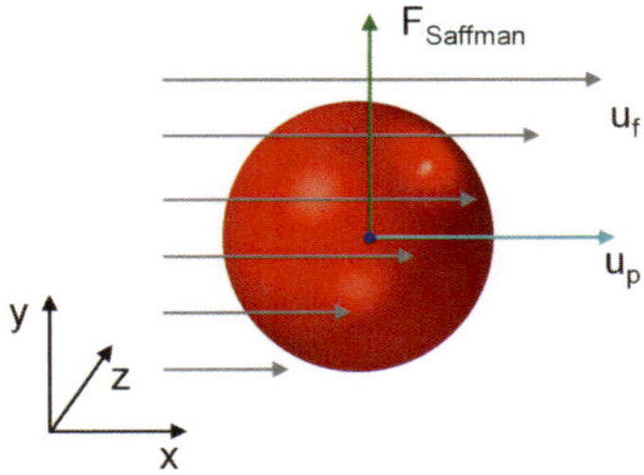

(a) Saffmankraft einer Kugel in einer Scherströmung.

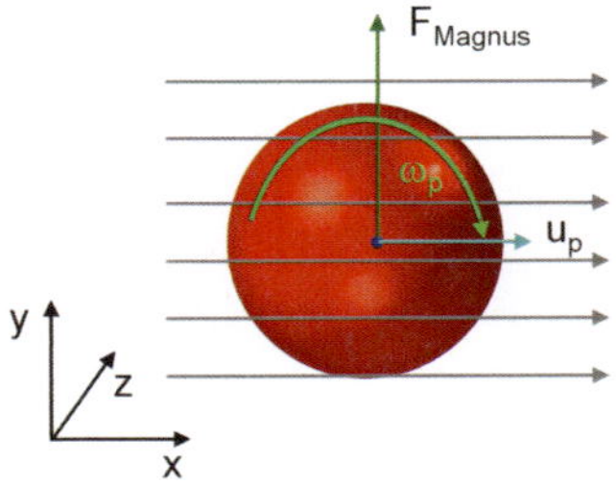

(b) Magnuskraft einer rotierenden Kugel in einer Blockströmung.

Abbildung 2.30.: Auftriebskräfte eines Partikels.

- **Virtuelle Massekraft**
  Die Kraft der virtuelle Masse wird durch die Fluidmasse, die ein beschleunigendes Partikel verdrängt, erzeugt. In Abbildung 2.31 ist skizziert, wie das partikelumgebende Fluid aufgrund der Partikelbewegung mitbeschleunigt werden muss und somit ein zusätzlicher Widerstand entsteht. Eine analytische Betrachtung der kinetischen Energie in der Nähe des Partikels wurde zum Beispiel bei Crowe et al. [26] durchgeführt. Daraus resultiert die Kraft

$$\mathbf{F}_{VM} = C_a \, \frac{\rho_f V_p}{2} \left(\frac{D\mathbf{u}_f}{Dt} - \frac{\partial \mathbf{u}_p}{\partial t} \right) \tag{2.4.11}$$

  mit dem Koeffizienten

$$C_a = 2,1 \; - \; \frac{0,132}{A_c^2 \; + \; 0,12}. \tag{2.4.12}$$

  Der Koeffizient zeigt eine Abhängigkeit von der sogenannten Beschleunigungszahl A_c, der für eine schleichende Umströmung gegen eins strebt und sonst den Wert

$$A_c = \frac{|\mathbf{u}_f - \mathbf{u}_p|^2}{d_p \left| \frac{d|\mathbf{u}_f - \mathbf{u}_p|}{dt} \right|} \tag{2.4.13}$$

  besitzt. Die Kraft der virtuellen Masse ist unabhängig von der Form des Partikels.

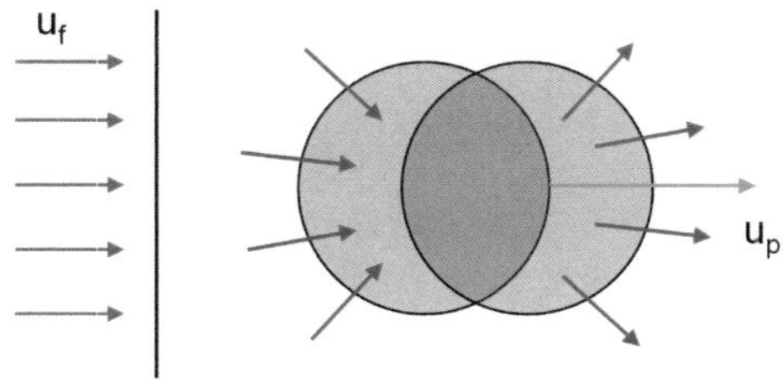

Abbildung 2.31.: Virtuelle Masse: Die Verdrängung von Fluidmasse bei der Partikelbeschleunigung führt zu einer Erhöhung der effektiven Masse des Partikels.

- **History-Kraft**
  Die History-Kraft entsteht aufgrund instationärer viskoser Effekte der kontinuierlichen Phase. Sie berücksichtigt die Veränderung des momentanen Widerstands durch zuvor erfolgter Beschleunigungsvorgänge. Sie ist vernachlässigbar, wenn das Dichteverhältnis zwischen Fluid und Partikel sehr klein wird, das heißt $0 < \frac{\rho_f}{\rho_p} \leq 1$. In der Literatur wurde diese Kraft zum ersten Mal von Basset [82] für Kugeln beschrieben:

$$\mathbf{F}_{Basset} = C_B \, \frac{3}{2} \, d_p^2 \, \sqrt{\pi \rho_f \mu_f} \left(\int_0^t \frac{1}{\sqrt{t-t'}} \left(\frac{D\mathbf{u}_f}{Dt'} - \frac{\partial \mathbf{u}_p}{dt'} \right) dt' + \frac{(\mathbf{u}_f - \mathbf{u}_p)_0}{\sqrt{t}} \right). \qquad (2.4.14)$$

Das Integral in Gleichung 2.4.14 beginnt bei $t = 0$ und berücksichtigt somit nicht die Zeiten, die kleiner als Null sind. Um diese Vereinfachung machen zu können, müssen die vorherigen Geschwindigkeiten [83] berücksichtigt werden, die den zweiten Summanden in Gleichung 2.4.14 repräsentiert. Der Beiwert C_B der Basset-Kraft aus Gleichung 2.4.1 stammt aus den Untersuchungen von Odar [84] sowie Odar und Hamilton [85], die den Gültigkeitsbereich für sphärische Partikel auf höhere Reynoldszahlen erweitert:

$$C_B = 0,48 + \frac{0,52}{(A_c + 1)^3}. \qquad (2.4.15)$$

Weitere Untersuchungen zur Formulierung der Basset-Kraft für die Bewegung sphärischer Partikel finden sich unter anderem bei Rizk und Elghobashi [86], Tsuji et al. [87], Liang und Michaelides [88], Domgin et al. [89] und Fukagata et al. [90]. Mei hat in [91] sowie Mei und Adrian haben in [92] Schwachstellen in der Herleitung des Modells für die History-Kraft entdeckt und ein verändertes Modell vorgeschlagen, das in Abschnitt 2.4.4 vorgestellt wird.

2.4.2. Bestimmung der Widerstandskräfte nicht-sphärischer Partikel

Zunächst soll in diesem Abschnitt das Lattice-Boltzmann Verfahren anhand experimenteller Daten [93] für die Berechnung des Widerstandsbeiwerts bei Würfeln validiert werden. Der angegebene relative Fehler im Experiment beträgt für Partikel-Reynoldszahlen unter 200 weniger als 1%. Für Partikel-Reynoldszahlen unter 1000 beträgt der relative Fehler weniger als 5% [93]. Innerhalb dieses Genauigkeitsbereichs wird das entwickelte Lattice-Boltzmann Verfahren validiert. Zudem wird eine Gitterstudie, die Überprüfung der Galilei-Invarianz [94, 95] und die Untersuchung des Einflusses der Machzahl in der Simulation dargestellt. Nach der Validierung an einem Würfel wird das Standardteilchen „Borkarbid" betrachtet und Korrelationen für die Widerstands-, History- und Auftriebskräfte ermittelt. In der Simulation wird eine Kugel, ein Würfel und ein Borkarbidteilchen in eine Kanalströmung gesetzt. Hierbei beträgt die größte Hauptträgheitsachse d_{max} für alle Partikel jeweils $4\,\mu$m. Abbildung 2.32 zeigt die Abmaße des Rechengebiets und die Gitterauflösung um das Partikel. Die Dimensionen dieses Testfalls sind in Tabelle 2.4.1 dargestellt. Die größte Gitterweite beträgt dabei $1\,\mu$m. Um Wandeffekte [96] bei der Bestimmung der einzelnen Kräfte vernachlässigen zu können, wird ein Verhältnis zwischen Wandbreite und Partikeldurchmesser von 16:1 gewählt. Hölzer und Sommerfeld [27] untersuchten diesen Randeffekt auf die Auftriebs- und Widerstandskraft bei Kugeln. Es konnte ab einem Verhältnis von 12:1 kein signifikanter Einfluss der Wand auf die Partikelkräfte mehr festgestellt werden.

b	h	H	L	x_1	x_2	F	E	G	d
64	64	4	232	42	186	10	18	22	2

Tabelle 2.4.1.: Gebietsabmaße für die Berechnung des Widerstandsbeiwerts. Das Partikel ist in diesem Fall von 4 Stempeln umgeben, so dass das Verhältnis zwischen der größten Hauptträgheitsachse des Partikels ($d_{max} = 4\,\mu$m) zur Rechengitterweite 64 beträgt. Die Tabellenwerte entsprechen der Einheit in Mikrometer.

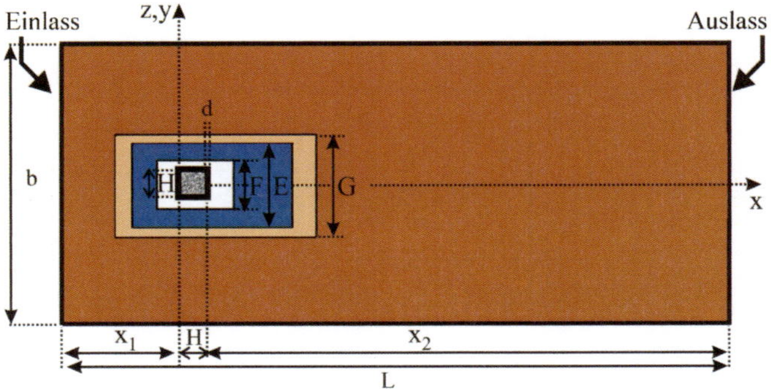

Abbildung 2.32.: Rechengebiet zur Untersuchung des Widerstandsbeiwerts mit der Länge $L = 232\,\mu$m, der Breite $b = 64\,\mu$m und der Höhe $h = 64\,\mu$m. Schwarz: feinste Gitterauflösung, weiß: feine Gitterauflösung, blau: mittel-feine Gitterauflösung, hell orange: mittel-grobe Gitterauflösung, orange: grobe Gitterauflösung.

Für die Partikelauflösung werden bis zu vier Diskretisierungsstufen um das Partikel herum gelegt, so dass die feinste Gitterweite Δx_{min} ein $\frac{1}{16}$tel der größten Gitterweite entspricht. Die Randbedingungen an den Kanalbegrenzungen sind, mit Ausnahmen des Einlasses und des Auslasses, periodisch. Die Simulation kann in zwei verschiedenen Bezugssystemen durchgeführt werden. In einem Fall ist das Partikel fest positioniert und eine Blockströmung wird als Geschwindigkeitsprofil im Rechengebiet initialisiert. Im anderen Fall bewegt sich das Partikel mit konstanter Geschwindigkeit durch den Kanal, wobei die Strömungsgeschwindigkeit im gesamten Rechengebiet beim Start der Rechnung auf null gesetzt wird. In beiden Fällen ist der Betrag der Relativgeschwindigkeit zwischen dem Partikel und der Strömungsgeschwindigkeit identisch. Durch den Vergleich der beiden Rechnungen wird die Galilei-Invarianz des numerischen Verfahrens überprüft. Zusätzlich wird neben dem Einfluss der Gitterauflösung auf den Widerstandsbeiwert auch der Einfluss der Machzahl untersucht. Die Machzahl

$$Ma = \frac{u}{c_s} \tag{2.4.16}$$

beschreibt das Verhältnis zwischen dem Betrag der Geschwindigkeit u und der Schallgeschwindigkeit c_s.

Stokesbereich bei Würfeln ($Re_p = 0{,}05697$)

Ein umströmter Würfel wird im Stokesbereich auf die Galilei-Invarianz des numerischen Verfahrens untersucht. Das Rechengitter um den Würfel ist mit vier Diskretisierungsstufen (Stempeln) verfeinert. Für den Fall des bewegten Partikels beträgt die Partikelgeschwindigkeit in x-Richtung 10^{-4} in Lattice-Boltzmann Einheiten und die Blockgeschwindigkeit im Kanal wird gleich null gesetzt. Im Fall des festgehaltenen Partikels ist die Blockgeschwindigkeit in x-Richtung 10^{-4} in Lattice-Boltzmann Einheiten und die Partikelgeschwindigkeit wird gleich null gesetzt. Der Widerstandsbeiwert C_d wird für beide Fälle in Abbildung 2.33 dargestellt. Das Konvergenzverhalten des Widerstandsbeiwerts ist für beide Fälle identisch, da das numerische Verfahren Galilei-Invariant ist. Der relative Fehler zwischen der Simulation und dem Experiment beträgt maximal 2,1% und die relative Abweichung zwischen den beiden Simulation beträgt weniger als 0,3%. Eine exakte Übereinstimmung zwischen beiden Referenzsystemen kann aufgrund der numerischen Rundungsfehler nicht erzielt werden.

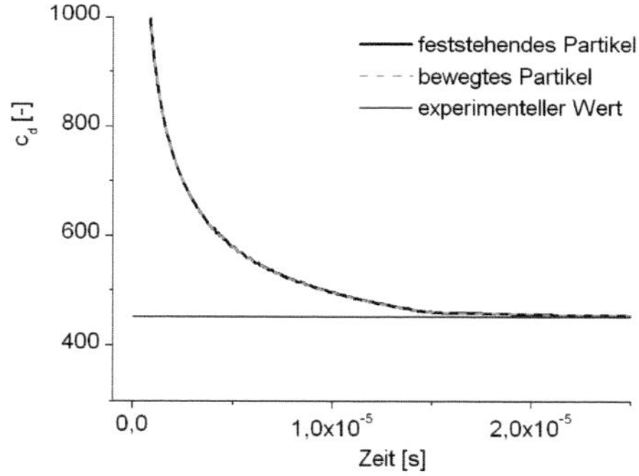

Abbildung 2.33.: Konvergenzverhalten des Widerstandsbeiwerts in Abhängigkeit von der Zeit ($Re_p = 0{,}05697$). Die beiden unterschiedlichen Referenzsysteme weichen maximal mit einem relativen Fehler von 0,3% ab. Das Verhältnis zwischen der Kantenlänge des Würfels und der Rechengitterweite beträgt 64.

Stabiles Rezirkulationsgebiet bei bewegten Würfeln ($Re_p = 14{,}63$)

Bei diesem Testfall werden drei verschiedene Gitterverfeinerungen um das Partikel verwendet, die sich mit dem Partikel bewegen. Die Diskretisierungsstufen sind mit zwei, drei oder vier Stempel angelegt. Die Partikelgeschwindigkeit u_p beträgt in x-Richtung 10^{-2} und die Blockgeschwindigkeit des Fluids u_b ist in x-Richtung 0,11 in Lattice-Boltzmann Einheiten. Die Abhängigkeit des Widerstandsbeiwerts C_d von der Gitterauflösung ist in Abbildung 2.34 dargestellt. Die feinste und mittlere Gitterauflösung zeigen keine signifikante Abweichung im Verlauf des Widerstandsbeiwerts.

In Abbildung 2.35 wird ein Oszillieren des Widerstandsbeiwerts in Abhängigkeit des Zeitschritts festgestellt. Die Oszillation der Partikelkraft ergibt sich aufgrund des Refill-Problems (siehe Abschnitt 2.3.1),

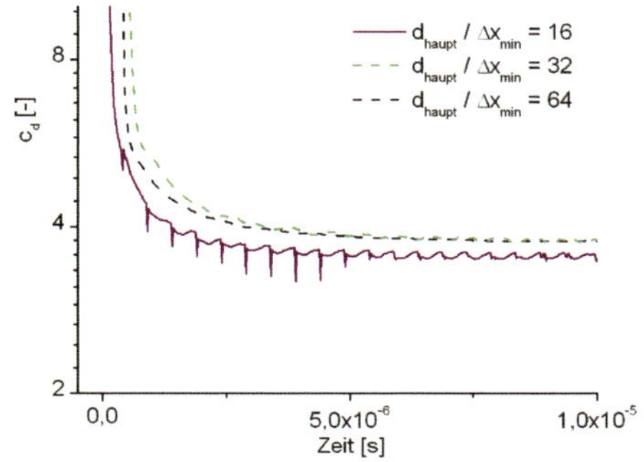

Abbildung 2.34.: Konvergenzverhalten des Widerstandsbeiwerts in Abhängigkeit von der Zeit (Re_p = 14,63). Der Würfel ist mit zwei, drei und vier Diskretisierungsstufen aufgelöst. Nach jedem Zeitschritt (bezogen auf die größte Gitterzelle) wird der Widerstandsbeiwert präsentiert. Es ist eine Konvergenz der Lösung ab drei Diskretisierungsstufen zu beobachten.

bei dem durch die Partikelbewegung bedingt Zellen von Wand auf Fluid geschaltet werden müssen. Bei einem würfelförmigen Partikel muss eine Knotengruppe einer kompletten Würfelfläche umgeschaltet werden, wenn sich das Partikel um eine Gitterweite bewegt hat. Diese Partikelform zeigt somit die stärksten Auswirkungen dieses Effekts. Im Detail ist in der Abbildung 2.35 zu erkennen, dass bei einer feineren Gitterauflösung der Einfluss des „Refil-Problems“ auf die Partikelkraft geringer wird. Zusätzlich wird in Abbildung 2.35 der Einfluss der Gittergeschwindigkeit des Partikels aufgezeigt, der sich proportional zur Oszillationsfrequenz verhält. Die Machzahl des Partikels entspricht der Gittergeschwindigkeit des Partikels u_p^{LB}.

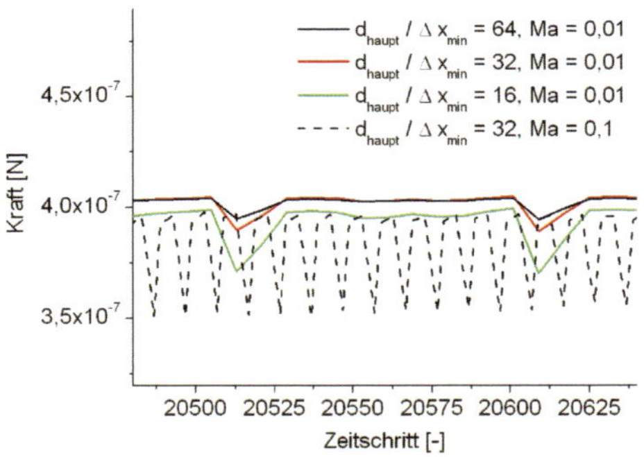

Abbildung 2.35.: Die Oszillation der Partikelkraft in Abhängigkeit von dem Zeitschritt wird durch das Refill-Problem verursacht. Die Partikel-Reynoldszahl beträgt in diesem Fall 14,63. Die Frequenz der Oszillation ist dabei proportional zur Machzahl des Partikels.

Bestimmung des Widerstandsbeiwerts bewegter Würfel

Anhand von experimentellen Daten [93] lässt sich das in diesem Kapitel vorgestellte numerische Verfahren validieren. Im Folgenden wird der Widerstandsbeiwert eines bewegten Würfels bis zur Partikel-Reynoldszahl von 222,2 untersucht. Hierbei ist das Verhältnis zwischen der Kantenlänge des Würfels zur Rechengitterweite 64. Die in Abbildung 2.36 dargestellte Korrelation lautet:

$$C_d = \frac{25{,}4}{Re_p}\,(1,0 + 0{,}16\; Re_p^{0,77} - 0,006\; Re_p^{1,2} + 3 \cdot 10^{-7}\; Re_p^{2,5}). \tag{2.4.17}$$

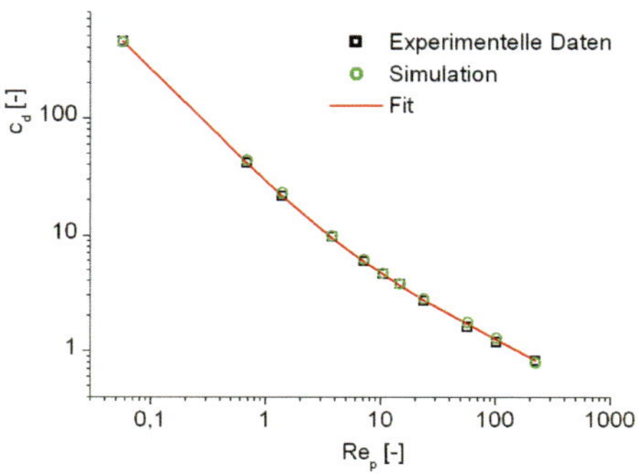

Abbildung 2.36.: Experimentelle Daten des Widerstandsbeiwerts im Vergleich zur Simulation. Die Korrelationsfunktion des Fits stellt Gleichung 2.4.17 dar.

Es ist eine sehr gute Übereinstimmung zwischen den experimentellen Daten aus der Literatur und den numerischen Ergebnissen zu beobachten.

Bestimmung des Widerstandsbeiwerts vom Standardtyp der Borkarbidteilchen

Nach der Validierung des numerischen Verfahrens an einem Würfel wird im Folgenden das beim hydroerosiven Verrunden verwendeten Standardteilchen „Borkarbid“ untersucht. In Abbildung 2.37 ist das Strömungsfeld eines feststehenden Borkarbidteilchens in einer Blockströmung dargestellt ($Re_p = 60$). Die größte Hauptträgheitsachse des Partikels beträgt $d_{max} = 4\,\mu\text{m}$.

Das Partikel ist stets von 4 Stempeln umgeben, so dass das Verhältnis zwischen der größten Hauptträgheitsachse des Partikels zur Rechengitterweite mindestens 64 beträgt. In folgenden Untersuchungen berechnet sich der Durchmesser d_p des Teilchens über:

$$d_p = \frac{4A_p^{proj}}{U_p^{proj}}, \tag{2.4.18}$$

mit der projizierten Fläche A_p^{proj} des Partikels senkrecht zur Anströmungsrichtung und dem Umfang der projizierten Fläche U_p^{proj}.

Bei einer Anströmung des Borkarbidteilchens parallel zur länglichen Achse (siehe Abbildung 2.37), erhält man zwischen dem Widerstandsbeiwert und der Partikel-Reynoldszahl den Zusammenhang:

$$C_d = \frac{28{,}3}{Re_p}\,(1{,}0 + 0{,}085\; Re_p^{1,1} - 4{,}3 \cdot 10^{-4}\; Re_p^{1,86} + 1 \cdot 10^{-13}\; Re_p^{4,87}). \tag{2.4.19}$$

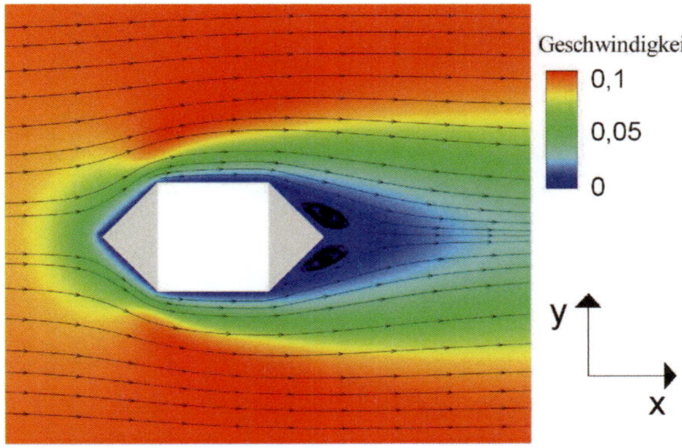

Abbildung 2.37.: Festgehaltenes Standardteilchen „Borkarbid“ in einer Blockströmung ($Re_p = 60$). Die Stromlinien deuten das ortsfeste Rezirkulationsgebiet hinter dem Teilchen an.

Dieser Zusammenhang wird in Abbildung 2.38(a) bei verschiedenen Partikel-Reynoldszahlen dargestellt. Bei dem Borkarbidteilchen wird im Gegensatz zu den sphärischen Partikeln (siehe Abbildung 2.29) kein Plateau bei der Partikel-Reynoldszahl von 1000 erreicht. Das Partikel kann in der Strömung unter anderem nach einem Partikel-Wand Stoß oder einem Partikel-Partikel Stoß beliebig ausgerichtet sein. Deshalb wird im Folgenden ein gemittelter Widerstandsbeiwert angegeben, der über die festgehaltenen Lagen des Partikels von 0°, 45°, 90° und 135° für jeweils alle drei Hauptträgheitsachsen gemittelt wird. Insgesamt wird pro Partikel-Reynoldszahl über $4^3 = 64$ Orientierungen gemittelt. Für die Berechnung der Partikel-Reynoldszahl wird der Partikeldurchmesser stets auf $d_p = 4\,\mu$m gesetzt, um die berechneten Korrelationsfunktionen in das Euler-Euler Verfahren von ANSYS CFX11 implementieren zu können. In Abbildung 2.38(b) sind die numerischen Ergebnisse bis zur Partikel-Reynoldszahl von 1000 dargestellt.

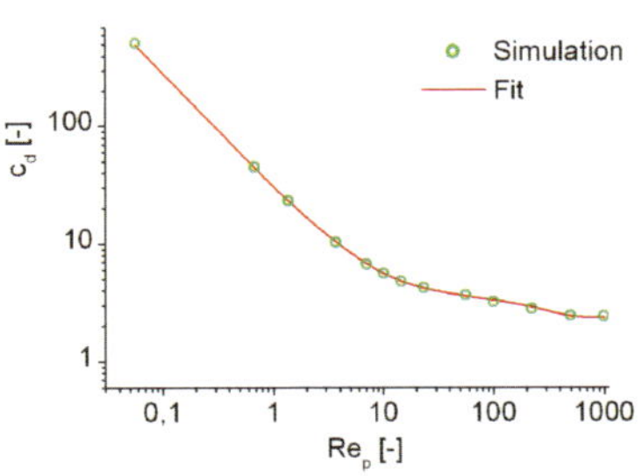

(a) Darstellung des Widerstandsbeiwerts C_d für ein Borkarbidteilchen, welches längs zur Hauptströmung ausgerichtet ist. Die Korrelationsfunktion des Fits stellt Gleichung 2.4.19 dar.

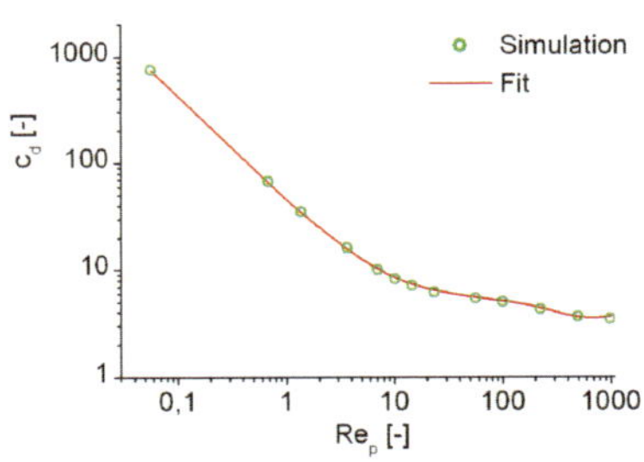

(b) Darstellung des über 64 Orientierungen gemittelten Widerstandsbeiwerts C_d für ein Borkarbidteilchen. Die Korrelationsfunktion des Fits stellt Gleichung 2.4.20 dar.

Abbildung 2.38.: Widerstandsbeiwert des Borkarbidteilchens in Abhängigkeit von der Partikel-Reynoldszahl.

Ein Fit an die Ergebnisse stellt folgende Korrelation her:

$$C_d = \frac{41{,}8}{Re_p}\,(1{,}0 + 0{,}085\;Re_p^{1{,}1} - 4{,}4 \cdot 10^{-4}\;Re_p^{1{,}85} + 1 \cdot 10^{-13}\;Re_p^{4{,}86}). \tag{2.4.20}$$

Es ist ein ähnlicher qualitativer Verlauf im Vergleich zur Partikellage, die in Abbildung 2.37 zu sehen ist, festzustellen. Die deutlichen quantitativen Unterschiede sind durch die verschiedenen Werte in den Vor-Koeffizienten der Korrelationen 2.4.19 und 2.4.20 zu erklären.

2.4.3. Bestimmung der Auftriebskräfte sphärischer und nicht-sphärischer Partikel

In den folgenden Untersuchungen befinden sich stets 4 Stempel um das Partikel, so dass das Verhältnis zwischen der größten Hauptträgheitsachse des Partikels zur Rechengitterweite mindestens 64 beträgt. Das Rechengebiet entspricht dabei dem im Abschnitt 2.4.2 vorgestellten Gebiet.

Saffmankraft

Die Saffmankraft wurde in Abschnitt 2.4.1 für sphärische Partikel, die sich innerhalb des Stokesbereichs befinden, beschrieben. Für sphärische Partikel, die sich außerhalb des Stokesbereichs befinden, existiert nach Crowe et al. [26] folgender Ansatz:

$$\mathbf{F}_{LS} = 1{,}615\, d_p^2\, (\rho_f \mu_f)^{\frac{1}{2}} \left(\frac{1}{|\nabla \times \mathbf{u}_f|}\right)^{\frac{1}{2}} \left\{(\mathbf{u}_f - \mathbf{u}_p) \times \frac{1}{2}\nabla \times \mathbf{u}_f\right\} f(Re_p, Re_s). \tag{2.4.21}$$

Für Partikel-Reynoldszahlen $Re_p \leq 40$ gilt:

$$f(Re_p, Re_s) = \left\{1 - 0,3314 \left(\frac{1}{2}\frac{Re_s}{Re_p}\right)^{\frac{1}{2}}\right\} exp(-\frac{Re_p}{10}) + 0,3314 \left(\frac{1}{2}\frac{Re_s}{Re_p}\right)^{\frac{1}{2}} \tag{2.4.22}$$

und für Partikel-Reynoldszahlen $Re_p > 40$:

$$f(Re_p, Re_s) = 0,0524 \left(\frac{1}{2} Re_s\right)^{\frac{1}{2}}, \tag{2.4.23}$$

unter Verwendung der Scher-Reynoldszahl:

$$Re_s = \frac{d_p^2 \left|\frac{1}{2}\nabla \times \mathbf{u}_f\right|}{\nu_f}. \tag{2.4.24}$$

Durch das Einführen eines Auftriebsbeiwerts (auch Lift-Koeffizient genannt)

$$C_{LS} = \frac{4,1126}{\sqrt{Re_s}}\, f(Re_p, Re_s) \tag{2.4.25}$$

ergibt sich die Saffmankraft

$$\mathbf{F}_{LS} = \frac{1}{2}\, C_{LS}\, \rho_f\, A_p\, d_p\, \left[(\mathbf{u}_p - \mathbf{u}_f) \times (\nabla \times \mathbf{u}_f)\right]. \tag{2.4.26}$$

Die Korrelation aus 2.4.26 wird in Abbildung 2.39 mit der Lattice-Boltzmann Simulation verglichen. Es ist ein ansteigender Verlauf der Saffmankraft für kleine Partikel-Reynoldszahlen zu erkennen. Mit steigender Scher-Reynoldszahl erhöht sich die Saffmankraft für alle Partikel-Reynoldszahlen. Es ist eine gute Übereinstimmung in Abhängigkeit von der Scher- und Partikel-Reynoldszahl zwischen den experimentellen Daten und der numerischen Simulation festzustellen.

In der Lattice-Boltzmann Simulation wird wie oben beschrieben ein über die Partikellage gemittelter Lift-Koeffizient für das Standardteilchen „Borkarbid" berechnet. Die Korrelationsfunktion aus den Simulationsdaten (siehe Abbildung 2.40 und 2.41) sind:

$$C_{LS} = 0,56\, \frac{Re_s^{0,5}}{Re_p^{1,1}} \quad \text{für} \quad Re_p < 1 \tag{2.4.27}$$

und

$$C_{LS} = \frac{Re_s^{0,5}}{Re_p^{1,1}} \left[-0,02 Re_p^{1,5} + 0,58 \frac{1}{Re_p^{0,6}}\right] \quad \text{für} \quad 1 \leq Re_p < 100. \tag{2.4.28}$$

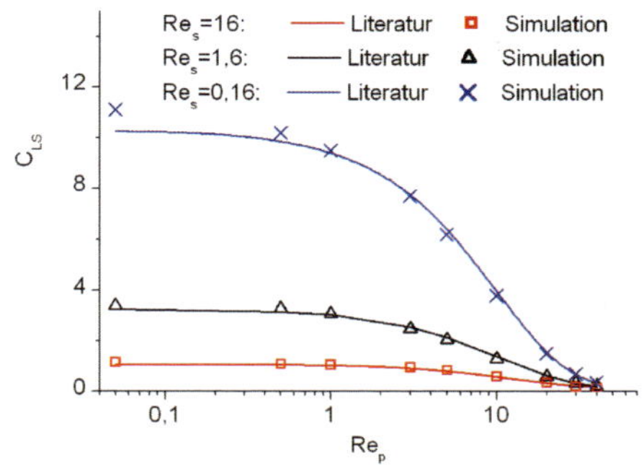

Abbildung 2.39.: Saffmankraft eines sphärischen Partikels in Abhängigkeit von der Partikel-Reynoldszahl Re_p und der Scher-Reynoldszahl Re_s. Die Kugel ist dabei von 4 Stempeln umgeben. Die Korrelationsfunktion des Fits ist durch Gleichung 2.4.25 definiert.

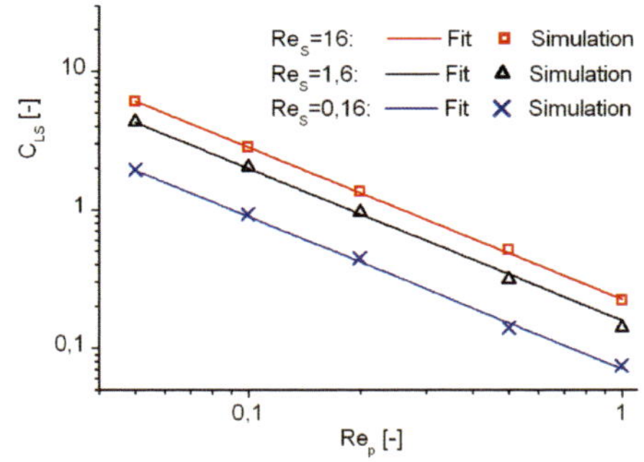

Abbildung 2.40.: Gemittelter Lift-Koeffizient des Borkarbidteilchens in Abhängigkeit von der Partikel- und Scher-Reynoldszahl. Die an die numerischen Daten erstellte Kurve ist durch Gleichung 2.4.27 definiert.

Im Bereich für kleine Partikel-Reynoldszahlen bis 1,0 (siehe Abbildung 2.40) ist ein abfallender Verlauf des Lift-Koeffizienten C_{LS} in Abhängigkeit von der Partikel-Reynoldszahl zu erkennen. Für höhere Scher-Reynoldszahlen ist der Auftriebsbeiwert bei gleicher Partikel-Reynoldszahl größer. Im Gegensatz dazu ist dieses Phänomen bei sphärischen Partikeln genau umgekehrt (siehe Abbildung 2.39). Für höhere Partikel-Reynoldszahlen ist ein negativer Auftriebsbeiwert bei dem Borkarbidteilchen zu beobachten (siehe Abbildung 2.41).

Magnuskraft

Die Magnuskraft wird durch die Partikelrotation in einem ruhenden Fluid hervorgerufen und wurde für sphärische Partikel in Abschnitt 2.4.1 beschrieben. Crowe et al. [26] hat diesen Ansatz auf sphärische

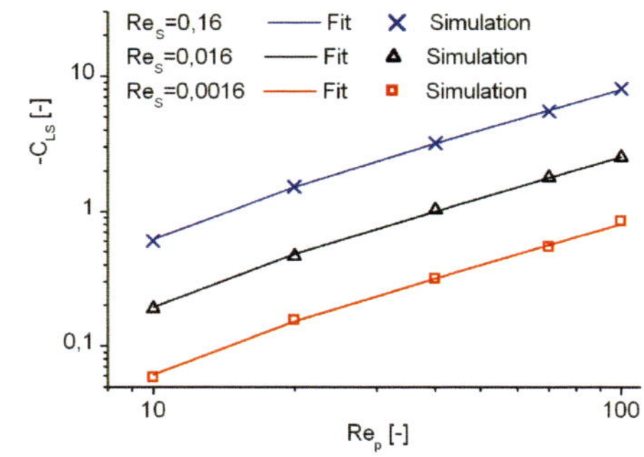

Abbildung 2.41.: Gemittelter Saffmankraft-Koeffizient des Borkarbidteilchens in Abhängigkeit von der Partikel- und der Scher-Reynoldszahl. Die an die numerischen Daten gefittete Kurve ist durch Gleichung 2.4.28 definiert.

Partikel in einem strömenden Fluid erweitert:

$$\mathbf{F}_{LR} = C_{LR}\frac{\rho_f}{2}A_p\left|(\mathbf{u}_f - \mathbf{u}_p)\right|\frac{\boldsymbol{\Omega}\times(\mathbf{u}_f - \mathbf{u}_p)}{|\boldsymbol{\Omega}|}, \tag{2.4.29}$$

mit dem Auftriebsbeiwert C_{LR} und der relativen Partikelrotation

$$\boldsymbol{\Omega} = \frac{1}{2}\nabla\times(\mathbf{u}_f - \mathbf{u}_p). \tag{2.4.30}$$

Für Partikel-Reynoldszahlen bis $Re_p \leq 140$ geben Oesterlé und Dinh [97] basierend auf experimentellen Daten und Literaturangaben folgende Korrelation an:

$$C_{LR} = 0,45 + \left(\frac{Re_r}{Re_p} - 0,45\right)\exp(-0,05684\; Re_r^{0,4}Re_p^{0,3}), \tag{2.4.31}$$

mit der Rotations-Reynoldszahl

$$Re_r = \frac{\rho_f\; d_p^2\; |\boldsymbol{\Omega}|}{\mu_f}. \tag{2.4.32}$$

Zur Validierung des Lattice-Boltzmann Verfahrens werden in der Simulation sphärische Partikel unterschiedlicher Partikel-Reynoldszahl Re_p und Rotations-Reynoldszahl Re_r mit der Korrelation 2.4.31 verglichen (siehe Abbildung 2.42)).

Die Verläufe des Koeffizienten C_{LR} in Abhängigkeit von der Partikel-Reynoldszahl und der Rotation-Reynoldszahl stimmen sehr gut zwischen der Simulation und den Messdaten überein. Darüber hinaus sind keine deutlichen Abweichungen zwischen den Daten aus dem Lattice-Boltzmann Verfahren und den Daten aus der Literatur zu beobachten. In Abbildung 2.42 ist eine Übereinstimmung des Auftriebsbeiwerts C_{LR} innerhalb einer maximalen relativen Abweichung von 9,8% für unterschiedliche Partikel-Reynoldszahlen Re_p und Rotations-Reynoldszahlen Re_r festzustellen.

Für die nicht-sphärischen Borkarbidteilchen ergibt sich folgende Korrelation, wenn der Koeffizient der Magnuskraft, wie oben bei der Saffmankraft beschrieben, über die 64 Orientierungen des Borkarbidteilchens gemittelt wird:

$$C_{LR} = 0,56 + \left(\frac{Re_r}{Re_p} - 0,41\right)exp(-0,042\; Re_r^{0,51}Re_p^{0,28}). \tag{2.4.33}$$

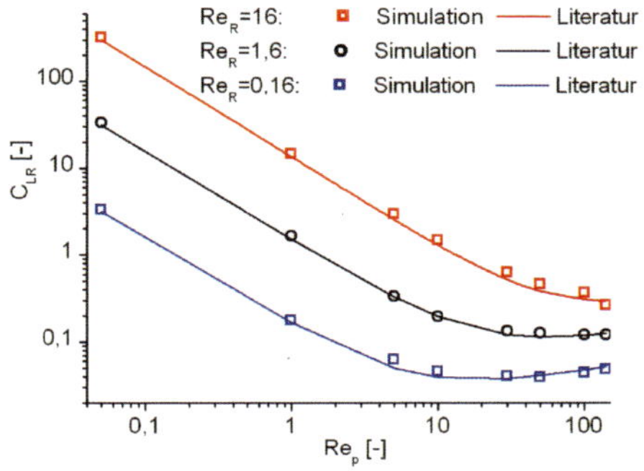

Abbildung 2.42.: Gemittelter Magnuskraft-Koeffizient bei einer Kugel in Abhängigkeit von der Partikel- und Rotations-Reynoldszahl. Die an die Daten aus der Literatur [97] gefittete Kurve stellt Gleichung 2.4.31 dar. In dieser Abbildung wird ein maximale Abeichung von 9,8% zwischen den Simulationen und den Daten aus der Literatur beobachtet.

In Abbildung 2.43 ist die Korrelation aus Gleichung 2.4.33 mit den Daten aus der Simulation dargestellt. Der quantitative Verlauf des Magnuskraft-Koeffizienten entspricht hierbei nicht dem Verlauf eines sphärischen Partikels. Der qualitative Unterschied zwischen den beiden Korrelationen ist bezüglich der Rotation-Reynoldszahl signifikant.

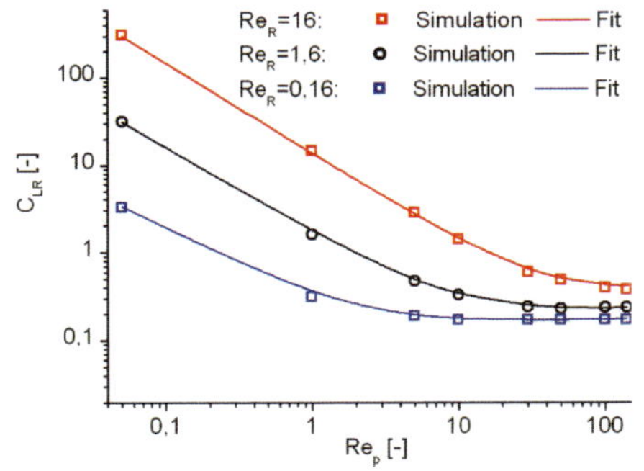

Abbildung 2.43.: Gemittelter Auftriebsbeiwert der Magnuskraft bei einem Borkarbidteilchen in Abhängigkeit von der Partikel- und Rotations-Reynoldszahl. Der Fit entspricht Gleichung 2.4.33.

Zusammenfassend wird eine gute Übereinstimmung für die Saffman- und Magnuskräfte sphärischer Partikel zwischen den Messdaten und dem Lattice-Boltzmann Verfahren beobachtet. Die Untersuchungen an dem Borkarbidteilchen zeigen, dass eine Modifizierung des Auftriebsbeiwerts C_{LR} in der Korrelationsfunktion der Magnuskraft ausreicht, um die Daten aus der Simulation abzubilden. Im Gegensatz dazu muss bei der Saffmankraft ein neuer Ansatz für den Auftriebsbeiwert C_{LS} gewählt werden, um die Daten aus der Lattice-Boltzmann Simulation abbilden zu können. Die Auftriebsbeiwert C_{LS} steigt mit größer werdender Scher-Reynoldszahl für das Borkarbidteilchen an.

2.4.4. Bestimmung der History-Kräfte sphärischer und nicht-sphärischer Partikel

Die History-Kraft ist stark von der Partikelform und dem Verhältnis zwischen der Fluiddichte und der Partikeldichte abhängig. Der Betrag der History-Kraft, welcher bei einer beschleunigenden Strömung oder bei einem beschleunigendem Partikel auftritt [82] wird im Folgenden untersucht. In [91, 92] wird gezeigt, dass bei der History-Kraft für sphärische Partikel nur die zeitnahen Kräfte aus der Vergangenheit mit dem Faktor $1/\sqrt{t}$ gewichtet werden. Für weiter zurückliegende Zeitpunkte skaliert die History-Kraft mit $1/t^2$. In diesen Veröffentlichungen wird nur die Blockgeschwindigkeit bei einem feststehenden Partikel variiert. Ein allgemeiner Ansatz wird für beschleunigende Partikel vorgeschlagen. Experimentell konnten Dorgan und Loth [98] sowie Kim et al. [99] für Kugeln die Theorie anhand von Messungen der Sinkgeschwindigkeit bestätigen. Die Einführung der Fit-Parametern a_f, b_f, c_f und d_f in der History-Kraft verallgemeinern den Ausdruck aus der Literatur [98] für beliebig geformte Partikel:

$$\mathbf{F}_{History} = 3\pi\,\mu\,d_p \int_{-\infty}^{t} K_h(t-\tau)\left[\frac{D\mathbf{u}_f(t)}{D\tau} - \frac{\partial \mathbf{u}_p(t)}{\partial \tau}\right] d\tau, \tag{2.4.34}$$

mit

$$K_h(t-\tau) = c_f\left(\left[\frac{4\pi\,(t-\tau)\,\mu}{d_p^2\,\rho_f}\right]^{\frac{1}{2d_f}} + \left[\frac{\pi\rho_f\,|\mathbf{u}_f-\mathbf{u}_p|^3\,(t-\tau)^2}{4\,d_p\,\mu\,f_h^3(Re)}\right]^{\frac{1}{d_f}}\right)^{-d_f} \tag{2.4.35}$$

und

$$f_h(Re) = a_f + b_f\;Re_p. \tag{2.4.36}$$

Die BBO Gleichung kann über die Modifizierung der Koeffizienten auch die Dynamik nicht-sphärischer Partikel beschreiben. Die Formulierung der virtuellen Masse entspricht in dieser Studie für alle Partikelformen gleich der Formulierung für sphärische Partikel. Der Koeffizient in der Widerstandskraft wurde in Abschnitt 2.4.2 und 2.4.2 bereits für Würfel und das Standardteilchen „Borkarbid“ berechnet.

Durch den Vergleich der Lattice-Boltzmann Lösung mit der BBO Gleichung können die Fitparameter, die in der Tabelle 2.4.2 zusammen mit den experimentell bestimmten Daten von Kim et al. [99] aufgelistet sind, ermittelt werden. Hierbei werden drei verschiedene Partikel-Reynoldszahlen betrachtet, die sich auf die Partikelgeschwindigkeiten vor der Beschleunigung des Partikels beziehen. Die Anströmung des Würfels ist senkrecht zur Seitenfläche des Würfels und die Anströmung des Borkarbidteilchens wird wie bei der Bestimmung des Widerstandsbeiwerts über 64 verschiedene Lagen des Partikels variiert (siehe Abschnitt 2.4.2). Die Fitparameter des Borkarbidteilchens sind dabei in Tabelle 2.4.2 über die 64 Anströmwinkel gemittelt worden.

	Re_p	a_f	b_f	c_f	d_f
Kugel	0,05697	0,70	0,105	1,0	2,0
Kugel	14,63	0,75	0,105	1,0	2,4
Kugel	222,2	0,75	0,105	1,0	2,5
Kugel (Kim et al.)	$6{,}5 \leq Re_p \leq 853$	0,75	0,126	1,0	2,5
Würfel	0,05697	0,0	0,105	4,97	2,0
Würfel	14,63	0,0	0,103	5,0	2,2
Würfel	222,2	0,0	0,109	5,3	2,4
Borkarbid	0,05697	0,41	0,1	3,2	2,3
Borkarbid	14,63	0,41	0,1	3,2	2,4
Borkarbid	222,2	0,41	0,1	3,2	2,4

Tabelle 2.4.2.: Fit-Parameter der History-Kraft für eine Kugel, einen Würfel und dem Standardteilchen „Borkarbid“ in Abhängigkeit von der Partikel-Reynoldszahl vor der Partikelbeschleunigung. Zudem sind die Parameter nach Kim et al. [99] für eine Kugel angegeben.

In der Simulation entspricht das Rechengebiet dem aus Abbildung 2.32. Die Randbedingungen des Gebiets sind mit Ausnahme des Einlasses und Auslasses symmetrisch. Alle untersuchten Partikeltypen werden von vier Stempeln umgeben, so dass der Durchmesser der Kugel (bzw. die Kantenlänge des Würfels oder die größte Hauptträgheitsachse des Borkarbids) mit mindestens 64 Rechenzellen aufgelöst wird. Aus Konvergenzgründen wird die Partikelposition für die ersten 2000 Zeitschritte, bezogen auf die größte Gitterzelle, festgehalten. Nach den 2000 Zeitschritten kann das Partikel aufgrund der Strömungskräfte auf das Partikel in Hauptströmungsrichtung x beschleunigen.

Im Folgenden werden die auf das Partikel wirkenden Kräfte (BBO Gleichung [76]) mit der aus dem Lattice-Boltzmann Verfahren resultierenden Partikelkraft für drei verschiedene Reynoldszahlen Bereiche dargestellt. Zusätzlich wird der Verlauf der Partikelgeschwindigkeit während der Beschleunigungsphase aus der Theorie (zeitliche Integration der BBO Gleichung) mit der Lattice-Boltzmann Lösung verglichen.

Beschleunigte Kugel ($Re_p = 0{,}05697$)

Zunächst wird das Lattice-Boltzmann Verfahren anhand sphärischer Partikel im Stokesbereich validiert ($Re_p = 0{,}05697$). Die Blockgeschwindigkeit des Kanals beträgt dabei $1 \cdot 10^{-4}$ in Lattice-Boltzmann Einheiten und die initiale Partikelgeschwindigkeit ist null. Abbildung 2.44 zeigt die auf das Partikel wirkende Kraft aus der Lattice-Boltzmann Lösung. Außerdem wird die analytische Lösung der BBO Gleichung [76] unter Verwendung der Koeffizienten der History-Kraft aus Tabelle 2.4.2 präsentiert. Zusätzlich werden die einzelnen Kraftterme aus der BBO Gleichung dargestellt. Es ist zu beobachten, dass die Widerstands- und Druckkraft die größten Beiträge an der gesamten Partikelkraft besitzen. Die virtuelle Masse ist nur zu Beginn der Beschleunigungsphase relevant, hingegen ist die History-Kraft auch im weiteren zeitlichen Verlauf signifikant. Es ist eine gute Übereinstimmung zwischen dem Lattice-Boltzmann Verfahren und den analytischen Berechnungen nach Mei [91] zu beobachten. Der Geschwindigkeitsverlauf des beschleunigenden Partikels in der Simulation wird mit dem Verlauf der integrierten BBO Gleichung in Abbildung 2.45 verglichen.

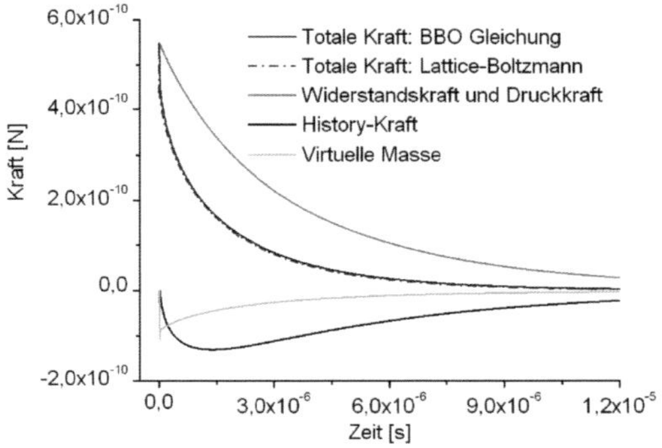

Abbildung 2.44.: Partikelkraft in Abhängigkeit von der Zeit ($Re_p = 0{,}05697$). Violette Linie: Totale Kraft, die sich aus der BBO Gleichung ergibt. Violette gestrichelte Linie: Totale Kraft, die aus dem Lattice-Boltzmann Verfahren resultiert. Graue Linie: Widerstands- und Druckkraft aus der BBO Gleichung. Schwarze Linie: History-Kraft aus der BBO Gleichung. Türkise Linie: Virtuelle Masse aus der BBO Gleichung.

Die Partikel-Relaxationszeit beträgt in diesem Fall 2,7 μs. Es ist eine gute Übereinstimmung zwischen der analytischen Vorhersage nach Mei [91] und der numerischen Simulation festzustellen.

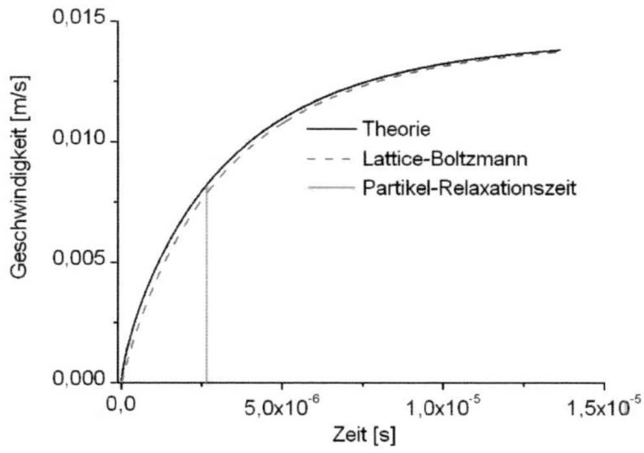

Abbildung 2.45.: Partikelgeschwindigkeit in Abhängigkeit von der Zeit ($Re_p = 0{,}05697$). Schwarze Linie: Ergebnis aus der BBO Gleichung. Graue gestrichelte Linie: Ergebnis aus dem Lattice-Boltzmann Verfahren. Grüne Linie: Partikel-Relaxationszeit.

Beschleunigter Würfel ($Re_p = 222{,}2$)

Ein oszillierendes Rezirkulationsgebiet entsteht hinter einem bewegten umströmten Würfel im Übergangsbereich ($Re_p = 222{,}2$). Hierbei ist die Blockgeschwindigkeit des Kanals in x-Richtung 0,11 und die Partikelgeschwindigkeit beträgt in x-Richtung 0,01 in Lattice-Boltzmann Einheiten. Nach 2000 Zeititerationen bezogen auf das grobe Gitter kann das Partikel in x-Richtung beschleunigen. Die totale Partikelkraft der Lattice-Boltzmann Lösung wird in Abbildung 2.46 mit der durch die modifizierte BBO Gleichung erhaltenden Partikelkraft verglichen. Hierbei wurden die Koeffizienten der History-Kraft (siehe Tabelle 2.4.2) und der Widerstandsbeiwert eines Würfels (siehe Gleichung 2.4.17) verwendet.

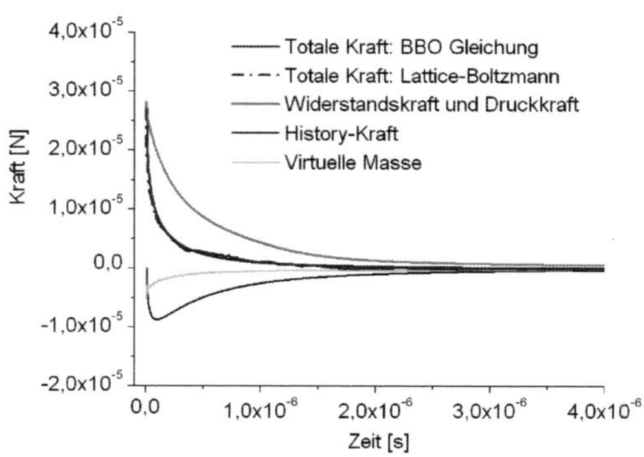

Abbildung 2.46.: Partikelkraft in Abhängigkeit von der Zeit ($Re_p = 222{,}2$). Violette Linie: Totale Kraft, die sich aus der BBO Gleichung ergibt. Violette gestrichelte Linie: Totale Kraft, die aus dem Lattice-Boltzmann Verfahren resultiert. Graue Linie: Widerstands- und Druckkraft aus der BBO Gleichung. Schwarze Linie: History-Kraft aus der BBO Gleichung. Türkise Linie: Virtuelle Masse aus der BBO Gleichung.

Durch die Anpassung der Koeffizienten aus Gleichung 2.4.34 wird eine gute Übereinstimmung zwischen der Simulation und der Differentialgleichung 2.4.34 erzielt. Abbildung 2.47 zeigt den Verlauf der Geschwindigkeit aus der Lattice-Boltzmann Simulation und der integrierten BBO Gleichung.

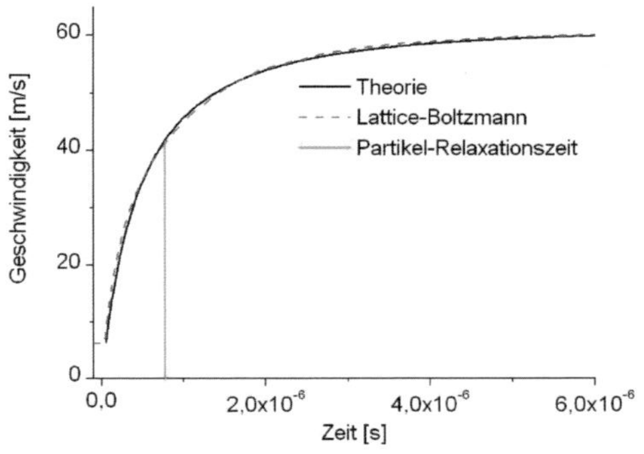

Abbildung 2.47.: Partikelgeschwindigkeit in Abhängigkeit von der Zeit (Re_p = 222,2). Schwarze Linie: Ergebnis aus der BBO Gleichung. Graue gestrichelte Linie: Ergebnis aus dem Lattice-Boltzmann Verfahren. Grüne Linie: Partikel-Relaxationszeit.

In diesem Fall beträgt die Partikel-Relaxationszeit $0,8\,\mu s$. Auch die Integration der modifizierten BBO Gleichung zeigt eine gute Übereinstimmung mit der Lattice-Boltzmann Simulation.

Beschleunigtes Borkarbidteilchen ($Re_p = 60$)

Ein stabiles Rezirkulationsgebiet entsteht hinter einem feststehenden umströmten Borkarbidteilchen (Re_p = 60). Die Anströmung und die Partikelposition entspricht hierbei der Situation wie in Abbildung 2.37 dargestellt. Die Blockgeschwindigkeit ist 0,1 und die Partikelgeschwindigkeit beträgt null in Lattice-Boltzmann Einheiten. Die totale Partikelkraft aus der Lattice-Boltzmann Simulation wird mit der modifizierten BBO Gleichung in Abbildung 2.48 verglichen. Bei dem Borkarbidteilchen zeigt sich, dass auch hier eine Anpassung der Koeffizienten in Gleichung 2.4.34 zum Erfolg führt. In Abbildung 2.49 ist der Verlauf der Geschwindigkeit aus der Lattice-Boltzmann Simulation und der integrierten BBO Gleichung illustriert. Das Borkarbidteilchen benötigt bei seiner Beschleunigung eine Partikel-Relaxationszeit von $3{,}4\,\mu s$.

Fazit

In diesem Abschnitt konnte sowohl die Partikelrandbedingung als auch das Verfahren zur Gitterverschiebung validiert werden, in dem die Dynamik sphärischer Partikel bei drei verschiedenen Partikel-Reynoldszahlen (0,05697, 14,63 und 222,2) mit der Transportgleichung sphärischer Partikel (BBO Gleichung) verglichen wurde. Es lässt sich eine gute Übereinstimmung feststellen. Darüber hinaus ist es gelungen, die Koeffizienten in der BBO Gleichung für den Transport von Würfeln sowie dem Standardteilchen „Borkarbid" zu berechnen. Somit konnte gezeigt werden, dass die BBO Gleichung über eine Modifizierung der Koeffizienten auf nicht-sphärische Partikel erweiterbar ist.

Im Folgenden Abschnitt wird der Aufbau eines Strömungskanals präsentiert, der die numerische Berechnung der Partikel-Wand Interaktion mit dem Lattice-Boltzmann Verfahren validieren soll.

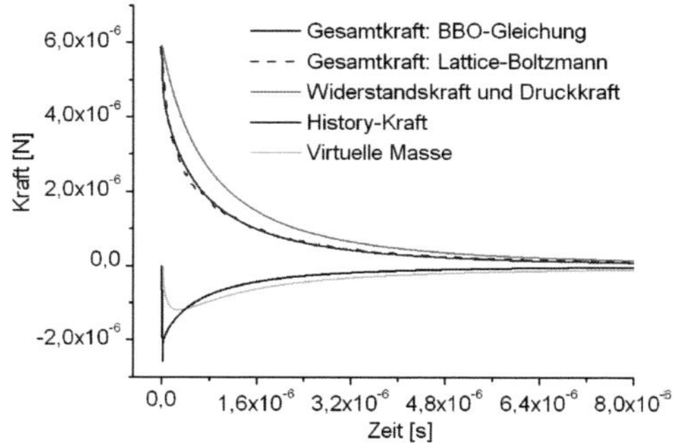

Abbildung 2.48.: Partikelkraft in Abhängigkeit von der Zeit ($Re_p = 60$). Violette Linie: Totale Kraft, die sich aus der BBO Gleichung ergibt. Violette gestrichelte Linie: Totale Kraft, die aus dem Lattice-Boltzmann Verfahren resultiert. Graue Linie: Widerstands- und Druckkraft aus der BBO Gleichung. Schwarze Linie: History-Kraft aus der BBO Gleichung. Türkise Linie: Virtuelle Masse aus der BBO Gleichung.

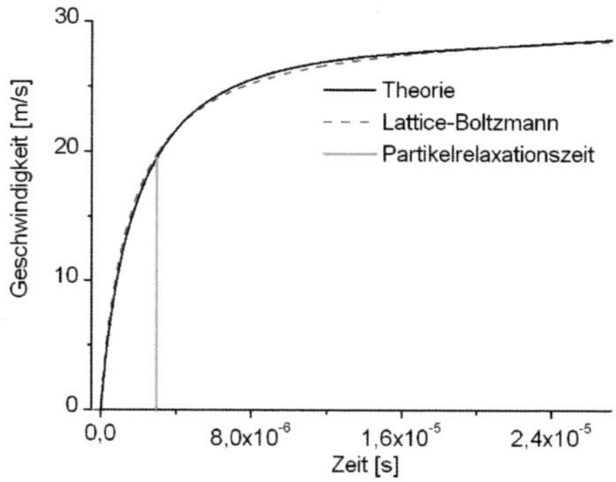

Abbildung 2.49.: Partikelgeschwindigkeit in Abhängigkeit von der Zeit ($Re_p = 60$). Schwarze Linie: Ergebnis aus der BBO Gleichung. Graue gestrichelte Linie: Ergebnis aus dem Lattice-Boltzmann Verfahren. Grüne Linie: Partikel-Relaxationszeit.

2.5. Strömungskanal zur Validierung des Lattice-Boltzmann Verfahrens bei Partikel-Wand Interaktionen

Das Ziel folgender Untersuchungen ist die Validierung der numerischen Berechnung der Partikel-Wand Interaktion. Für die Validierung wird der laminare und der turbulente Bereich betrachtet, um sowohl die Partikeldynamik als auch die Stabilität des LES-WALE Modells im Lattice-Boltzmann Verfahren bei engen Fluidspalten zwischen der Wand und dem Partikel untersuchen zu können.

2.5.1. Aufbau des Prüfstands

Der Prüfstand (siehe Abbildung 2.50) ermöglicht die Beobachtung der Bewegung eines einzelnen Partikels in einer gerichteten Kanalströmung.

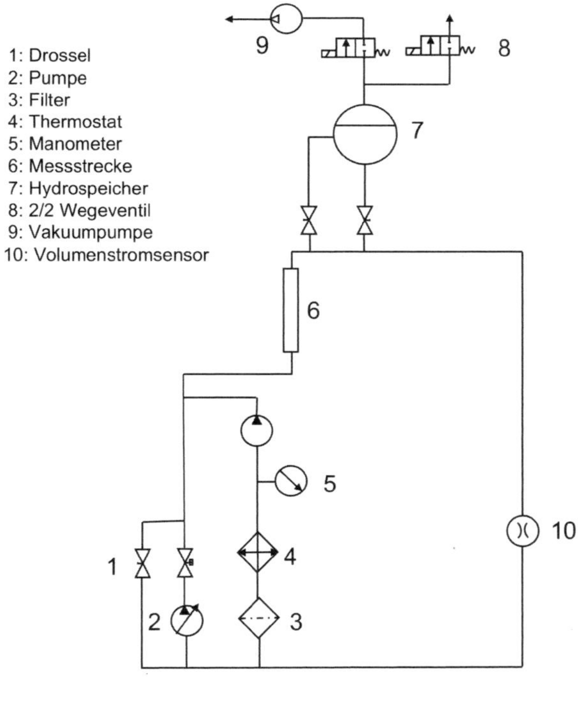

Abbildung 2.50.: Hydraulischer Zeichnungsplan des Strömungskanals.

Es werden würfelförmige Partikel verwendet, um das Transportverhalten scharfkantiger Partikel in der Simulation betrachten zu können. Damit der Einfluss der Gravitation auf die Partikelgeschwindigkeit in Wandrichtung bei der Partikel-Wand Interaktion vernachlässigt werden kann, ist der Kanal vertikal zum Boden aufgestellt. Durch den vertikalen Aufbau muss die Strömungskraft am Partikel größer als die Gravitationskraft sein, damit das Partikel nach oben beschleunigt wird. Der Aufbau besteht aus einer Kreiselpumpe, die aus fünf Schaufeln besteht und mit einer Frequenz von $200Hz$ läuft. Um den mit Wasser betriebenen Prüfstand von Luftblasen zu befreien, die beim Befüllen des Prüfstands entstehen können, wird eine Entgasungsanlage verwendet. Ein Thermostat regelt die Temperatur des Wassers und somit die Fluidviskosität.

Die Messstrecke ist in Abbildung 2.51 skizziert und befindet sich in Abbildung 2.50 an der Position 6. An den beiden Enden des Kanals befinden sich Strömungsgleichrichter, die eine gerichtete Strömung im Kanal bewirken.

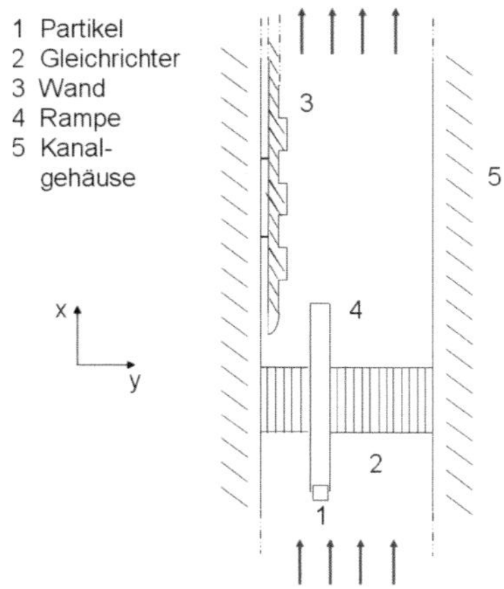

Abbildung 2.51.: Schematische Skizze der Messstrecke des Strömungskanals. Die Rampe (Position 4) führt das Partikel (Position 1) bei seiner Beschleunigung in Richtung x. Mittels dieser Konstruktion wird eine verwirbelte Strömung an der Rampe vermieden.

Im Experiment wird eine raue Wand aus poliertem Stahl untersucht, deren Riffel 1 mm betragen (siehe Abbildung 2.52).

Abbildung 2.52.: Darstellung der im Experiment verwendeten Wand mit einer Profiltiefe und -breite von 1 mm.

Der optische Zugang wird mit Quarzgläsern ermöglicht, die mit 5 bar belastet werden können.

2.5.2. Messtechnik zur Erfassung der Partikelbewegung

Für die Bestimmung der Partikelposition wird ein Durchlichtverfahren verwendet (siehe Abbildung 2.53), bei der der Schatten des Partikels detektiert wird. Die Partikelbahn kann dabei über eine Strecke von 30 cm verfolgt werden. Um eine Beleuchtung der gesamten Messstrecke garantieren zu können, wird eine Neonröhre benutzt. Die CCD-Highspeed-Kamera Flowmaster von LaVision nimmt nach jeder Millisekunde ein Bild auf. Um eine gleichmäßige Beleuchtung während der Aufnahmephase zu garantieren, muss ein elektrisches Vorschaltgerät (EVG) für die Neonröhre verwendet werden. Das EVG betreibt die Neonröhre mit 100 kHz Wechselstrom, anstatt den üblichen 50 Hz [100].

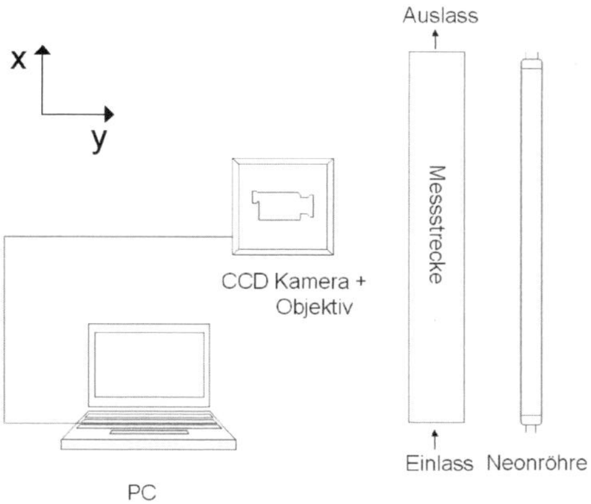

Abbildung 2.53.: Optisches Messsystem der Partikelverfolgung im Strömungskanal.

Software zur Bildauswertung

Die aufgenommenen Bilder werden in das Softwaretool Davis importiert. Der Laplace-Kantenfilter in Davis filtert die Pixel der Kanten des Partikels heraus [101] und markiert sie als einen Punkt. Eine Auswertungsroutine in Matlab ordnet die Punkte der jeweilig entsprechenden Kante des Partikels zu. Dabei wird jeder Punkt als Stützvektor einer Geradengleichung getestet. Der Richtungsvektor ist zunächst variabel gehalten. Für jeden möglichen Richtungsvektor werden nun die anderen Punkte gezählt, die maximal ein Pixel von der Geraden entfernt sind. Die Gerade mit den meisten Punkten wird dann nochmals mit dem Least-Square Verfahren gefittet. Bei 60 Punkten pro Kante wird eine Auflösung von $\pm 1{,}5°$ erreicht. Dieser Algorithmus wird nun auf die anderen drei Kanten angewandt. Die Schnittpunkte der Geraden stellen die Eckpunkte des Partikels dar, deren Mittelwert den Partikelmittelpunkt bestimmen (siehe Abbildung 2.54).

2.5.3. Analytisches Partikelstoßmodell

Für den rein elastischen Stoß (siehe Abbildung 2.55) existiert eine analytische Lösung, die durch das Coulombsche Reibungsgesetz beschrieben wird [102]. Prinzipiell wird zwischen der Haftreibung, bei der keine Relativbewegung zwischen den Körpern besteht, und der Gleitreibung, bei der eine Relativbewegung zwischen den Körpern existiert, unterschieden.

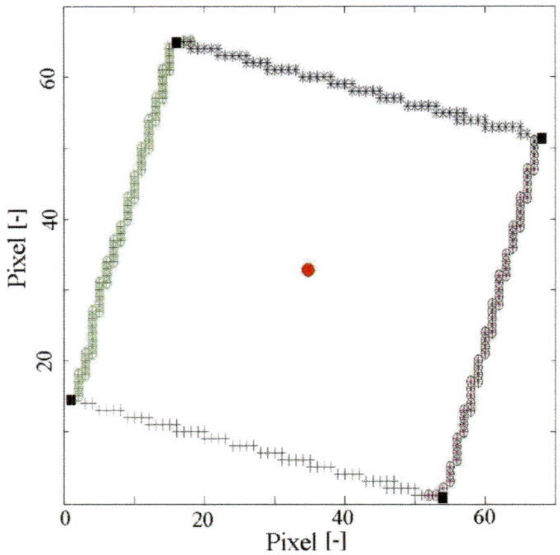

Abbildung 2.54.: Auswertung der Partikelkontur mit dem Algorithmus zur Kantendetektion: grün, violett, schwarz und blau zeigen die einzelnen Kanten des Würfels. Die schwarzen Quadrate zeigen die Ecken des Würfels. Der Mittelpunkt des Würfels wird mit einem roten Kreis dargestellt.

Aufgrund der polierten Oberflächen der Wand und des Partikels muss hier nur die Gleitreibung berücksichtigt werden. Der Impulsübertrag $\mathbf{\Delta p}$ und der Drehmomentübertrag $\mathbf{r} \times \mathbf{\Delta p}$ auf die Wand ist gegeben durch:

$$\begin{aligned} \mathbf{\Delta p} &= m\,(\mathbf{u} - \mathbf{u}') \\ \mathbf{r} \times \mathbf{\Delta p} &= \mathbf{J}\,(\boldsymbol{\omega} - \boldsymbol{\omega}') \\ e &= -\frac{u_n}{u_n'}, \end{aligned} \tag{2.5.1}$$

mit dem Reibungskoeffizienten e, der Partikelmasse m, dem Vektor vom Partikelmittelpunkt zum Stoßpunkt $\mathbf{r}$, der Partikelgeschwindigkeit vor und nach dem Stoß $\mathbf{u}$ und $\mathbf{u}'$, deren Normalkomponenten u_n und

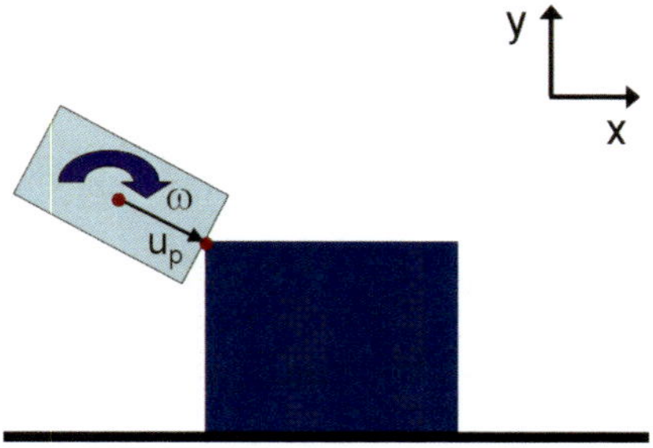

Abbildung 2.55.: Schematische Darstellung der Partikel-Wand Interaktion. Das Partikel bewegt sich mit der Geschwindigkeit $\mathbf{u}$ und der Winkelgeschwindigkeit $\boldsymbol{\omega}$ auf die Wand zu.

u'_n, die Partikelrotation vor und nach dem Stoß $\boldsymbol{\omega}$ und $\boldsymbol{\omega}'$ sowie dem Trägheitstensor $\mathbf{J}$.

Bestimmung des Reibungskoeffizienten

Aus den Partikel-Wand Interaktionen im Experiment kann der Reibungskoeffizient bestimmt werden, in dem die Partikelgeschwindigkeit direkt vor und nach dem Stoß ausgewertet wird. Ein linearer Zusammenhang ist dabei zu beobachten. In dem zu validierendem Lattice-Boltzmann Verfahren wird die Korrelation

$$K(u_n) = 1{,}005 - 1{,}256\, u_n \tag{2.5.2}$$

verwendet, um das Gleichungssystem 2.5.1 zu lösen. Abbildung 2.56 zeigt die Korrelation mit den Messdaten. Der maximale relative Fehler zwischen den experimentellen Daten und dem numerischen Fit beträgt dabei 5% .

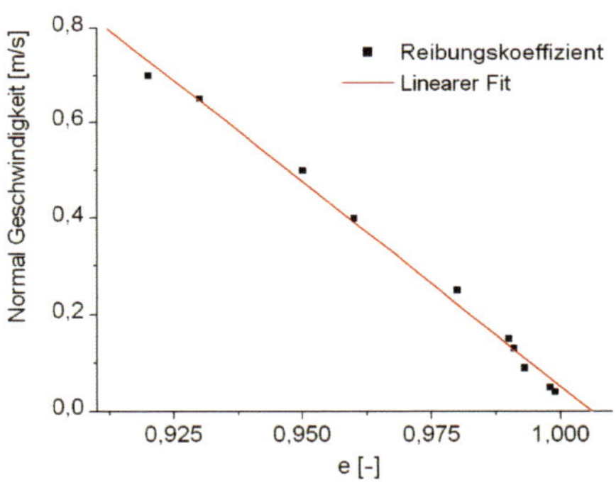

Abbildung 2.56.: Abhängigkeit des Reibungskoeffizienten von der Partikelgeschwindigkeit normal zur Wand. Es ist ein linearer Verlauf festzustellen.

2.5.4. Vergleich zwischen Experiment und Simulation

Im Versuch werden scharfkantige Würfel mit einer Kantenlänge von 4 mm verwendet. Die Wandrauheit der Aluminium-Würfel beträgt weniger als 1 μm. Die Partikelbahn wird bei zwei verschiedenen Kanal-Reynoldszahlen aufgenommen. Im ersten Fall sorgt die Kreiselpumpe für einen Strömungsdruck, der das Partikel aus der Rampe beschleunigt. Die Kanal-Reynoldszahl beträgt in diesem Fall 36.000. Im zweiten Fall ist die Kreiselpumpe ausgeschaltet und das Partikel fällt aufgrund der Gravitation nach unten. Die Partikelaufgabe ist in diesem Fall am oberen Ende der Messstrecke. Die Kanal-Reynoldszahl ist null und die maximale Partikel-Reynoldszahl beträgt 7967.

Rechengebiet und Anfangsbedingung

Das Rechengebiet hat in der Tiefe und der Breite die gleichen Abmessungen wie im Experiment. Die Messstrecke in der Länge wird in der Simulation nur in der Nähe des Partikel-Wand Stoßes abgebildet. Die Gitterauflösung der größten Fluidzelle beträgt $\Delta x = 0{,}125$ mm. Tabelle 2.5.1 stellt die Abmaße der Messstrecke in der Simulation dar. Das Partikel ist beim Start der Simulation drei Würfellängen vor dem Stoß positioniert. Die exakte Lage entspricht dabei der Position aus dem Experiment. Um die Strömung

h	H	L	F	E	b	d
18	4	75	6	8	26	0,5
c1	c2	c3	c4	a1	a2	
17,25	4	44	10	3	4	

Tabelle 2.5.1.: Gebietsabmaße des Strömungskanals in Millimeter-Einheiten.

fein genug um das Partikel herum aufzulösen werden zwei feine Regionen um das Partikel gelegt. Zudem befindet sich eine feine Gitterauflösung an der Wand, um auch dort die Strömung fein genug auflösen zu können (siehe Abbildung 2.57 und Abbildung 2.58).

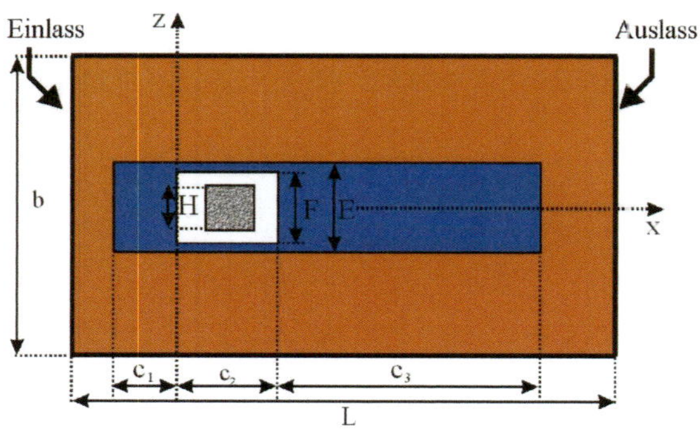

Abbildung 2.57.: Rechengebiet zur Untersuchung der Partikel-Wand Interaktion in einem Strömungskanal. Es ist die xz-Ebene mit der Länge $L = 75\,\text{mm}$ und der Breite $b = 26\,\text{mm}$ dargestellt. Weiß: feine Gitterauflösung, blau: mittel-feine Gitterauflösung, orange: grobe Gitterauflösung.

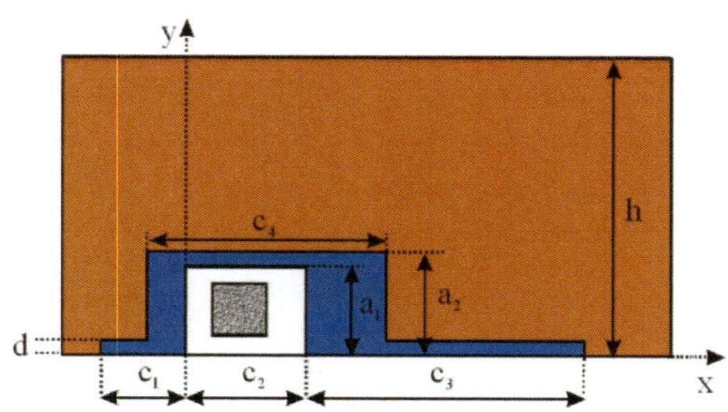

Abbildung 2.58.: Rechengebiet zur Untersuchung der Partikel-Wand Interaktion in einem Strömungskanal. Es ist die xy-Ebene mit der Länge $L = 75\,\text{mm}$ und der Höhe $h = 18\,\text{mm}$ dargestellt. Die Farbcodierung ist dabei wie in Abbildung 2.57 gewählt.

Das Geschwindigkeitsprofil wird ohne Partikel an einer glatten Wand mittels der 2D PIV Methode gemessen und in Abbildung 2.59 mit dem Gesetz nach Reichardt (siehe Gleichung 2.2.15) gefittet. In den ersten 40.000 Zeitschritten, bezogen auf das grobe Gitter, wird die Position des Partikels festgehalten.

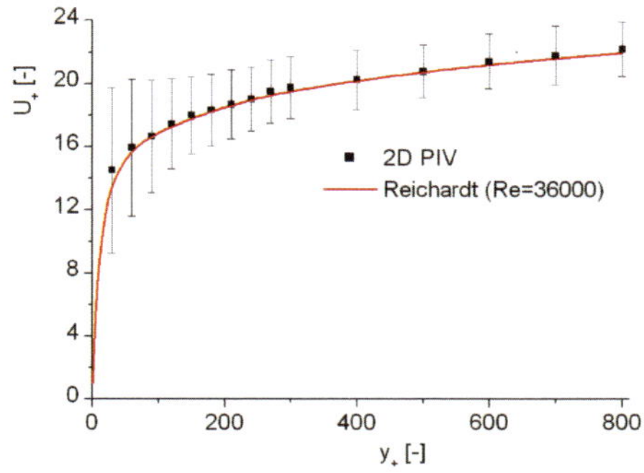

Abbildung 2.59.: Gemittelte Geschwindigkeitskomponente u des Strömungskanals aus der 2D PIV Messung. Die Fehlerbalken symbolisieren die Fluktuation der Geschwindigkeit. Die rote Kurve wurde mit Reichardts Gesetz für die Kanal-Reynoldszahl von 36.000 gefittet.

Ergebnisse

Ein qualitativer Vergleich in Abbildung 2.60 zeigt vier Aufnahmen der Partikel-Wand Interaktion bei eingeschalteter Pumpe. Die Bilder aus der Simulation und der Messung stellen die Situation unmittelbar vor und nach dem Partikel-Wand Stoß dar. In den Abbildungen der Simulation wird im Hintergrund der Konturplot bei $z = 0\,\text{mm}$ die Geschwindigkeit in Hauptströmungsrichtung u dargestellt. Die Partikelposition vor dem Stoß zeigen die Abbildungen 2.60(a) und 2.60(b), die Position nach dem Stoß zeigen die Abbildungen 2.60(c) und 2.60(d) zu zwei unterschiedlichen Zeitpunkten. Eine gute Übereinstimmung zwischen Experiment und Simulation ist festzustellen.

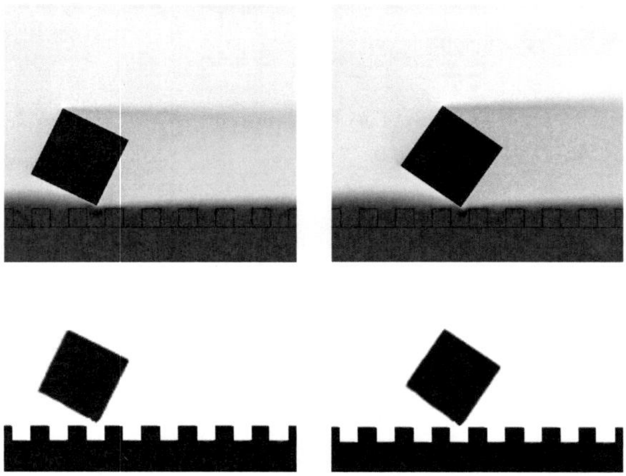

(a) Partikelposition vor dem Stoß. **(b)** Partikelposition unmittelbar vor dem Stoß.

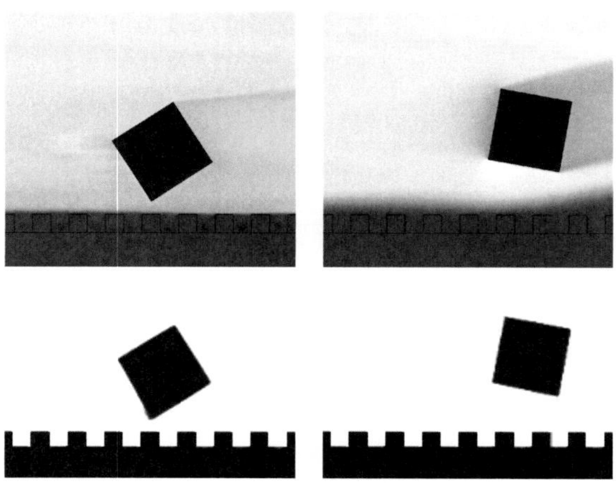

(c) Partikelposition direkt nach dem Stoß. **(d)** Partikelposition nach dem Stoß.

Abbildung 2.60.: Vergleich der Partikelposition zwischen der Simulation (oben) und dem Experiment (unten). Abbildung 2.60(a) bis Abbildung 2.60(d) zeigen die Partikelpositionen direkt vor bis nach dem Stoß. Zusätzlich wird die aus der Simulation berechnete Geschwindigkeitskomponente u in der xz-Ebene an der Stelle $z = 0\,\mathrm{mm}$ dargestellt.

Um die Simulation quantitativ mit den experimentellen Daten vergleichen zu können, wird die Partikelposition aus der Messung mit der Simulation zur jeweils gleichen Zeit verglichen. Dabei wird sowohl der Partikelmittelpunkt als auch der Partikelwinkel, der die Orientierung des Partikels relativ zur Kanalwand darstellt, betrachtet.

Abbildung 2.61 und Abbildung 2.62 zeigen den Fall, bei der die Kreiselpumpe eingeschaltet ist. Die Hauptströmungsrichtung des Wassers im Kanal zeigt dabei in die positive x-Richtung.

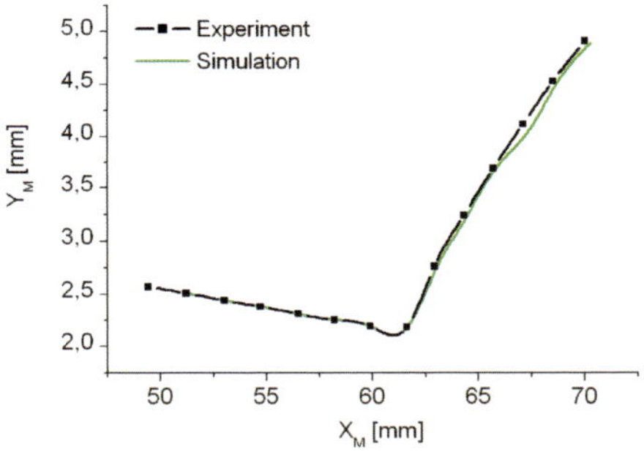

Abbildung 2.61.: Verlauf der Partikelposition im Strömungskanal bei eingeschalteter Pumpe.

Die Position des Partikelmittelpunktes stimmt zwischen der Simulation und der Messung sehr gut überein.

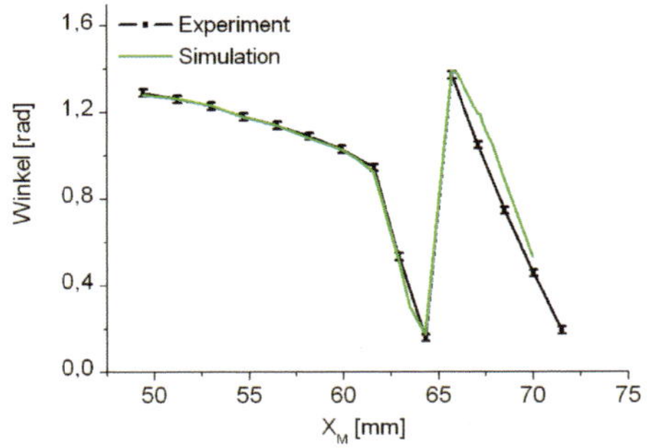

Abbildung 2.62.: Verlauf des Partikelwinkels im Strömungskanal bei eingeschalteter Pumpe.

Die numerische Berechnung des Partikelwinkels entspricht innerhalb der Fehlerbalken dem Verlauf der Messung. Nach einer Partikeldrehung von über 180° entwickelt sich ein signifikanter Unterschied im Partikelwinkel zwischen der Simulation und der Messung.

Abbildung 2.63 und Abbildung 2.64 präsentieren den freien Fall des Partikels, bei der die Kreiselpumpe ausgeschaltet ist. Das Partikel wird aufgrund der Schwerkraft dabei in negativer x-Richtung beschleunigt.

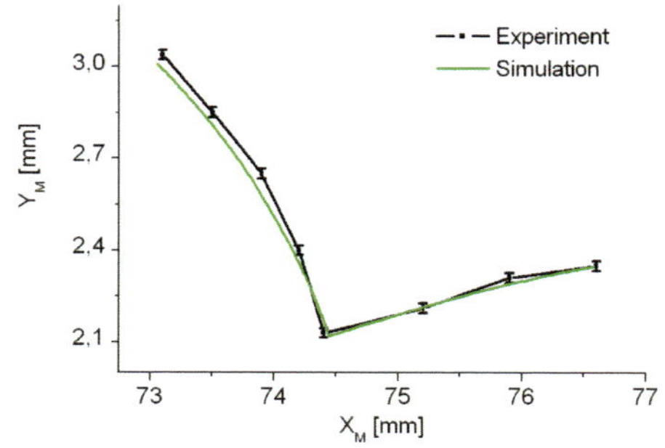

Abbildung 2.63.: Verlauf der Partikelposition in Abhängigkeit von der Fallrichtung $-x$ für den freien Fall des Partikels im Strömungskanal (ausgeschaltete Pumpe).

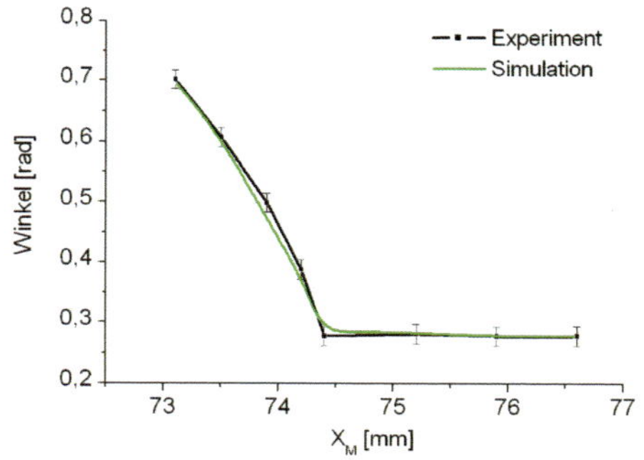

Abbildung 2.64.: Verlauf des Partikelwinkels in Abhängigkeit von der Fallrichtung $-x$ für den freien Fall des Partikels im Strömungskanal (ausgeschaltete Pumpe).

Innerhalb der Messfehler stimmt die Simulation mit der Messung der Schwerpunktsbewegung sowie der Lage des Partikels überein. Beim freien Fall gelangt das Partikel unter einem flacheren Winkel an die Wand.

Zusammengefasst konnte das entwickelte Lattice-Boltzmann Verfahren für die Simulation der Partikel-Wand Interaktion anhand eines Strömungskanals validiert werden. Darüber hinaus wurde das Stoßmodell für die Partikel-Wand Interaktion über die experimentell bestimmten Reibungskoeffizienten überprüft. Es hat sich gezeigt, dass das Lattice-Boltzmann Verfahren in der Lage ist, enge Fluidspalte bei der unmittelbaren Partikel-Wand Interaktion abzubilden und numerisch stabil zubleiben.

2.6. Untersuchung von Partikel-Wand Interaktionen

In folgendem Abschnitt wird der Einfluss der Partikelform auf die Partikeldynamik an einer vereinfachten Realgeometrie untersucht. Darüber hinaus wird an einer ebenen Wand der Einfluss des Quetschfilmeffekts auf die Dynamik des Standardteilchens „Borkarbid" analysiert.

2.6.1. Rechengebiet und Strömungsfeld

Für die Untersuchung der Partikel-Wand Interaktion wird eine planare Umlenkgeometrie (siehe Abbildung 2.65) verwendet. Diese Geometrie generiert eine Strömungsprofil, bei der die Partikel der Strömung nicht mehr optimal folgen können und somit an die gegenüberliegende Wand aufprallen.

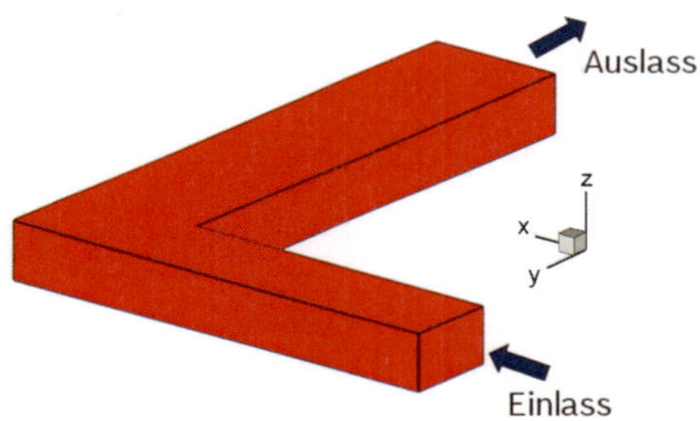

Abbildung 2.65.: Skizze der Umlenkgeometrie. Hierbei bezeichnet H die Kanalhöhe in z-Richtung, b_1 die Kanalbreite in y-Richtung am Einlass und b_2 die Kanalbreite in x-Richtung am Auslass. Die Abmaße des Kanal lauten: $H = 26\,\mu$m, $b_1 = 34\,\mu$m und $b_2 = 50\,\mu$m.

Ein Konturplot des Strömungsfelds ist in Abbildung 2.66 ohne Partikel dargestellt (Kanal-Reynoldszahl 3840). Die Geschwindigkeit in y-Richtung wird in dimensionslosen Lattice-Boltzmann Einheiten angegeben.

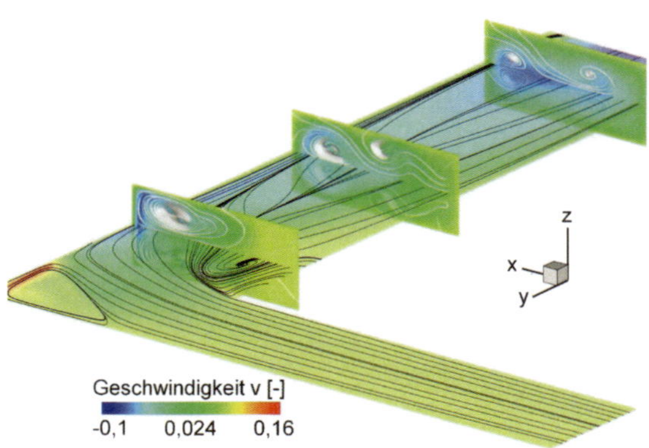

Abbildung 2.66.: Konturplot der Strömungsgeschwindigkeit in $y-$Richtung und Darstellung der Stromlinien in der Symmetrie-Ebene bei $z = \frac{H}{2}$. Die drei senkrechten Ebenen zeigen das sich in Richtung Auslass bildende System aus vier Wirbel.

Das gezeigte Strömungsfeld hat sich nach 20.000 Zeititerationen auf einem äquidistanten Gitter ausgeprägt. Die maximale Machzahl beträgt 0,14 bei der Gitterweite von $\Delta x = 1\,\mu m$. Nach diesen 20.000 Iterationen wird ein Partikel in der Nähe des Einlass aufgegeben, welches mit verschiedenen Diskretisierungsstufen (Stempeln) aufgelöst wird. Die Kante des verwendeten Würfels bzw. die größte Hauptträgheitsachse des Borkarbidteilchens d_{haupt} ist $4\,\mu m$. Das Verhältnis zwischen der Dichte des Partikels zur Dichte des Fluids beträgt 2,5. Die Haftrandbedingung [103] besitzt bei den untersuchten Partikelgrößen noch ihre Gültigkeit.

2.6.2. Einfluss der Partikelform auf die Partikel-Wand Interaktion

Zunächst wird in Abbildung 2.67 die Spur eines Borkarbidteilchens in Abhängigkeit von der Gitterauflösung dargestellt. Das Partikel ist jeweils mit einer, zwei oder drei Diskretisierungsstufen aufgelöst. Damit kann die notwendige Partikelauflösung ermittelt werden, um die Partikelform hinreichend präzise abzubilden. Es ist eine Konvergenz der Teilchenspur mit feinerer Gitterauflösung zu beobachten.

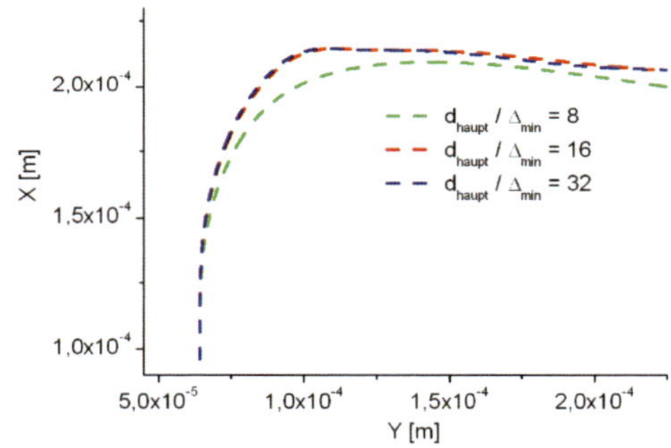

Abbildung 2.67.: Studie zur Partikelauflösung: Die Diskretisierung des Rechengitters um das Partikel wird mit ein, zwei und drei Diskretisierungsstufen (Stempel) verfeinert.

In Abbildung 2.68 wird der Aufprall- und Abprallwinkel eines Würfels an der Wand studiert.

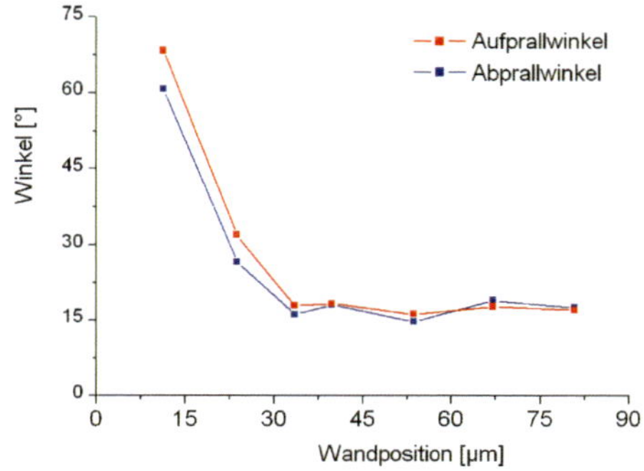

Abbildung 2.68.: Aufprall- und Abprallwinkel eines würfelförmigen Partikels ($Re_p = 3840$).

Analog dazu wird in Abbildung 2.69 der Aufprall- und Abprallwinkel für ein Borkarbidteilchen dargestellt.

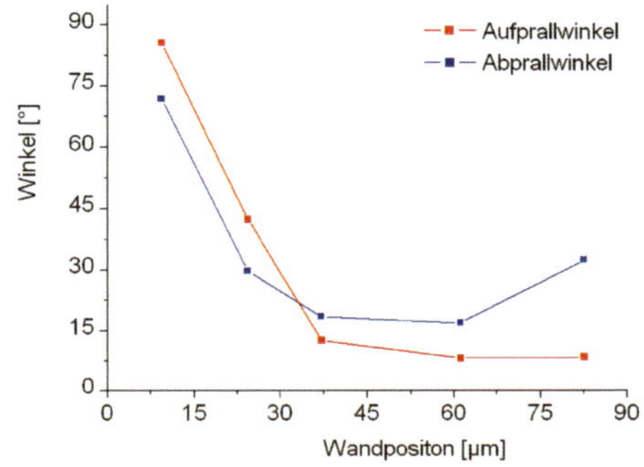

Abbildung 2.69.: Aufprall- und Abprallwinkel eines Borkarbidteilchens ($Re_p = 3840$).

Es ist eine direkte Korrelation zwischen Aufprall- und Abprallwinkel bei würfelförmigen Teilchen zu erkennen. Bei einem Borkarbidteilchen ist dagegen kein direkter Zusammenhang zwischen Aufprall- und Abprallwinkel festzustellen. Außerdem werden insgesamt mehr Partikel-Wand Kontakte bei einem würfelförmigen Teilchen als bei einem Borkarbidteilchen beobachtet.

2.6.3. Einfluss der Kanal-Reynoldszahl auf die Partikel-Wand Interaktion

Im Folgenden werden die Kanal-Reynoldszahlen 3840, 1300 und 450 untersucht. Bei kleinerer Kanal-Reynoldszahl wird das Ablösegebiet an der Ecke der Umlenkung (siehe Abbildung 2.66) kleiner.

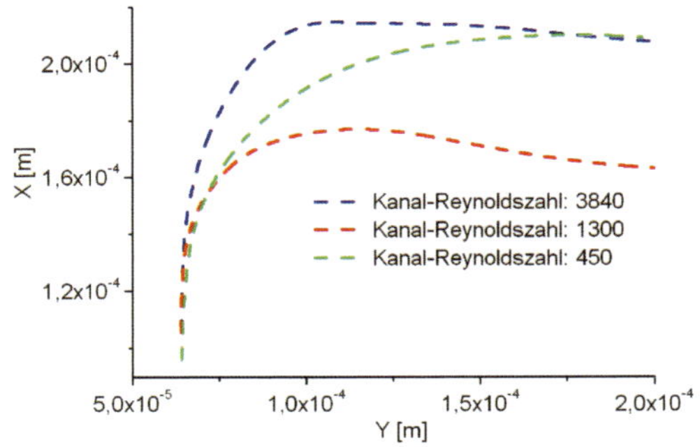

Abbildung 2.70.: Bahn eines Borkarbidteilchens in Abhängigkeit von der Kanal-Reynoldszahl. Hierbei befinden sich 3 Diskretisierungsstufen (Stempel) um das Partikel.

Dadurch verlaufen die Stromlinien bei kleinerer Reynoldszahl gekrümmter in Richtung Auslass. Das Partikel wird somit schon zeitlich früher in Richtung Auslass gelenkt. Abbildung 2.70 illustriert die Partikelverläufe bei den drei genannten Kanal-Reynoldszahlen.

Bei der hohen Kanal-Reynoldszahl 3840 wird das Partikel direkt an der Ecke der Umlenkung in x-Richtung beschleunigt, ohne dabei in das Rückstromgebiet zu gelangen. Die maximale Stokeszahl (siehe Abschnitt 3.5.1) in der Umlenkung liegt bei zwei. Die Stokeszahl beschreibt das Verhältnis der Partikel-Relaxationszeit zur Systemzeit. Im Allgemeinen können Partikel, bei denen die Stokeszahl größer als eins ist, den Stromlinien des Fluids nicht mehr optimal folgen. Die Stromlinien ändern erst kurz vor der Wand ihre Richtung, wodurch das Partikel fast ungebremst an der Wand aufprallt. Bei der Kanal-Reynoldszahl von 1300 wird das Partikel in das noch deutlich vorhandene Ablösegebiet getrieben, die maximale Stokeszahl mit 0,9 ist nun kleiner als eins. Die Folge ist eine starke Änderung der Partikelbahn in Richtung des Auslasses. Es kommt zu keiner Partikel-Wand Interaktion. Im Fall der kleinen Kanal-Reynoldszahl 450 ist das Ablösegebiet zu klein, um das Partikel signifikant in seiner Bewegungsrichtung zu ändern. Das Partikel folgt der Hauptströmung, so dass erst am Auslass eine Partikel-Wand Interaktion stattfinden kann.

2.6.4. Quetschfilmeffekt bei der Partikel-Wand Interaktion

Bei der Partikel-Wand Interaktion entsteht zwischen dem Partikel und der Wand ein Quetschspalt, der bereits theoretisch in der Arbeit von Clark und Burmeister [34] vorhergesagt wird. Experimentelle Daten liegen anhand von Untersuchungen an sphärischen Partikeln vor [104]. In Abbildung 2.71 wird der theoretische Testfall von Clark und Burmeister illustriert.

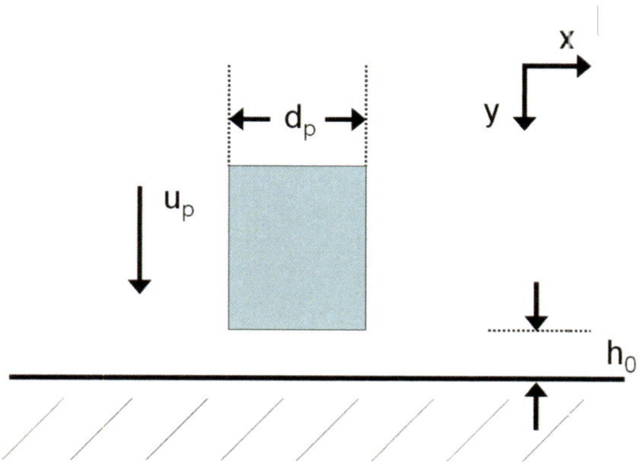

Abbildung 2.71.: Skizze des auftretenden Quetschfilms bei der Partikel-Wand Interaktion. Das Partikel mit dem Durchmesser d_p ist im Abstand h_0 zur Wand und besitzt eine Anfangsgeschwindigkeit $u_p = u_0$.

Der Abstand des Partikels von der Wand beträgt $h = h_0$, die Geschwindigkeit des Partikels ist $u_p = u_0$ und der Durchmesser des Partikel wird mit d_p bezeichnet. Für ein zylinderförmiges Partikel geben Clark und Burmeister eine analytische Lösung für die Geschwindigkeit u_p des Partikels in Abhängigkeit des Partikel-Wand Abstands h und der Partikel-Reynoldszahl Re_p an:

$$-\frac{u_p}{u_0} = \frac{12\, H_0}{1 + a\, H} \left[\frac{1 + a\, H_0}{H_0} - \frac{12}{Re_p} \left(\frac{1}{H^2} - \frac{1}{H_0^2} \right) \right], \tag{2.6.1}$$

mit

$$H = \frac{2h}{d_p}, \quad H_0 = \frac{2h_0}{d_p} \quad \text{und} \quad a = 8(\frac{2\rho_p}{\rho_f} + f_{av}). \tag{2.6.2}$$

Dabei entspricht f_{av} dem Verhältnis aus der durch das Partikel verdrängten Fluidmasse und der Partikelmasse selbst.

In Abbildung 2.72 ist der Verlauf der Funktion 2.6.1 skizziert. Die Geschwindigkeit des Partikels nimmt exponentiell zur Wand hin ab. Außerdem wird aus der Gleichung 2.6.1 ersichtlich, dass mit steigender Partikel-Reynoldszahl Re_p die Partikelgeschwindigkeit weniger stark in der Nähe der Wand abgebremst wird.

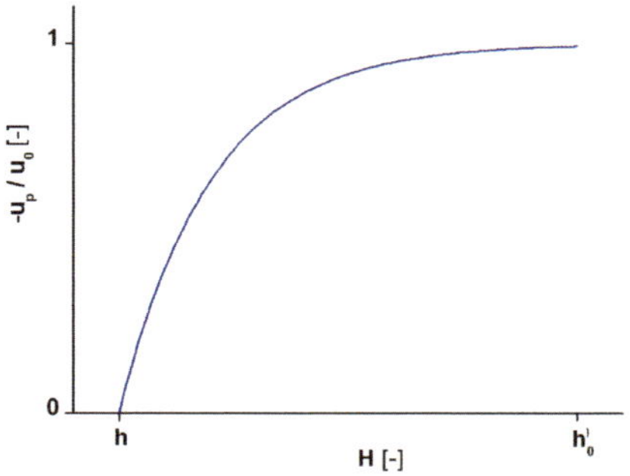

Abbildung 2.72.: Verlauf der Geschwindigkeit u_p/u_0 in Abhängigkeit des Wandabstands H. In diesem Fall kommt es zu keinem Stoß mit der Wand.

Mittels des hier entwickelten Lattice-Boltzmann Verfahrens wird nun der Einfluss des Quetschfilms für ein Borkarbidteilchen untersucht. Abbildung 2.73 zeigt die Ausgangskonfiguration bei der Partikel-Reynoldszahl 60. Das Borkarbidteilchen ist mit seiner langen Seite parallel zur Wand orientiert, damit ein Quetschfilm über die maximale Länge des Teilchens entstehen kann. Diese Lage des Partikels stellt somit den signifikantesten Fall für den Einfluss des Quetschfilmeffekts dar. Das Partikel wird mit drei Diskretisierungsstufen aufgelöst, das heißt die lange Seite des Partikels wird mit 32 Gitterknoten aufgelöst.

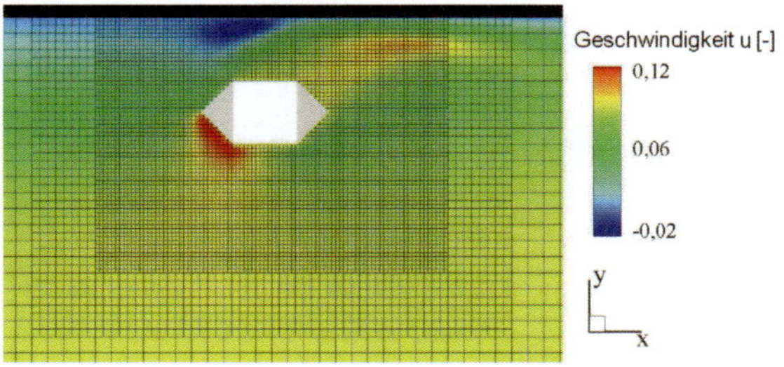

Abbildung 2.73.: Quetschfilmeffekt bei der Partikel-Wand Interaktion. Der Abstand zwischen dem Partikel und der Wand beträgt 2 μm. Als Konturplot ist die gemittelte Geschwindigkeit u, die in x-Richtung zeigt, dargestellt ($Re_p = 40$).

Das laminare Geschwindigkeitsprofil im Kanal wird mit der analytischen Lösung von Spurk [53] initialisiert. Die maximale Fluidgeschwindigkeit in der Mitte des Kanals beträgt 0,1 in Lattice-Boltzmann Einheiten. Das Partikel ist am Anfang 4 μm von der Wand entfernt und wird mit einer Geschwindigkeit von 0,1 (in Lattice-Boltzmann Einheiten) in x- und y-Richtung initialisiert. Nach 10.000 Iterationen, bezogen auf das gröbste Gitter, wird das Teilchen nicht mehr festgehalten und den Strömungskräften frei überlassen.

Für die Partikel-Reynoldszahl 40 (Kanal-Reynoldszahl 1600) wird die Partikelposition in Abbildung 2.74 dargestellt. Das Partikel wird aufgrund des negativen Lift-Koeffizienten der Saffmankraft (siehe Abschnitt 2.4.3) immer wieder zur Wand hin beschleunigt. Vor dem ersten Partikel-Aufprall erkennt man in Abbildung 2.74, dass das Partikel aufgrund des Quetschfilms abgebremst wird.

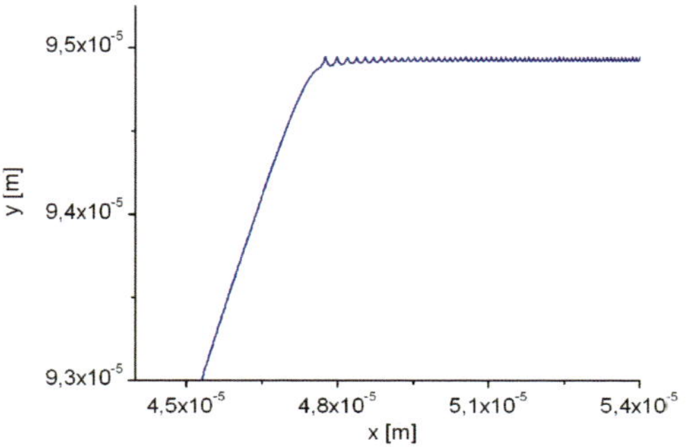

Abbildung 2.74.: Verlauf der Partikelposition im Strömungskanal. Die Anfangsbedingung des Partikels entspricht der Situation aus Abbildung 2.73.

Um den Einfluss der Partikel- und Kanal-Reynoldszahl auf den Quetschfilm zu zeigen, wird in Abbildung 2.75 die initiale Partikelgeschwindigkeit senkrecht zur Wand variiert.

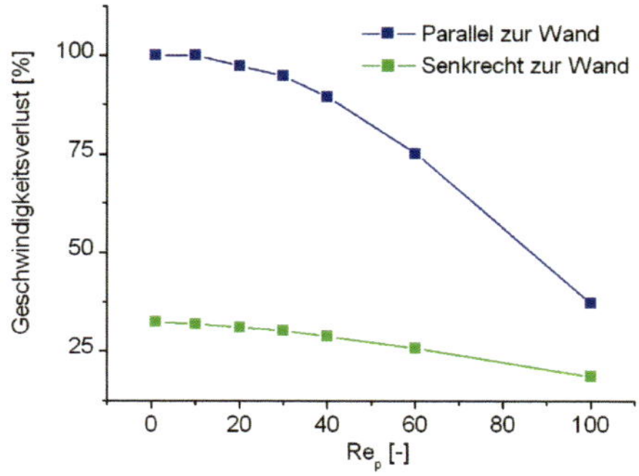

Abbildung 2.75.: Abhängigkeit der Aufprallgeschwindigkeit des Borkarbidpartikels von der Partikel-Reynoldszahl. Die Lage des Partikels ist initial parallel bzw. senkrecht zur Wand ausgerichtet.

Damit wird die Abhängigkeit der initialen Partikelgeschwindigkeit von der Partikelgeschwindigkeit beim erstmaligen Aufprall untersucht.

Es ist eine exponentielle Zunahme der Partikelgeschwindigkeit an der Wand bei steigender Partikel-Reynoldszahl zu erkennen. Für kleine Partikel-Reynoldszahlen ist kein Wandkontakt der Partikel festzustellen. Der Quetschfilm verursacht den geringsten Geschwindigkeitsverlust, wenn die spitze Kante des Partikels senkrecht zur Wand orientiert ist.

Fazit

In diesem Kapitel wurde ein Lattice-Boltzmann Verfahren entwickelt, das die Partikeldynamik in laminaren und schwach turbulenten Strömungen numerisch berechnet. Hierbei werden die Partikel über eine mit dem Partikel bewegende Gitterverfeinerung hochaufgelöst, so dass der Einfluss der Patikeloberfläche auf die Partikeldynamik untersucht werden kann. Dieses numerische Verfahren wurde hinsichtlich der Partikelkräfte sphärischer und würfelförmiger Partikel anhand von Literaturdaten validiert. Es konnte eine gute Übereinstimmung zwischen den Messdaten und den Simulationen erreicht werden. Das im Euler-Euler Verfahren verwendete Standardteilchen des Schleifkorns „Borkarbid" wurde mit diesem Verfahren untersucht. Es konnte eine Transportgleichung für das Standardteilchen „Borkarbid" über eine Modifizierung der Koeffizienten in der Transportgleichung sphärischer Partikel (BBO Gleichung) hergeleitet werden.

Anschließend wurde das Lattice-Boltzmann Verfahren für die Berechnung von Partikel-Wand Interaktionen mittels eines Strömungskanals validiert. An einer vereinfachten Realgeometrie ließ sich feststellen, dass der Quetschfilm die Partikelgeschwindigkeit senkrecht zur Wand stark reduzieren kann. Dadurch entstehen kleine Partikelaufprallwinkel, wenn die Rotationsgeschwindigkeit der Partikel vernachlässigt wird. Die Partikelerosion wird demzufolge primär von der Rotationsgeschwindigkeit und von der Partikelgeschwindigkeit parallel zur Wand abhängen. Diese Erkenntnis wird bei der Erstellung des Erosionsmodells in Abschnitt 5 berücksichtigt.

Im anschließenden Kapitel 3 werden die aus dem Lattice-Boltzmann Verfahren ermittelten Koeffizienten für die Transportgleichung (BBO Gleichung) von Würfeln und Borkarbidteilchen in das Euler-Euler Verfahren des kommerziellen Programms ANSYS CFX11 implementiert.

Teil II.

Entwicklung des Hydro-Erosionsmodells

KAPITEL 3

Numerische Modellierung von Mehrphasenströmungen

Der Begriff Mehrphasenströmung steht für die Bewegung eines Gemischs mindestens zweier verschiedener Phasen. In der Natur existieren vier verschiedene Phasentypen: fest, flüssig, gasförmig und plasmaförmig. Je nach Mischung der Phasen können verschiedene Oberflächenkräfte an den Phasengrenzen auftreten. Es bestehen zwei Arten der Phasenmodellierung, die so genannten kontinuierlichen und dispersen Phasen. Das Modell der kontinuierlichen Phasen steht für eine kontinuierlich verbundene Phase, das heißt es existieren keine diskreten Abstände der Teilchen innerhalb der Phase. Anstatt dessen wird eine Partikel- bzw. Fluid-Volumenkonzentration bezogen auf ein Kontrollvolumen betrachtet. Im Gegensatz dazu herrscht bei dem Modell der dispersen Phasen ein diskreter Abstand zwischen den einzelnen Teilchen innerhalb der Phase. Prinzipiell finden sich Mehrphasenströmungen in fast allen Bereichen unseres Lebens wie unter anderem in der Medizin, der Chemieindustrie, der Automobilindustrie oder der Öl- und Gasindustrie. Konkrete Anwendungsbeispiele sind die Kavitation bei Düseninnenströmungen, das Fließen von Schüttgütern oder das hydro-erosive Verrunden. Bei diesen Anwendungen wird die Gas- oder Flüssigphase als eine kontinuierliche Phase betrachtet und zum Beispiel mit den Navier-Stokes Gleichungen oder der Lattice-Boltzmann Gleichungen berechnet. Hingegen wird die Modellierung disperser Phasen über ein Partikelmodell beschrieben. Eine Übersicht der verschiedenen Partikelmodelle befindet sich im folgenden Abschnitt. Anschließend werden zwei Modelle vorgestellt, welche das hydro-erosive Verrunden mit relativ hoher Genauigkeit abbilden können. In beiden Modellen ist die Bewegung sphärischer Partikel über eine Transportgleichung, der sogenannten BBO Gleichung [76], gegeben. Die Transportgleichung lässt sich für beide Modelle hinsichtlich der Partikelform eines nicht-sphärischen Partikels modifizieren. Dazu werden die Koeffizienten in der Transportgleichung für Würfel und Borkarbidteilchen, gemäß den aus Abschnitt 2.4 bestimmten Koeffizienten, verwendet. Die Entscheidung für das verwendete Modell in dieser Arbeit wird im letzten Abschnitt des Kapitels diskutiert.

3.1. Einteilung von Partikelmodellen

Die verschiedenen Modelle zur Beschreibung der Partikelbewegung lassen sich nach Zhou [105] in Gruppen einteilen, welche in der Tabelle 3.1.1 zusammengefasst sind. Die einfachsten Ansätze lassen sich dabei der Gruppe der „Single-Particle-Dynamics“ Modelle (SPD) zuordnen. Dabei werden alle Eigenschaften des Strömungsfelds direkt auf das Partikel übertragen, wodurch das Partikel keinen Einfluss auf die kontinuierliche Phase bewirkt. Bei der Gruppe der „Single-Fluid“ oder „Non-Slip“ Modelle (NoS) befinden sich die Partikel in einem dynamischen und thermischen Gleichgewicht mit der Fluidphase. Die Temperatur und Geschwindigkeit ist dabei an jeder Stelle des Berechnungsraums so groß wie die des Fluids. Bei der Gruppe der „Small-Slip“ Modelle (SmS) wird die Partikelphase als Kontinuum betrachtet. Die Geschwindigkeitsgradienten zwischen den beiden Phasen bestehen nur aufgrund der Diffusion der Partikelphase [77]. Darüber hinaus existieren Modelle, bei denen eine vollständige Interaktion zwischen Masse, Impuls und Energie besteht. Die beiden am häufigsten angewendeten Modelle sind das Euler-Lagrange Verfahren (ELV) und das Euler-Euler Verfahren (EEV). Diese Modelle benötigen aber einen signifikant größeren Rechenaufwand. Das ELV bildet die Partikelphase als disperse Punktteilchen ab und koppelt diese mit der als kontinuierliche Phase modellierte Fluidphase über einen Kräfteansatz [107]. Im Gegensatz dazu wird beim EEV auch die Partikelphase als eine kontinuierliche Phase modelliert. Das EEV koppelt ebenso beide Phasen über einen Kräfteansatz [107].

Modell	Ansatz	Bezugssystem	Transportgleichung	Einfluss auf Fluid	Schlupf
SPD	diskret	Lagrange	keine	nein	ja
SmS	kontinuierlich	Euler	teilweise	nein	teilweise
NoS	kontinuierlich	Euler	vorhanden	teilweise	nein
ELV	diskret	Lagrange	vorhanden	ja	möglich
EEV	kontinuierlich	Euler	vorhanden	ja	möglich

Tabelle 3.1.1.: Einteilung der Mehrphasenmodelle zur Partikelbeschreibung nach Zhou [105].

In dieser Arbeit ist der Gradient der Geschwindigkeiten zwischen den beiden Phasen von zentraler Bedeutung, da die verwendeten Partikel aufgrund ihrer Größe und Dichte nicht optimal dem Strömungsfeld folgen. Somit kommt für diese Arbeit nur das Euler-Euler oder das Euler-Lagrange Verfahren in Betracht.

3.2. Euler-Lagrange Verfahren

Mit dem Euler-Lagrange Verfahren wird einerseits das Strömungsfeld des Fluids basierend auf den Navier-Stokes Gleichungen und andererseits der Transport der Partikel über die BBO Gleichung [76] (siehe Abschnitt 2.4.1) berechnet. Die Rückkopplung der Partikelbewegung auf das Strömungsfeld kann durch einen Quellterm in den Navier-Stokes Gleichungen berücksichtigt werden (siehe Abschnitt 3.2.1). Beim Euler-Lagrange Modell werden die Phasen in unterschiedlichen Bezugssystemen berechnet. Das Trägerfluid wird im ortsfesten Koordinatensystem (Eulersches Bezugssystem) mittels den Navier-Stokes Gleichungen berechnet (siehe Gleichung 3.2.2). Die disperse Phase, zum Beispiel Partikel oder Tropfen, wird in einem mitbewegten Koordinatensystem (Lagrangesches Bezugssystem) berechnet. Die allgemeine Bewegungsgleichung eines Teilchens kann aus dem Gleichgewicht der an dem Partikel angreifenden Kräfte im Relativsystem hergeleitet werden.

3.2.1. Erhaltungsgleichungen

In dieser Arbeit werden ausschließlich isotherme Fluidströmungen betrachtet. Derartige Fluidströmungen werden durch die Bilanzgleichungen für Masse, Impuls und gegebenenfalls weitere skalare Transportgrößen beschrieben. Die Bilanzgleichung für die Masse stellt die Kontinuitätsgleichung

$$\frac{\partial \rho_f}{\partial t} + \nabla \cdot (\rho_f \, \mathbf{u}_f) = 0 \tag{3.2.1}$$

in differentieller Schreibweise dar. Hierbei bezeichnet ρ_f die Fluiddichte und $\mathbf{u}_f$ die Fluidgeschwindigkeit. Die Bilanzgleichung für die Impulsgleichung lautet in differentieller Form:

$$\rho_f \left(\frac{\partial \mathbf{u_f}}{\partial t} + (\mathbf{u_f} \cdot \nabla) \, \mathbf{u_f} \right) = -\nabla P + \nabla \cdot \boldsymbol{\sigma}_f + \mathbf{K}_{\phi_p}. \tag{3.2.2}$$

Der linke Teil der Gleichung beschreibt sowohl die Beschleunigung als auch den konvektiven Transport des Fluids und der rechte Teil die Spannungen innerhalb des Fluids. Sie entstehen durch den Druck P, die auf die Strömung wirkende Partikelkräfte $\mathbf{K}_{\phi_p}$ und der viskosen Kräfte, die über die Divergenz des Reibspannungstensors

$$\boldsymbol{\sigma}_f = \mu_f \, 2 \, \mathbf{S}_f + \lambda_f \, (\nabla \cdot \mathbf{u}_f) \mathbf{I}. \tag{3.2.3}$$

ausgedrückt werden. In Gleichung 3.2.3 bezeichnet μ_f die dynamische Viskosität, $\mathbf{I}$ die Einheitsmatrix und λ_f die Lamé Viskositätskonstante, die auch als Volumenviskositätskonstante bezeichnet wird. Nach der Stokesschen Hypothese gilt $\lambda_f = -\frac{2}{3}\mu_f$ [53]. Den Schertensor repräsentiert

$$\mathbf{S}_f = \frac{1}{2}\left[\nabla\mathbf{u}_f + (\nabla\mathbf{u}_f)^t\right]. \tag{3.2.4}$$

Der Quellterm $\mathbf{K}_{\phi_p}$ in Gleichung 3.2.2 beschreibt die Rückkopplung der dispersen Phase auf das Strömungsfeld. Er berechnet sich aus der Impulsänderung der Partikel zwischen zwei Zeitschritten. Diese Impulsänderung entsteht aufgrund der Kräfte auf das Partikel i (siehe Gleichung 2.4.1):

$$\mathbf{K}_{\phi_p} = \frac{1}{V}\sum_{i=1}^{N}\frac{D(m_{p,i}\mathbf{u}_{p,i})}{Dt}. \tag{3.2.5}$$

Dabei steht m_p für die Partikelmasse, $\mathbf{u}_p$ für die Partikelgeschwindigkeit und N für die Anzahl der Partikel im Berechnungsvolumen V.

3.2.2. Turbulenzmodellierung der Fluidphase und der dispersen Phase

In technisch relevanten Strömungen treten oft Turbulenzerscheinungen auf, die sich auf der Zeitskala einige Größenordnungen unterhalb der Zeitskala des konvektiven Transports befinden. Die zeitdiskretisierte Lösung der Navier-Stokes Gleichungen 3.2.2 kann jedoch aufgrund des numerischen Aufwands nicht hinreichend genug aufgelöst werden, um alle turbulenten Wirbel abzubilden. Deshalb werden bei einer groben Diskretisierung zusätzliche Informationen über die turbulenten Eigenschaften des Strömungsfelds benötigt. Diese Informationen werden über einem statistischen Ansatz ermittelt, der die turbulente Strömung in eine Grundströmung und eine ungeordnete, stochastische Strömung aufteilt. Die turbulenten Strömungsgrößen lassen sich entsprechend in einen Mittelwert und einen Schwankungsanteil aufteilen. Grundsätzlich existieren zwei häufig verwendete Ansätze in der Literatur, die im Folgenden erläutert werden.

Reynolds-Averaged Navier-Stokes Gleichungen

Bei den Reynolds-Averaged Navier-Stokes (RANS) Gleichungen werden die Strömungsgrößen $\mathbf{\Phi}$ in einen zeitlich gemittelten $\overline{\mathbf{\Phi}}$ und einen zeitlich aktuellen Schwankungsanteil $\mathbf{\Phi}'$ dargestellt:

$$\mathbf{\Phi} = \overline{\mathbf{\Phi}} + \mathbf{\Phi}'. \tag{3.2.6}$$

Diese sogenannte Reynoldsche Zerlegung wird in die Navier-Stokes Gleichungen 3.2.2 eingesetzt. Eine Mittelwertbildung über diese Gleichung führt zu der in der Literatur bekannten RANS Gleichung [108]:

$$\rho_f\left(\frac{\partial\overline{\mathbf{u}}_f}{\partial t} + (\overline{\mathbf{u}}_f\cdot\nabla)\,\overline{\mathbf{u}}_f\right) + \underbrace{\nabla\cdot(\rho_f\,\overline{\mathbf{u}'_f\,\mathbf{u}'_f})}_{RST} = -\nabla\overline{P}_f + \nabla\cdot\overline{\boldsymbol{\sigma}}_f + \overline{\mathbf{K}}_{\phi_p}. \tag{3.2.7}$$

Das Gleichungssystem 3.2.7 ist wegen des unbekannten Reynoldschen Spannungsterms (RST) nicht mehr geschlossen. Die Diagonalelemente des RST stellen Normalspannungen dar. Die Schließung des Gleichungssystems gelingt durch zusätzliche Annahmen für die Komponenten des Reynoldschen Spannungstensors in Form von Null-, Ein- oder die Zwei-Gleichungsmodellen [109, 110, 111, 112]. Diese Modelle werden basierend auf dem Ansatz von Boussinesq [113] erstellt. In Analogie zum Newtonschen Schubspannungsgesetz wird angenommen, dass die Reynolds-Spannungen proportional zu den räumlichen Ableitungen der Fluidgeschwindigkeit sind:

$$-\rho_f\,\overline{u'_{f,i}u'_{f,j}} = \mu_t\left(\frac{\partial\overline{u}_{f,i}}{\partial x_j} + \frac{\partial\overline{u}_{f,j}}{\partial x_i}\right) - \frac{2}{3}\rho_f\,k\,\delta_{i,j}. \tag{3.2.8}$$

Hierbei bezeichnet

$$k = \frac{1}{2}u'^2 \tag{3.2.9}$$

die verallgemeinerte turbulente kinetische Energie. Die Proportionalitätskonstante μ_t wird in Analogie zur viskosen Reibung als turbulente dynamische Viskosität oder Wirbelviskosität bezeichnet, die aus den Null-, Ein- oder die Zwei-Gleichungsmodellen berechnet wird. Das Zwei-Gleichungsmodell, „Shear-Stress-Transport“ (SST) Modell [109] ist ein sehr häufig verwendetes Verfahren bei kommerziellen Navier-Stokes Lösern. Es löst die Grenzschichten mit dem k-ω Modell [114] auf, da dort das turbulente Längenmaß

$$L = \frac{\sqrt{k}}{\omega_{turb}} \tag{3.2.10}$$

automatisch reduziert wird und es in Wandnähe numerisch stabiler ist als das k-ϵ Modell. In [115] wird gezeigt, dass das k-ϵ Modell den wandfernen Bereich präziser abbildet. Die Vereinigung der Vorteile dieser beiden Modelle liefert das von Menter entwickelte SST Turbulenzmodell. Es sei hier hervorzuheben, dass der RST immer modelliert wird, auch wenn die zeitliche und räumliche Auflösung hinreichend fein genug ist, um turbulente Wirbelstrukturen direkt aufzulösen.

Large-Eddy Simulation

Die Large-Eddy Simulation (LES) fordert einen höheren Berechnungsaufwand als die RANS Modelle, da die Strömungsstrukturen bis zur Gitterweite $\Delta = (\Delta_x \Delta_y \Delta_z)^{\frac{1}{3}}$ direkt numerisch gelöst werden. Alle Strukturen, die kleiner als die Gitterweite sind, werden über ein algebraisches „Subgrid-scale“ Modell berücksichtigt. Bis heute sind diese Modelle nur für inkompressible Strömungen gültig. Derzeit existieren keine anwendungsreifen Ansätze für kompressible Fluide. Anstelle der zeitlichen Mittelung bei den RANS Verfahren werden bei der LES die physikalischen Größen in einen Grobstrukuranteil $\overline{\mathbf{\Phi}}$ und einen Feinstrukturanteil $\mathbf{\Phi}'$ aufgespalten [15]:

$$\mathbf{\Phi} \quad = \quad \overline{\mathbf{\Phi}} + \mathbf{\Phi}'. \tag{3.2.11}$$

Mathematisch lässt sich der Grobstrukturanteil durch eine räumliche Filterung der physikalischen Größe mit der Filterfunktion $\mathbf{G}(\mathbf{x}_i, \mathbf{x}_i')$ ausdrücken:

$$\overline{\mathbf{\Phi}}(\mathbf{x})_i = \int_V \mathbf{G}(\mathbf{x}_i, \mathbf{x}_i')\, \overline{\mathbf{\Phi}}(\mathbf{x}_i')\, d\mathbf{x}_i'. \tag{3.2.12}$$

Für den Filterkern $\mathbf{G}(\mathbf{x}_i, \mathbf{x}_i')$ muss gelten:

$$\int_V \mathbf{G}(\mathbf{x}_i, \mathbf{x}_i')\, d\mathbf{x}_i' = 1. \tag{3.2.13}$$

Die Filterfunktion $G(\mathbf{x}_i, \mathbf{x}_i')$ bewirkt eine räumliche Mittlung über einen begrenzten Wirkungsbereich. Sie stellt eine Tiefpassfilterung dar und separiert die hochfrequenten Strukturen. In der Literatur sind verschiedene Filter bekannt [116]:

- Top-Hat Filter:

$$\mathbf{G}(\mathbf{x}_i, \mathbf{x}_i') = \begin{cases} \frac{1}{\Delta} & \text{wenn } |\mathbf{x}_i - \mathbf{x}_i'| \leq \frac{\Delta}{2} \\ 0 & \text{sonst} \end{cases}$$

- Gauß-Filter:

$$\mathbf{G}(\mathbf{x}_i, \mathbf{x}_i') = \left(\frac{6}{\pi\Delta^2}\right)^{\frac{1}{2}} \exp\left(\frac{-6\left|\mathbf{x}_i - \mathbf{x}_i'\right|^2}{\Delta^2}\right)$$

- Sharp-Spectral-Filter:

$$\mathbf{G}(\mathbf{x}_i, \mathbf{x}_i') = \frac{1}{\pi}\left[\frac{\sin(\frac{\pi(\mathbf{x}_i - \mathbf{x}_i')}{\Delta})}{\mathbf{x}_i - \mathbf{x}_i'}\right],$$

Eine graphische Darstellung der Filter ist in Abbildung 3.1 veranschaulicht. Der Filterkern $\mathbf{G}(\mathbf{x}_i, \mathbf{x}_i')$ des Top-Hat-Filters ist im Intervall $|\mathbf{x}_i - \mathbf{x}_i'| \leq \frac{1}{2\Delta}$ stückweise konstant. Die Anwendung dieses Filters führt zu einer einfachen Integration über die Filterweite Δ. Dies entspricht einer Mittelwertbildung über diesen Bereich. Die Wirkungsweise des Top-Hat-Filters im reziproken Ortsraum ist gleichzusetzen mit der Wirkungsweise des Sharp-Spectral-Filters im physikalischen Raum. Daraus lässt sich folgern, dass der Sharp-Spectral-Filter nicht zu einer scharfen Trennung von kleinen und großen Skalen führt, sondern eine Dämpfung der kleinen Skalen zur Folge hat. Der Gaußfilter im physikalischen Ortsraum entspricht auch einem Gaußfilter im reziproken Ortsraum. Die kleinen Energieskalen werden somit exponentiell gedämpft. Abbildung 3.2 zeigt, dass der Top-Hat-Filter ab einer bestimmten „Cut-Off"-Wellenzahl $k_{cut-off}$ alle Frequenzen abtrennt, während der Sharp-Spectral-Filter, wie oben beschrieben, die kleinen Energieskalen dämpft. Wie Vreman [117] zeigt, verletzen Filterfunktionen, die nicht ausschließlich positiv sind, die „Realizability" Bedingungen. Diese Filterfunktionen können zu negativer kinetischer Energie während der Berechnung führen. Zu diesen Filtern gehört der Sharp-Spectral-Filter. Andererseits ist bekannt, dass das Smagorinsky Modell in Verbindung mit diesem Filter zu den besten Ergebnissen im Vergleich zur DNS führt [118].
Es ist ein ausgeprägter Inertialbereich im Energiespektrum $E(k)$ der Strömung notwendig, um die dissipativen Skalen klar von den energietragenden Skalen zu trennen. Das ist in der Regel nur bei hohen Reynoldszahlen gegeben. Die kleinsten aufgelösten Skalen sollten noch im Inertialbereich liegen. Alternativ kann gefordert werden, dass die aufgelösten Grobstrukturen den Großteil der Energie über den zeitlichen Verlauf beibehalten. Die Anwendung eines Filters auf die Navier-Stokes Gleichung führt bei inkompressiblen Fluiden zu folgender Masse- und Impulsgleichung:

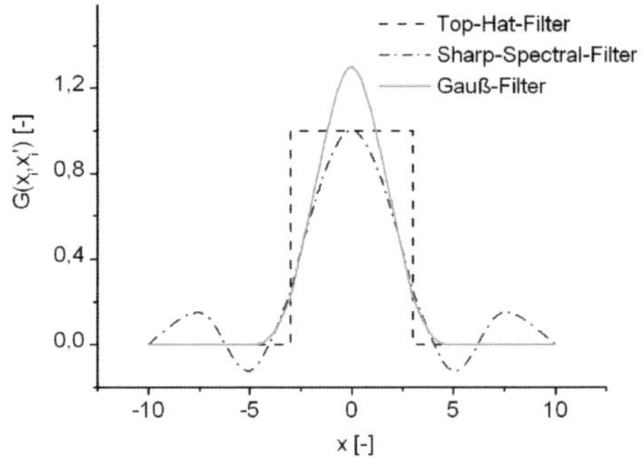

Abbildung 3.1.: LES Filterfunktionen im physikalischen Raum.

$$\nabla \cdot \mathbf{u} = 0$$
$$\rho_f \left(\frac{\partial(\mathbf{u_f})}{\partial t} + (\mathbf{u_f} \cdot \nabla)\, \mathbf{u_f} \right) = -\nabla P + \nabla \cdot (2\, \mu_f\, \mathbf{S}_f) - \rho_f\, \nabla \cdot \overline{\mathbf{u'u'}} + \mathbf{K}_{\phi_p}. \tag{3.2.14}$$

Im LES Verfahren werden Wirbel, die größer als die lokale Gitterweite sind, direkt numerisch berechnet. Im Gegensatz dazu werden kleine Wirbel, die mit dem Rechengitter nicht mehr aufzulösen sind, über ein „Subgrid-scale" (SGS) Turbulenzmodell berücksichtigt. Dies hat zur Folge, dass die großskaligen Phänomene transient und direkt numerisch berechnet werden, während der Beitrag der kleinskaligen Phänomene weiterhin modelliert werden muss. Obwohl ähnliche Modellierungsprobleme auftreten, verspricht die LES bei höherem Rechenaufwand eine bessere Beschreibung der Turbulenz als die statistischen Methoden, weil zumindest ein Teil der turbulenten Schwankungen direkt numerisch wiedergegeben wird. Unter Verwen-

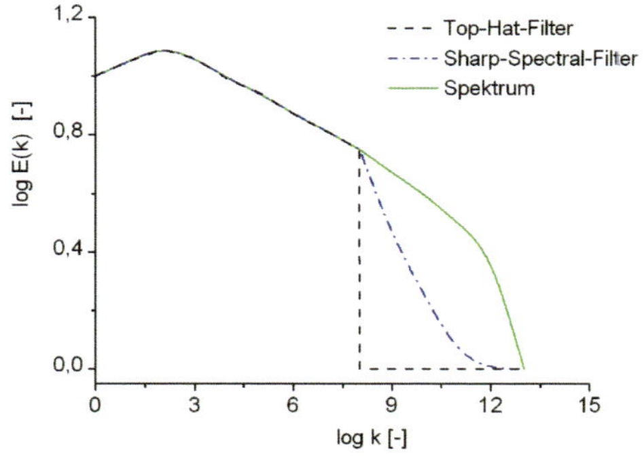

Abbildung 3.2.: Gefiltertes Energiespektrum $E(k)$ in Abhängigkeit von der Wellenzahl k.

dung des Boussinesq Ansatzes für inkompressible Fluide [113]

$$-\rho_f \overline{u_i' u_j'} = \mu_t \left[\frac{\partial u_i}{\partial x_j} + \frac{\partial u_j}{\partial x_i} \right] - \frac{2}{3} \rho_f \; k \; \delta_{i,j} \tag{3.2.15}$$

erhält man folgende Beziehung für die inkompressible Impulsgleichung:

$$\rho_f \left(\frac{\partial \mathbf{u_f}}{\partial t} + (\mathbf{u_f} \cdot \nabla) \; \mathbf{u_f} \right) = -\nabla P + \nabla \cdot (\; (\mu_f + \mu_t) \; 2 \, \mathbf{S}) + \mathbf{K}_{\phi_p}. \tag{3.2.16}$$

Um das Gleichungssystem zu schließen, wird die turbulente Viskosität

$$\mu_t = \rho_f \; (C_x \; \Delta)^2 \; \overline{OP}. \tag{3.2.17}$$

über einen algebraischen Ansatz (SGS Modell) berechnet. Der Operator $\overline{OP}$ stellt hierbei den modellabhängigen Anteil dar. Das bekannteste SGS Modell ist das Smagorinsky Modell [60] (siehe Abschnitt 2.2.1). Es berechnet den Operator

$$\overline{OP} = \sqrt{2 \; S_{ij} S_{ij}} \tag{3.2.18}$$

über den Schertensor $\mathbf{S}$. Das LES-WALE Modell wird in dieser Arbeit verwendet, da es sich im Abschnitt 2.2.1 als das präziseste SGS Modell erwiesen hat. Der Operator

$$\overline{OP} = \frac{(g^d_{\alpha,\beta} g^d_{\alpha,\beta})^{\frac{3}{2}}}{(S_{\alpha,\beta} S_{\alpha,\beta})^{\frac{5}{2}} + (g^d_{\alpha,\beta} g^d_{\alpha,\beta})^{\frac{5}{4}}} \tag{3.2.19}$$

wird dabei über den Schertensor $\mathbf{S}$, den Rotationstensor $\mathbf{\Omega}$ (siehe Gleichung 2.2.7) sowie über den Tensor

$$g^d_{i,j} = S_{i,k} S_{k,j} + \Omega_{i,k} S_{k,j} - \frac{1}{3} \delta_{i,j} (\mathbf{S}^2 - \mathbf{\Omega}^2) \tag{3.2.20}$$

berechnet.

Skalen-adaptives Turbulenzmodell

Die Idee der skalen-adaptiven Turbulenzmodellierung ist das Umschalten der Turbulenzmodellierung in Abhängigkeit von der Strömungs- und Rechengitterkonfiguration [108]. Das „scale-adaptive Simulation“ (SAS) Modell von Menter [16] setzt sich aus zwei Modellen zusammen und stellt somit ein Hybrid-Modell dar. Einerseits werden für die groben Zeit- und Ortsauflösungen das „Shear-Stress“ Modell [109] verwendet, welches auf einem RANS Ansatz beruht. Andererseits berechnet das SAS-Modell die Wirbelstrukturen, die größer als das sogenannte Karmansche Längenmaß [119] sind, über einen SGS Ansatz. Das Karmansche Längenmaß

$$L_{\nu K} = 0{,}41 \frac{du}{dx_i} / \frac{d^2u}{dx_i^2} \tag{3.2.21}$$

ist über die erste und zweite Ableitung der Geschwindigkeit u in Richtung x_i definiert. Dieses Längenmaß dient als Umschaltkriterium zwischen dem RANS und dem LES Modell. Mathematisch lässt sich der Zusammenhang über das Verhältnis zwischen dem turbulenten Längenmaß l, das im k-ω Modell [109] berechnet wird, und dem Karmanschen Längenmaß $L_{\nu K}$ darstellen:

RANS Bereich:

$$\frac{2}{\sigma_\phi} \frac{k}{\omega_{turb}^2} \frac{\partial \omega_{turb}}{\partial x_i} \frac{\partial \omega_{turb}}{\partial x_i} \approx \zeta\, \kappa\, S^2 \frac{l}{L_{\nu K}}. \tag{3.2.22}$$

LES Bereich:

$$\frac{2}{\sigma_\phi} \frac{k}{\omega_{turb}^2} \frac{\partial \omega_{turb}}{\partial x_i} \frac{\partial \omega_{turb}}{\partial x_i} < \zeta\, \kappa\, S^2 \frac{l}{L_{\nu K}}. \tag{3.2.23}$$

Hierbei bezeichnen σ_ϕ, κ und ζ Modellkonstanten und ω_{turb} [16] steht für die turbulente Dissipation. Die Herleitung der Gleichung 3.2.22 beruht auf der Gleichung von Rotta [120].

Turbulenzmodellierung der dispersen Phase

Die Turbulenz der dispersen Phase kann anhand der physikalischen Informationen der Fluidphase modelliert werden. Oliveira et al. [121] stellen das diskrete Wirbellebensdauer-Dispersionsmodell vor. Hierin wird der Schwankungsanteil aus einer Gaußschen Verteilungsfunktion generiert, deren Varianz proportional zur turbulenten kinetischen Energie ist. Die Bewegungsgleichung der Partikel wird mit der unveränderten momentanen Fluidgeschwindigkeit über eine bestimmte Partikel-Wirbel Wechselwirkungszeit integriert. Ein weiteres Modell stellt das Markov-Sequenz-Dispersionsmodell [122] dar.

3.3. Euler-Euler Verfahren

Bei dem Euler-Euler Verfahren werden die Erhaltungsgleichungen für jede Phase einzeln gelöst. Es gehört damit zur Gruppe der Mehrphasenströmungen, das sowohl die Fluidphase als auch die Partikelphase als kontinuierliche Phasen modelliert. Grundlage für die Beschreibung von einzelnen Partikel-Partikel Interaktionen stellt die kinetische Theorie granularer Medien dar, welche im anschließenden Abschnitt erläutert wird. Der Euler-Euler Verfahrens ermöglicht große Geschwindigkeitsgradienten zwischen der Partikel- und der Fluidphase. Wechselwirkungseffekte, wie Kräfte und Spannungsverläufe bedingt durch Kollisionen, Reibungs- und Fluktuationsbewegungen, können damit berücksichtigt werden [123]. Der Anteil der jeweiligen Phase wird durch die Volumenfraktion ϵ_q bestimmt. Sie repräsentiert den Raum bzw. Anteil des Gesamtvolumens V, welcher von der Phase q eingenommen wird:

$$V_q = \int_V \epsilon_q \, dV \quad \text{mit} \quad \sum_{q=1}^{N} \epsilon_q = 1. \tag{3.3.1}$$

Die Phase q steht in dieser Arbeit entweder für das Fluid ($q = f$) oder das Partikel ($q = p$), welche sich jeweils aus verschiedenen Komponenten zusammensetzen können. Wenn das Berechnungsvolumen V konstant bleibt, dann beträgt die Summe der Volumenfraktionen ϵ_q eins.

Im Euler-Euler Verfahren wird zwischen der physikalischen Dichte ρ und der effektiven Dichte $\tilde{\rho}$ unterschieden. Dabei setzt sich die effektive Dichte $\tilde{\rho}$ aus den Massenanteilen Y_i der Komponenten i einer Phase q und deren physikalischen Dichten $\rho_{q,i}$ zusammen:

$$\tilde{\rho} = \epsilon_q \, \rho_q \quad \text{mit} \quad \rho_q = \sum_{i=1}^{N_i} Y_{q,i} \, \rho_{q,i} \quad \text{und} \quad \sum_{i=1,q=1}^{N_i,N_q} Y_{q,i} = 1. \tag{3.3.2}$$

Hierbei bezeichnet N_i die Anzahl der Komponenten in der Phase q und N_q die Anzahl der Phasen q. Für die dichteste Packung aus gleich großen, sphärischen Partikeln ergibt sich aus geometrischen Gründen die maximale Volumenfraktion $\epsilon_{p,max} = 0{,}74$. Für nicht monodisperse Schüttungen sind Werte von bis zu $\epsilon_{p,max} = 0{,}6$ realistisch [124].

Kinetische Theorie granularer Medien

Die kinetische Theorie granularer Medien beruht auf der Basis der in Abschnitt 3.2.1 präsentierten Erhaltungsgleichungen. Analog zu Gas- oder Fluidmolekülen werden die makroskopischen Eigenschaften der Partikelphase durch statistische Formulierungen des Verhaltens einzelner Partikel beschrieben. Während die thermodynamische Temperatur T ein Maß für die Fluktuationsbewegungen der Moleküle darstellt, erfasst die Granulartemperatur Θ_p die kinetische Energie der Partikel [125]. Dabei wird zwischen zwei Transportmechanismen unterschieden. Einerseits den Transporteigenschaften wie Masse, Impuls oder Fluktuationsenergie durch die translatorische Bewegung. Dieser Anteil wird als Kinetikterm bezeichnet. Andererseits liegt ein Transport aufgrund von Stößen zwischen Partikeln vor, der als Kollisionsterm bezeichnet wird. Man erhält allgemeingültige Gleichungen in der Form von Boltzmann-Gleichungen, aus denen durch Multiplikation mit den entsprechenden Eigenschaften und Integration über die Geschwindigkeit die Maxwellschen Transportgleichungen aufgestellt werden können [126]. In den Impulserhaltungsgleichungen der Phasen sind mit der viskosen Kraft, der Gravitationskraft, der Widerstandskraft und der Druckkraft die wichtigsten auftretenden Kräfte erfasst. Die Energie-Erhaltungsgleichungen berücksichtigen die Wärmeleitung innerhalb einer Phase, den konvektiven Energieaustausch zwischen den Phasen und die viskose Dissipation, welche jedoch nur einen geringen Anteil der Gesamtenergiebilanz ausmacht. Um bei hohen Volumenkonzentrationen Partikel-Partikel Kollisionen beschreiben zu können, wird eine weitere Größe, der Partikeldruck, eingeführt. Ein Unterschied zu der kinetischen Gastheorie besteht darin, dass Stöße zwischen Partikeln nicht wie Stöße zwischen Molekülen als vollständig elastisch angesehen werden können. Im makroskopischen Bereich führt der Einfluss von Reibungseffekten zwischen Partikel und Gas bzw. Fluid zu einer Dissipation der bilanzierten Eigenschaft. Eine solche Senke durch Reibung ist auf molekularer Ebene nicht vorhanden. Bei der Turbulenzmodellierung hat die Dissipation von Bewegungsenergie einen vergleichbaren Einfluss auf das Gas bzw. Fluid. Zahlreiche Arbeiten zu dieser Theorie liegen zum Beispiel von Syamlal et al. vor [127].

3.3.1. Erhaltungsgleichungen

Erhaltung der Masse

Die Volumenfraktion ϵ_q einer Phase q ergibt sich aus der Massenerhaltungsgleichung. Durch die Beziehung 3.3.1 und 3.3.2 resultiert die globale Massenerhaltungsgleichung

$$\frac{\partial \tilde{\rho}}{\partial t} + \nabla \cdot (\tilde{\rho} \, \mathbf{u}_q) = 0, \tag{3.3.3}$$

welche der Nebenbedingung, dass die Summe über alle Volumenanteile ϵ_q eins ergibt, unterliegt.

Erhaltung des Impulses

Für die Fluid- und Partikelphase werden die Impulserhaltungsgleichungen aufgestellt. Die Interaktion der beiden Phasen untereinander wird über den Austauschterm $\overline{\mathbf{K}}_{\phi_p}$ realisiert. Für die Fluidphase gilt:

$$\epsilon_f \, \rho_f \left(\frac{\partial \mathbf{u_f}}{\partial t} + (\mathbf{u_f} \cdot \nabla) \, \mathbf{u_f} \right) = -\epsilon_f \, \nabla P + \epsilon_f \, \nabla \cdot \boldsymbol{\sigma}_f - \mathbf{K}_{\phi_p} \tag{3.3.4}$$

und für die Partikelphase:

$$\epsilon_p \, \rho_p \left(\frac{\partial \mathbf{u_p}}{\partial t} + (\mathbf{u_p} \cdot \nabla) \, \mathbf{u_p} \right) = -\epsilon_p \, \nabla P + \epsilon_p \, \nabla \cdot \boldsymbol{\sigma}_p - \nabla P_p + \mathbf{K}_{\phi_p}. \tag{3.3.5}$$

Der linke Teil der Gleichung beschreibt sowohl die Beschleunigung als auch den konvektiven Transport der Phase q und der rechte Teil die Spannungen innerhalb der Phase q. Sie entstehen durch den Druckgradienten ∇P, den Partikeldruck P_p und die Scherkräfte, die über den Gradienten des Reibspannungstensors $\boldsymbol{\sigma}_q$ ausgedrückt werden. Der Reibspannungstensor $\boldsymbol{\sigma}_p$ der Partikelphase wird analog zum Reibspannungsvektor der Fluidphase beim Euler-Lagrange Verfahren 3.2.3 modelliert. Die einzelnen Unterschiede in der Modellierung zwischen der Fluidphase und der Partikelphase werden im Folgenden erläutert.

3.3.2. Turbulenzmodellierung der Fluidphase und der dispersen Phase

Die Unterschiede der Turbulenzmodellierung der Fluidphase im Euler-Euler Verfahren sind im Vergleich zum Euler-Lagrange Verfahren nur gering. Im Gegensatz dazu finden sich bei der dispersen Phase andere Ansätze, da die disperse Phase im Euler-Euler Verfahren auch als eine kontinuierliche Phase betrachtet wird.

Turbulenzmodellierung der Fluidphase

Die Turbulenzmodellierung für die Fluidphase q erfolgt analog zur Turbulenzmodellierung der Fluidphase beim Euler-Lagrange Verfahren [128] (siehe Abschnitt 3.2.2).

Turbulenzmodellierung der dispersen Phase

Die Turbulenz der dispersen Phase erzeugt eine turbulente Viskosität $\mu_{t,p}$ der dispersen Phase. Das in dieser Arbeit verwendete Modell für die Turbulenz der dispersen Phase ist das Null-Gleichungs Modell aus ANSYS CFX11 [28]. Die turbulente Viskosität des Partikels

$$\mu_{t,p} = \tilde{\rho}_p \, u'_p \, l \quad \text{mit} \quad l = \frac{\Delta V^{\frac{1}{3}}}{7}, \tag{3.3.6}$$

berechnet sich in diesem Modell aus der turbulenten Geschwindigkeit der Fluidphase, wobei ΔV dem Volumen der Fluidzelle entspricht.

Zusätzlich existiert eine Kraftkomponente $\mathbf{K}_{\phi_p}$, die in der Impulsgleichung 3.3.4 auftritt. Diese sogenannte Dispersionskraft $\mathbf{F}^{td}$ berücksichtigt die turbulente Bewegung der dispersen Phase. Sie wurde von Bertodano [129] vorgeschlagen. Mehrere Autoren [130, 131, 132] entwickelten weitere Ansätze unter Berücksichtigung des Widerstandsbeiwerts des Partikels C_d. In dieser Arbeit wurde das etablierte Modell von Burns [22] verwendet, welches die Partikel-Volumenkonzentration ϵ_p berücksichtigt:

$$\mathbf{F}_f^{td} = -\mathbf{F}_p^{td} = C^{fp} \, \frac{3\epsilon_p \, \rho_f \, C_d}{8 r_p} \, \boldsymbol{S}_f \cdot \nabla \epsilon_p. \tag{3.3.7}$$

Dabei stellt C^{fp} den turbulenten Dispersionskoeffizienten, der von der Partikelgröße und dem Turbulenzgrad abhängig ist, dar. Der Partikelradius wird mit r_p bezeichnet. Es ist zu betonen, dass in dieser Arbeit diese Kraft nicht signifikant ist, da die Partikel zu groß bzw. zu träge sind und dadurch wie in Abschnitt 2.4 gezeigt eine Partikel-Relaxationszeit von über 0,1 μs besitzen. Diese Relaxationszeit befindet sich bei denen in dieser Arbeit auftretenden Strömungen mindestens eine Größenordnung oberhalb des turbulenten Zeitmaßes nach Kolmogorov [133].

3.3.3. Partikelphase als granulares Medium

Zur Modellierung der Partikelphase als granulares Medium werden vier Hilfsgrößen eingeführt [30, 115, 134, 135]: die radiale Verteilungsfunktion g_0, der Stoßfaktor e (Reibungskoeffizient), die granulare Temperatur Θ_p und der Partikeldruck P_p. Die Größen werden in den folgenden Abschnitten beschrieben. Diese sind in ihrem Durchmesser, ihrer Dichte, ihrem Elastizitätsmodul und in ihrem Reibungskoeffizient identisch. Es wird weiter angenommen, dass die Partikel sphärisch, glatt und nahezu elastisch sind. Die Partikel sind homogen im Kontrollvolumen verteilt und Kollisionen sind ausschließlich binär und isotrop. Es liegt weiter eine Isotropie von Fluktuationsbewegungen vor. Die Rotation von Partikeln wird nicht berücksichtigt. Die Eigenschaften und das Verhalten eines granularen Mediums wirken sich auf dessen innere Kräfte aus. Die resultierenden Spannungen verhalten sich dabei anders als bei Flüssigkeiten, Gasen oder Festkörpern. In Abbildung 3.3 sind die möglichen Spannungsarten innerhalb der verschiedenen Medien gegenübergestellt.

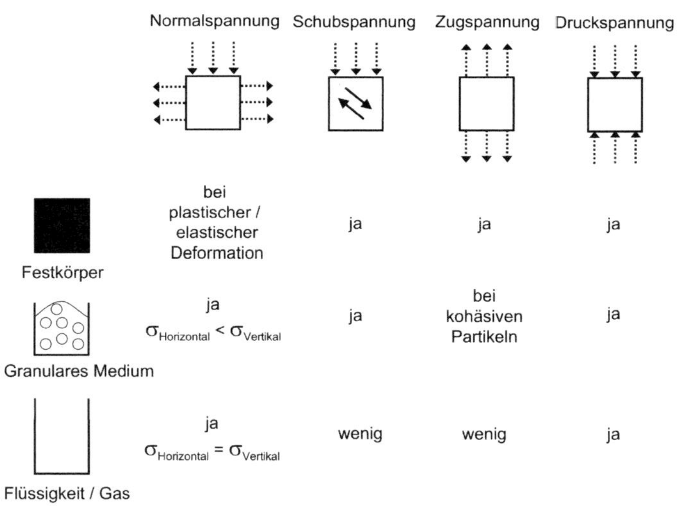

Abbildung 3.3.: Vergleich von Spannungsarten verschiedener Medien im ruhenden Zustand nach Schwister [136].

Da granulare Medien nicht isotrop sind, wirken die Normalspannungen der Partikel $\sigma_{p,N}$ im Gegensatz zu den Normalspannungen $\sigma_{f,N}$ im Fluid nicht in jede Richtung gleich. Dies führt dazu, dass sich Partikel bereits bei kleinen Widerstandskräften $\mathbf{F}_d$ nicht gleichmäßig im Raum verteilen. Zusätzlich treten im Gegensatz zum Fluid Schubspannungen τ_{pp} auf, die zu einer Dissipation der aufgebrachten Kraft führen. Aufgrund der Richtungsunabhängigkeit des Fluiddruckes P sind Horizontal- und Vertikalspannungen in Gasen bzw. Fluiden gleich groß. Das granulare Medium kann sowohl in fluidisierter Form als auch als Festkörper vorliegen. Dabei kann das Verhältnis zwischen Horizontal- zu Vertikalspannungen Werte zwischen null und eins annehmen. Ein idealer Festkörper, der sich nicht verformen kann, hat immer ein Horizontallastverhältnis von null. Als Horizontallastverhältnis wird dabei das Verhältnis von Horizontalzu Vertikalkraft bezeichnet. In den folgenden Abschnitten werden zur Modellbildung Variablen vorgestellt, die eine Beschreibung der Partikelphase als granulares Medium ermöglichen.

Radiale Verteilungsfunktion

Bei dem Euler-Lagrange Verfahren wird ein hoher Rechenaufwand benötigt, um Kollisionen zwischen diskreten Partikeln zu berechnen. Für jedes einzelne Partikel muss der Abstand zu allen anderen Partikeln bestimmt werden. Moderne Algorithmen wenden deshalb ein stochastisches Verfahren an [122]. Um den Abstand der Partikel bei den Euler-Euler Verfahren zu berücksichtigen, wird der Kontaktwert der radialen Verteilungsfunktion g_0 verwendet. Er wird auch als radiale Verteilungsfunktion oder Kontaktwahrscheinlichkeit bezeichnet [137].

Es existieren unterschiedliche Ansätze für g_0, unter anderem von Carnahan und Starling [138], Lun und Savage [139], Savage [140], Ding und Gidaspow [31] sowie von Balzer und Simonin [141]. Eine experimentelle Bestimmung von g_0 ist nur sehr schwer möglich. Von Alder und Wainwright [142] stammen gemessene Kollisionsraten, auf deren Basis g_0 beurteilt werden kann.

Die radiale Verteilungsfunktion

$$g_0 = \frac{s + d_p}{s}, \tag{3.3.8}$$

nimmt mit zunehmender Volumenfraktion ϵ_p stets zu. Der Partikelabstand s stellt das statistische Mittel des Abstands zweier Partikel dar [31].

Im Fall von kleinen Werten von ϵ_p strebt s gegen unendlich und damit g_0 gegen eins, während für hohe Partikelanteile s gegen null geht und damit g_0 gegen unendlich strebt. Die von Carnahan und Starling vorgeschlagene Formel lautet [138]:

$$g_0 = \frac{1}{\epsilon_f} + \frac{3\epsilon_p}{2\epsilon_f^2} + \frac{\epsilon_p^2}{2\epsilon_f^3}. \tag{3.3.9}$$

Ein vergleichbarer Ansatz für eine einzige Partikelklasse stammt von Balzer und Simonin [141]. Sie normieren die Volumenfraktion in Gleichung 3.3.8 mit der maximalen Volumenfraktion $\epsilon_{p,max}$.

Ding et al. [137] haben auf Grundlage von Ogawa et al. [143] die Gleichung 3.3.9 weiterentwickelt. Sie führen dabei den Faktor $\frac{3}{5}$ ein, um g_0 im Bereich niedriger Volumenfraktionen gegen $g_0 = \frac{3}{5}$ streben zu lassen:

$$g_0 = \frac{3}{5}\left[1 - \left(\frac{\epsilon_p}{\epsilon_{p,max}}\right)^{\frac{1}{3}}\right]^{-1}. \tag{3.3.10}$$

Dieses Modell ist auch in ANSYS CFX11 vorhanden [28]. Alder et al. [142] konnten bei ihren Messungen eine maximale Volumenfraktion von 0,74 erreichen. Dabei wird für eine Gruppe von 500 Glaskugeln jeweils die Kollisionsrate bestimmt und die entsprechende radiale Verteilungsfunktion berechnet (siehe Abbildung 3.4). Es zeigt sich, dass der Ansatz von Balzer [141] im Vergleich zu den gemessenen Werten zu hoch liegt. Der Ansatz von Ding et al. [144] stimmt am besten mit den Messwerten überein und wird im Weiteren verwendet.

Stoßfaktor

Der Stoßfaktor e (auch Reibungskoeffizient genannt) beschreibt den Verlust an kinetischer Energie bei einer Kollision der Partikel untereinander. Für vollkommen elastisches Material ist $e = 1$, bei vollständiger Dissipation der kinetischen Energie beträgt $e = 0$. Durch verschiedene Stoßzahlen e können Geschwindigkeitsfluktuationen unterschiedlich stark gedämpft werden [31]. Obwohl der Stoßfaktor theoretisch auch von der Stoßgeschwindigkeit und der Geometrie der Partikel beeinflusst werden kann, wird er hier als Materialkonstante interpretiert. In ANSYS CFX11 wird der vorgeschlagene Wert $e = 0{,}8$ verwendet.

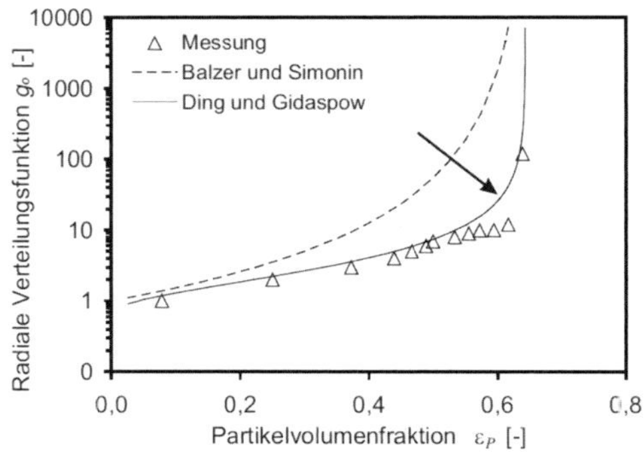

Abbildung 3.4.: Vergleich der radialen Verteilungsfunktion g_0 nach Ding et al. [137] sowie Balzer und Simonin [141] mit den Messwerten von Alder et al. [142].

Granulare Temperatur

Da der Druck der Partikel P_p eine Zustandsgröße und keine Erhaltungsgröße ist, wird eine zusätzliche Größe, die sogenannte granulare Temperatur Θ_p, benötigt. Mit dieser Größe können die Kräfte innerhalb der Partikelphase bilanziert werden. In der klassischen Mechanik ist die kinetische Energie E proportional zum Quadrat der Geschwindigkeit eines Festkörpers. Die Beschreibung des Impulses erfolgt ausschließlich über die Bilanz 3.3.5. In dem hier vorgestellten Modell wird diese Vorstellung erweitert. Es wird postuliert, dass auch kleinste Schwingungen bis hin zu Spannungen zwischen und innerhalb von Partikeln der kinetischen Energie E hinzugerechnet werden können. Mit der mittleren Geschwindigkeit der Partikel $\overline{\mathbf{u}}_p$ ergibt sich die virtuelle Geschwindigkeit $\mathbf{u}_{o,p}$, die um einen Schwingungs- bzw. Spannungsanteil u'_p erweitert ist [30]:

$$\mathbf{u}_{o,p}(t) = \overline{\mathbf{u}}_p + \mathbf{u}'_p(t). \qquad (3.3.11)$$

Die Modellvorstellung ist vergleichbar mit der Turbulenzmodellierung bei Fluiden. Während die Impulserhaltungsgleichung den Anteil $\bar{u}_p$ erfasst, beschreibt Θ_p den Anteil von u'_p. Daraus leitet sich die kinetische Energie

$$E_{kin} = \frac{1}{2}\, m_p\, \overline{(\mathbf{u'}^2_p)} = \frac{3}{2}\, m_p\, \Theta_p \qquad (3.3.12)$$

des granularen Mediums ab. Analog zur thermodynamischen Temperatur eines Fluids, welche ein Maß für die Fluktuationsenergie der Moleküle darstellt, ist die granulare Temperatur ein Maß für die Fluktuationsbewegungen zwischen den Partikel. Eine granulare Temperatur von $\Theta_P = 0$ führt zu sehr geringen Spannungen innerhalb der Partikelphase und ist im Einflussgebiet der Schwerkraft fast nicht anzutreffen. Zwischen der thermodynamischen Temperatur der Partikel und der Granulartemperatur Θ_P besteht kein physikalischer Zusammenhang.

Das Modell der granularen Temperatur wird unter anderem von Gidaspow et al. [30], Balzer et al. [141] und Boemer [77] verwendet. Von Mih [145] stammen grundsätzliche Überlegungen zu der Wechselwirkung zwischen Turbulenz und Partikelphase.

Die allgemeingültige, stationäre Formulierung der granularen Temperatur basiert auf der vollständigen Bilanz der spezifischen, kinetischen Fluktuationsenergie. Damit besteht eine Analogie zur Gleichung der turbulenten kinetischen Energie:

$$\frac{3}{2}\left[\nabla \cdot (\hat{\rho}_p\, \mathbf{u}_p\, \Theta_p)\right] = -(P_p \cdot \boldsymbol{I} + \boldsymbol{\sigma}_p) : \nabla \mathbf{u}_p - \nabla \cdot \mathbf{q}_{\boldsymbol{\theta}_\mathbf{p}} - \gamma_{\theta_p} + \phi_{f,p}. \qquad (3.3.13)$$

Durch den Partikeldruck P_p und den Reibspannungstensor $\boldsymbol{\sigma}_p$ im Feststoff besteht eine Quelle von Bewegungsenergie. Die Produktion von Fluktuationsenergie durch lokale Beschleunigung bzw. Schwerkraft wird durch den Term $-(P_p \boldsymbol{I} + \boldsymbol{\sigma}_p) : \nabla \mathbf{u}_p$ abgebildet [144]. Der Energieaustausch zwischen dem Partikel und dem Fluid stellt $\phi_{f,p}$ dar [144]. Aufgrund von Kollisionen entsteht eine Dissipationsrate der kinetischen Energie:

$$\gamma_{\Theta_p} = 3\left(1 - e^2\right) \epsilon_p^2 \, \rho_p \, g_0 \, \Theta_P \left[\frac{4}{d_p} \frac{\sqrt{\Theta_p}}{\pi} - \nabla \cdot \mathbf{u}_p \right]. \tag{3.3.14}$$

Bei granularen Medien handelt es sich um eine Suspension aus Feststoff und Fluid. Der Anteil $\mathbf{q}_{\boldsymbol{\theta}_\mathbf{p}} = -k_{\Theta_p} \nabla \Theta_P$ beschreibt die Diffusion von Θ_p. Der darin enthaltene Diffusionskoeffizient k_{Θ_p} kann in einen Anteil für dichte und verdünnte Suspensionen aufgeteilt werden:

$$k_{\Theta_p} = k_{\Theta_p,dicht} + k_{\Theta_p,dünn}. \tag{3.3.15}$$

Bei Li et al. [146] werden Terme für dünne und dichte Suspensionen angegeben:

$$k_{\Theta_p,dicht} = \frac{15}{2} \frac{d_p \, \rho_p \, \epsilon_p \, \sqrt{\pi \Theta_p}}{(82 - 33(1+e)\,)} \left[1 + \frac{6}{5} (1+e)^2 \left(2\,(1+e) - 3\right) \epsilon_p \, g_0 + \frac{4}{15\pi} (82 - 33\,(1+e))\,(1+e)\, \epsilon_p \, g_0 \right] \tag{3.3.16}$$

$$k_{\Theta_p,dünn} = \frac{25}{64} \frac{\rho_p \, d_p \sqrt{\pi \Theta_p}}{g_0 \, (1+e)} \left[1 + \frac{6}{5} \, \epsilon_p \, g_0 \, (1+e) \right]^2. \tag{3.3.17}$$

Bei kleinen Partikeln kann die Turbulenz in der Gasphase den Term $k_{\Theta_{p,dünn}}$ erhöhen, bei hohen Volumenfraktionen ϵ_p wird die Turbulenz gedämpft [145]. Dieses Modell wird in ANSYS CFX11 für die Euler-Euler Simulation verwendet [28].

Partikeldruck

Ursache des Partikeldrucks P_p innerhalb der Partikelphase sind Spannungen aufgrund der Stöße zwischen den Partikeln. Damit stellt P_p ein Maß für das Bestreben der Partikel dar, sich im Raum auszubreiten. Wenn in ein mit Partikeln gefülltes Gebiet weitere Partikel einströmen, erfahren diese eine Gegenkraft. Der Partikeldruck verhindert, dass ϵ_p unphysikalisch hohe Werte annimmt. Im ruhenden Zustand berühren sich die Partikel einer Schüttung und müssen ihr Eigengewicht tragen. Messungen von Campbell und Wang [147] zeigen, dass mit ansteigender Höhe eines Festbetts der Partikeldruck abnimmt und mit zunehmender Geschwindigkeit das Gas immer mehr Partikel trägt. Der Partikeldruck wird in einen Kollisions- und einen Kinetikterm unterteilt:

$$P_p = P_{p,kol} + P_{p,kin}. \tag{3.3.18}$$

Der Kollisionsterm $P_{p,kol}$ steht für die direkten Kollisionen zwischen den Partikeln:

$$P_{p,kol} = 2\rho_p \, g_0 \, \epsilon_p^2 \, (1+e) \, \Theta_p. \tag{3.3.19}$$

Durch die radiale Verteilungsfunktion g_0 wird berücksichtigt, wie sich Partikel eines Partikelpaares berühren. Der Partikeldruck nimmt mit dem Volumenanteil ϵ_p aufgrund der steigenden Kollisionswahrscheinlichkeit zu. Analog zum idealen Gasgesetz beschreibt der Kinetikterm $P_{p,kin}$ die translatorische Bewegung der Partikel:

$$P_{p,kin} = \rho_p \, g_0 \, \epsilon_p \, \Theta_p. \tag{3.3.20}$$

Nach Boemer [77] hat der Durchmesser der Partikel d_p keinen Einfluss auf den Druck. Das Modell führt deshalb zu einer linearen Abhängigkeit des Partikeldrucks von der Partikeldichte und gilt, neben einigen empirischen Ansätzen, als die einzige allgemeingültige Beschreibung [77, 145]. Dieser Ansatz ist auch in ANSYS CFX11 implementiert [28].

Schubspannung

Innerhalb der Partikelphase wirken Tangentialkräfte, die im Spannungstensor [148] zusammengefasst sind. Der Reibspannungstensor $\boldsymbol{\sigma}_\mathbf{p}$ ist proportional zur Viskosität

$$\mu_p = \mu_{p,kol} + \mu_{p,kin} + \mu_{p,fric} \tag{3.3.21}$$

der Partikelphase. Die Viskosität setzt sich wie der Partikeldruck aus einem Kollisions- und einem Kinetikterm zusammen. Zusätzlich kommt ein reibungsbedingter Term hinzu. Eine konstante Scherviskosität μ_p kann nicht angenommen werden, da sich eine Partikelphase nur in wenigen Spezialfällen wie ein newtonsches Fluid verhält. Reibungseffekte können in Form von Stößen und Fluktuationsbewegungen einen großen Einfluss auf die Scherspannungen ausüben. Bei höherer Beladung nimmt deshalb die Viskosität zu. Ihre Beschreibung kann eine Unterscheidung in Scherviskosität (Scherkraft) und Kompressionsviskosität (Kompressionskraft) beinhalten. Kräfte, die in Schubspannungen umgesetzt werden, dissipieren in Form von kinetischer Energie.

Während die Formulierung des Partikeldruckes P_p in der Literatur weitgehend ähnlich ist, werden nach Schwister [136] zur Beschreibung der Schubspannung unterschiedliche Ansätze aus der Schüttgutmechanik abgeleitet. Nach Prasad und Kytömaa [148] liegen die Viskositäten bei hohen Partikelanteilen in einem Bereich von $\mu_p = 0{,}3 - 83{,}0\,\mathrm{Pa\,s}$. Die Formulierung von Gidaspow [137] beinhaltet die radiale Verteilungsfunktion g_0 und damit den Einfluss der Kollisionen. Diese Form führt bei kleinen Volumenfraktionen ϵ_p zu einer ansteigenden Scherviskosität. Für $\epsilon_p \to 0$ geht die Formulierung nach Gidaspow in den Ausdruck nach Chapman [54] für dichte Gase über. Der Kollisionsterm kann nach Bouillard et al. [31] durch

$$\mu_{p,kol} = \frac{4}{5}\epsilon_p\, \rho_p\, d_p\, g_0\, (1+e) \left[\frac{\Theta_p}{\pi}\right]^{\frac{1}{2}} \tag{3.3.22}$$

modelliert werden. Der Term beinhaltet, dass bei zunehmender Volumenfraktion von Dichte, Stoßzahl, granularer Temperatur und ansteigendem Partikeldurchmesser eine Zunahme von $\mu_{p,kol}$ stattfindet. Nach Bouillard et al. [31] ist der kinetischen Anteil:

$$\mu_{p,kin} = \frac{5}{48}\frac{\rho_p\, d_p \sqrt{\pi\Theta_p}}{\epsilon_p\,(1+e)} \left[1 + \frac{4}{5} g_0\, \epsilon_p\, (1+e)\right]^2 . \tag{3.3.23}$$

Diese Formulierung ist auch in ANSYS CFX11 vorhanden [28] und wird bei den Simulationen in dieser Arbeit verwendet.

Zugspannung

Zugkräfte führen in Festkörpern zu entsprechenden Zugspannungen $\boldsymbol{\sigma}_\mathbf{p,Z}$. Nur zusammenhaftende Partikel, so genannte kohäsive Partikel, können unter bestimmten Umständen Zugspannungen aufnehmen [149], da sie sich dann wie Festkörper verhalten. Eine frei fließende Partikelphase kann kaum Zugspannungen aufnehmen. In dieser Arbeit werden ausschließlich frei fließende Partikelphasen betrachtet.

Erhaltung der Enthalpie

Um die Erhaltung der Enthalpie zu beschreiben, muss für jede Phase q eine separate Enthalpieerhaltungsgleichung gelöst werden [31].

In dieser Arbeit beträgt die Druckdifferenz maximal 100 bar bei einem typischen Rohrdurchmesser von ca. 100 μm. Der Einfluss der Temperatur auf das Strömungsverhalten wurde außerhalb der Arbeit untersucht und konnte als vernachlässigbar eingestuft werden. Aus diesem Grund wird in dieser Arbeit stets isotherm gerechnet.

3.4. Bewegungsgleichung für die disperse Phase

In Kapitel 2.4 wurden die auf das Schleifpartikel wirkenden Kräfte im Allgemeinen dargestellt. Es konnte gezeigt werden, dass über die geeignete Wahl der Koeffizienten für die Widerstandskraft, die Saffman- und Magnuskraft sowie der Fit-Parameter für die History-Kraft die Bewegung eines beliebig geformten Partikels berechnet werden kann. Im Folgenden werden die einzelnen auftretenden Partikelkräfte mit ihren entsprechenden Koeffizienten für das Standardteilchen „Borkarbid" zusammengefasst dargestellt. Hierbei sind die Koeffizienten über 64 verschiedene Orientierungen des Partikels gemittelt worden, weil in den Euler-Euler oder Euler-Lagrange Verfahren die Partikellage nicht abgebildet werden kann.

- **Widerstandskraft**
  Die Widerstandskraft $\mathbf{F}_d$ lässt sich in allgemeiner Formulierung schreiben:

$$\mathbf{F}_d = \frac{1}{2}\rho_f\, C_d\, A_p\, |\mathbf{u_f} - \mathbf{u_p}|\, (\mathbf{u_f} - \mathbf{u_p}). \tag{3.4.1}$$

  Die Abhängigkeit des Widerstandsbeiwerts C_d von der Partikel-Reynoldszahl $Re_p = \frac{|\mathbf{u}_f - \mathbf{u}_p|\, d_p}{\nu_f}$ für ein Borkarbidteilchen lautet:

$$C_d = \frac{41{,}8}{Re_p}\left(1{,}0 + 0{,}085\, Re_p^{1{,}1} - 0{,}00044\, Re_p^{1{,}85} + 1 \cdot 10^{-13}\, Re_p^{4{,}86}\right) \quad \text{für} \quad Re_p < 1000. \tag{3.4.2}$$

- **Archimedische Auftriebskraft und Gravitationskraft**
  Die archimedische Auftriebskraft ist abhängig vom Volumen des Partikels V_p, aber unabhängig von der Partikelform:

$$\mathbf{F}_a = (\rho_p - \rho_f) V_p\, g. \tag{3.4.3}$$

- **Druckkraft**
  Die Druckkraft ist vom Druckgradienten ∇P und dem Volumen des Partikels V_p abhängig, vorausgesetzt das der Druckgradient über die Oberfläche des Partikels konstant ist:

$$\mathbf{F}_P = -\nabla P\, \frac{m_p}{\rho_p}. \tag{3.4.4}$$

- **Auftriebskräfte**
  Magnuskraft:
  Die Magnuskraft, welche die zum Fluid relative Partikelrotation $\mathbf{\Omega}_{rel}$ berücksichtigt, lautet in allgemeiner Form:

$$\mathbf{F}_{LR} = C_{LR} \frac{\rho_f}{2} A_p\, |(\mathbf{u}_f - \mathbf{u}_p)|\, \frac{\mathbf{\Omega} \times (\mathbf{u}_f - \mathbf{u}_p)}{|\mathbf{\Omega}|}. \tag{3.4.5}$$

  Für die nicht-sphärischen Borkarbidteilchen existiert folgende Korrelation für den Auftriebsbeiwert der Magnuskraft in Abhängigkeit von der Partikel-Reynoldszahl Re_p und der Rotations-Reynoldszahl $Re_r = \frac{d_p^2 |\mathbf{\Omega}_{rel}|}{\nu_f}$:

$$C_{LR} = 0{,}52 + \left(\frac{Re_r}{Re_p} - 0{,}52\right) exp(-0{,}042\, Re_r^{0{,}4} Re_p^{0{,}3}) \quad \text{für} \quad Re_p < 100, \tag{3.4.6}$$

  mit der relativen Partikelrotation

$$\mathbf{\Omega}_{rel} = \frac{1}{2} \nabla \times (\mathbf{u}_f - \mathbf{u}_p). \tag{3.4.7}$$

  Saffmankraft:
  Die Saffmankraft $\mathbf{F}_{LS}$ entsteht bei Partikel, die sich in einer Scherströmung befinden. Sie ist über folgenden Ansatz gegeben:

$$\mathbf{F}_{LS} = \frac{1}{2}\, C_{LS}\, \rho_f\, A_p\, d_p\, \left[(\mathbf{u}_p - \mathbf{u}_f) \times (\nabla \times \mathbf{u}_f)\right], \tag{3.4.8}$$

mit dem Lift-Koeffizienten C_{LS}. Der Auftriebsbeiwert der Saffmankraft für ein Standardteilchen „Borkarbid" ist in Abhängigkeit von der Partikel-Reynoldszahl Re_p und der Scher-Reynoldszahl $Re_s = \frac{d_p^2 \left|\frac{1}{2}\nabla\times\mathbf{u}_f\right|}{\nu_f}$ über folgende Funktion bestimmt:

$$C_{LS} = 0{,}56\,\frac{Re_s^{0,5}}{Re_p^{1,1}} \quad \text{für} \quad Re_p < 1 \tag{3.4.9}$$

und

$$C_{LS} = \frac{Re_s^{0,5}}{Re_p^{1,1}}\left[-0{,}02\,Re_p^{1,5} + 0{,}58\,\frac{1}{Re_p^{0,6}}\right] \quad \text{für} \quad 1 < Re_p < 100. \tag{3.4.10}$$

- **Virtuelle Masse**
Die virtuelle Masse ist abhängig vom Volumen des Partikels V_p, aber unabhängig von der Form des Partikels. Sie entsteht bei der vom Partikel mitbeschleunigten Fluidmasse:

$$\mathbf{F}_{VM} = C_a\,\frac{\rho_f V_p}{2}\left(\frac{D}{Dt}\,\mathbf{u}_f - \frac{\partial}{\partial t}\,\mathbf{u}_p\right). \tag{3.4.11}$$

Der Koeffizient C_a wird hierbei über den Ansatz nach Crowe et al. [26] modelliert.

- **History-Kraft**
Die History-Kraft entsteht bei einem beschleunigenden Partikel oder bei einer beschleunigten Strömung um ein Partikel:

$$\mathbf{F}_{History} = 3\pi\,\mu\,d_p \int_{-\infty}^{t} K_h(t-\tau)\left[\frac{D\mathbf{u}_f(t)}{D\tau} - \frac{\partial\mathbf{u}_p(t)}{\partial\tau}\right]d\tau, \tag{3.4.12}$$

mit

$$K_h(t-\tau) = c_f\left(\left[\frac{4\pi(t-\tau)\mu}{D_p^2\rho_f}\right]^{\frac{1}{2d_f}} + \left[\frac{\pi\rho_f\left|\mathbf{u}_f - \mathbf{u}_p\right|^3(t-\tau)^2}{4D_p\mu f_h^3(Re)}\right]^{\frac{1}{d_f}}\right)^{-d_f} \tag{3.4.13}$$

und

$$f_h(Re) = a_f + b_f\,Re_p. \tag{3.4.14}$$

In diesen Gleichungen sind die Variablen a_f, b_f, c_f und d_f Fit-Parameter.

Durch den Vergleich der Lattice-Boltzmann Lösung mit der BBO Gleichung sind für verschiedene Partikel-Reynoldszahlen folgende Fit-Parameter (siehe Tabelle 3.4.1) berechnet worden. Die Partikel-Reynoldszahl bezieht sich dabei auf die Partikelgeschwindigkeit vor der Beschleunigung. Der Gültigkeitsbereich befindet sich zwischen $0 < Re_p \leq 1000$.

	a_f	b_f	c_f	d_f
Borkarbid	0,41	0,1	3,2	2,4

Tabelle 3.4.1.: Fit-Parameter der History-Kraft für das Standardteilchen Borkarbid.

Die numerische Berechnung der History-Kraft ist sehr aufwendig, so dass diese nicht direkt in der Euler-Euler Simulation berücksichtigt werden kann. Um jedoch für ein in der Strömung beschleunigendes Borkarbidteilchen die richtige Partikel-Relaxationszeit τ_{relax} zu erhalten, wird folgender, zeitunabhängiger Ansatz gewählt:

$$\mathbf{F}_{History} = -\mathbf{F}_d\left[0,064 + 0{,}14\,exp\left(-\frac{Re_p}{3{,}45}\right)\right] \quad \text{für} \quad 0 < Re_p < 15 \tag{3.4.15}$$

und

$$\mathbf{F}_{History} = -\mathbf{F}_d\left[0{,}015 + 0{,}054\,exp\left(-\frac{Re_p}{173{,}6}\right)\right] \quad \text{für} \quad 15 < Re_p < 1000. \tag{3.4.16}$$

Abbildung 3.5 zeigt, dass mit diesem Verfahren die gleichen Partikel-Relaxationszeiten wie die mit dem Lattice-Boltzmann Verfahren berechneten Partikel-Relaxationszeiten folgen.

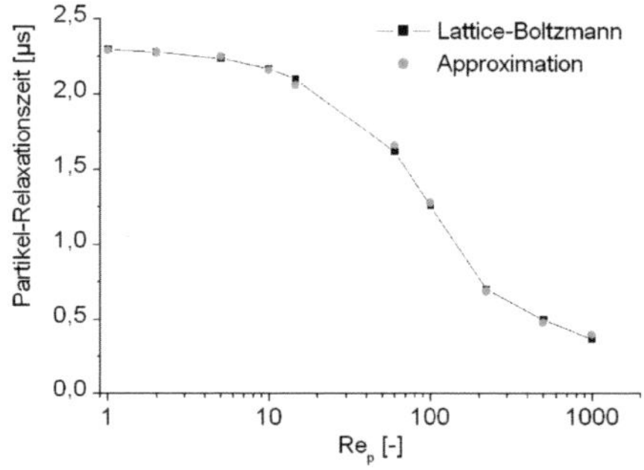

Abbildung 3.5.: Numerisch berechnete Partikel-Relaxationszeiten des Standardteilchens „Borkarbid" in Abhängigkeit von der Partikel-Reynoldszahl. Zusätzlich sind die Partikel-Relaxationszeiten, die sich durch die verwendete Approximation im Euler-Euler Verfahren ergeben, dargestellt.

Jedoch stimmt die zeitabhängige Dynamik des Partikels über den gesamten Beschleunigungsprozesses nicht mehr exakt mit der Realität überein. Für die numerische Berechnung des hydro-erosiven Verrundens ist dies aber nicht ausschlaggebend, was anhand des Vergleichs der Simulation mit Messdaten (siehe Kapitel 6) hervorgeht.

3.5. Wahl der numerischen Modelle

Zuerst wird anhand theoretischer Überlegungen die geeignete Methode der Phasenkopplung erläutert. Die Entscheidung zwischen dem Euler-Euler und dem Euler-Lagrange Verfahren wird anschließend erörtert.

3.5.1. Modelle für die Phasenkopplung

Es soll die Frage geklärt werden, ob die Rückwirkung der Partikel auf die kontinuierliche Phase notwendig ist. Anhand der Stokeszahl wird ermittelt, ob eine Rückwirkung der Partikelkräfte zu beachten ist. Darüber hinaus könnten auch Partikel-Partikel Kollisionen signifikant sein. In der Literatur gibt es eine Einteilung zwischen diesen drei Regimen.

- **Einfache Kopplung:** Die Partikelkräfte wirken nicht auf das Trägerfluid. Dadurch wird das Strömungsfeld der Fluidphase von den Partikeln nicht beeinflusst.
- **Zweifache Kopplung:** Die Partikelkräfte werden in der Impulsgleichung des Trägerfluids berücksichtigt. Somit können die Partikel das Strömungsfeld der Fluidphase beeinflussen.
- **Vierfache Kopplung:** Zusätzlich werden im Vergleich zur zweifachen Kopplung auch hier die Partikel-Partikel Kollisionen in den Impulsgleichungen der Fluid- und der Partikelphase beachtet.

Stokeszahl

Die Stokeszahl ist eine entscheidende Kennzahl für die Einteilung zwischen einfacher- oder zweifacher Kopplung. Darüber hinaus stellt sie ein Maß für die Betrachtung von Partikel-Wand Interaktionen dar. Die Stokeszahl beschreibt den Einfluss der Partikelträgheit auf die Partikelbahn im Trägerfluid. Die Stokeszahl stellt das Verhältnis zwischen der Partikel-Relaxationszeit τ_{relax} und der Systemzeit τ_s dar. Die Partikel-Relaxationszeit gibt die Zeit an, die ein Partikel benötigt, um 63% der Fluidgeschwindigkeit zu erreichen:

$$\tau_{relax} = \frac{d_p^2\,\rho_p}{18\mu_f}. \tag{3.5.1}$$

Dieser Ansatz gilt für laminare Strömungen im Stokes-Regime. Das Stokes-Regime bezeichnet den Bereich, bei dem die Partikel-Reynoldszahl kleiner als eins ist. Die Systemzeit beschreibt das Verhältnis zwischen charakteristischer Länge l und charakteristischer Geschwindigkeit u:

$$\tau_s = \frac{l}{u}. \tag{3.5.2}$$

Anhand dieser beiden Ausdrücke ergibt sich die Stokeszahl:

$$St = \frac{\tau_{relax}}{\tau_s} = \frac{d_p^2\,|\mathbf{u}|\,\rho_p}{18\,\mu_f l}. \tag{3.5.3}$$

Die Partikel-Relaxationszeit für Schleifkörner des hydro-erosiven Verrundens werden in Kapitel 2 mittels Lattice-Boltzmann Verfahren ermittelt. Die Einteilung der notwendigen Phasenkopplung erfolgt anhand der Stokeszahl [150].

- $St \ll 1$: In diesem Regime überwiegen die viskosen Kräfte. Die Partikelbewegung ist durch das Strömungsfeld des Trägerfluids gegeben.
- $St \approx 1$: Die Interaktion zwischen beiden Phasen wird relevant und kann nicht mehr vernachlässigt werden. Die viskosen Kräfte und die Trägheitskräfte liegen in der gleichen Größenordnung.
- $St \gg 1$: In diesem Regime überwiegen die Trägheitskräfte. Die Partikel können gekrümmte Stromlinien kaum mehr folgen. Sie beeinflussen die kontinuierliche Phase signifikant.

Die auftretenden Stokeszahlen beim hydro-erosiven Verrunden liegen im Bereich um eins, so dass die Rückkopplung der Partikelkräfte auf das Trägerfluid nicht mehr vernachlässigt werden kann.

Partikel-Partikel Kollisionen

Die Entscheidung über die Berücksichtung der Partikel-Partikel Kollisionen kann mittels des Verhältnisses zwischen der Partikel-Relaxationszeit τ_p und der Kollisionszeit τ_c bestimmt werden [150]. Die Kollisionszeit τ_c ist ein Maß für die Kollisionsrate der Partikel untereinander:

$$\tau_c = \frac{1}{f_c} = \frac{1}{n_p\,\pi\,d_p^2\,|\mathbf{u}_{rel}|}. \tag{3.5.4}$$

Daraus ergibt sich folgendes Verhältnis:

$$\frac{\tau_p}{\tau_c} = \frac{n_p\,\pi\,\rho_p\,d_p^4\,|u_{rel}|}{18\,\mu_f} = \frac{\epsilon_p\,\rho_p\,d_p\,|\mathbf{u}_p - \mathbf{u}_f|}{3\,\mu_f}. \tag{3.5.5}$$

Hierbei bezeichnet n_p die Anzahldichte der Partikel. Wenn das Verhältnis größer als eins ist, dann wird von einer dichten Suspension gesprochen. In dieser können Partikel-Partikel Kollisionen nicht vernachlässigt werden. Bei verdünnten Suspensionen ist das Verhältnis deutlich kleiner als eins. Somit können Kollisionen vernachlässigt werden. Beim hydro-erosiven Verrunden liegt diese Kennzahl im wandfernen Bereich unter eins. Direkt an der Wand steigt diese Kennzahl auf den in dieser Arbeit maximalen Wert von 63 an (siehe Tabelle 3.5.1). Da die Partikel-Wand Interaktion für die Erosion entscheidend ist, müssen hochauflösende Simulationen bei großen Partikeldurchmessern und hohen Partikel-Volumenkonzentrationen die Partikel-Partikel Kollisionen berücksichtigen.

$\lvert \mathbf{u}_p - \mathbf{u}_f \rvert$ $[m/s]$	ρ_p $[kg/m^3]$	μ_f $[kg/(m\,s)]$	d_p $[\mu m]$	ϵ_p $[-]$
20	2500	$8{,}8 \cdot 10^{-3}$	25	0,1

Tabelle 3.5.1.: Simulationsbedingung, die zum größten Verhältnis zwischen der Partikel-Relaxationszeit und der Kollisionszeit in dieser Arbeit führt.

3.5.2. Wahl des Partikelmodells

Zunächst sollen die Vor- und Nachteile der beiden numerischen Verfahren dargestellt werden, um dann im Anschluss die Wahl des Verfahrens für diese Arbeit zu treffen.

Euler-Euler Modell

Die Vorteile des Euler-Euler Modells sind durch folgende Punkte gegeben:

- Für die numerische Lösung der Transport- und Erhaltungsgleichungen ist eine ausreichende Konzentration beider Phasen erforderlich, um die für ein Kontinuum charakteristische konvektiven sowie Transport- und Austauschprozesse abbilden zu können. Aufgrund der kleinen Stokeszahl beim hydroerosiven Verrunden ist dies stets der Fall.
- Einzelne Partikel-Wand Interaktionen können mit der Euler-Euler Methode nicht abgebildet werden, da eine Einzelpartikelverfolgung nicht möglich ist. Eine Betrachtung, die eine über die Gitterweite gemittelte Partikelbahn darstellt, ist für den Prozess des hydro-erosiven Verrundens vollständig ausreichen. Die einzelnen Partikel prallen aufgrund ihrer Nicht-Sphärizität stark unterschiedlich auf die Wand. Unter der Berücksichtigung, dass Millionen von Partikel den Wandabtrag bewirken, ist eine Mittelung sehr gut geeignet.
- Für jede Partikelgößenklasse müssen separate Erhaltungsgleichungen (siehe Gleichung 3.2.2) gelöst werden. Der numerische Aufwand steigt damit nur linear in der Anzahl der berücksichtigten Partikeldurchmesser. Der numerische Aufwand ist somit unabhängig von der Partikelanzahl im gesamten Rechengebiet. Im Euler-Lagrange Verfahren müsste jedes einzelne Partikel berechnet werden, da eine Zusammenfassung von Partikeln zu sogenannten „Parcels“ aufgrund der notwendigen Statistik an der Geometriewand in dieser Arbeit nicht möglich ist.

Die Nachteile des Euler-Euler Modells bestehen im Wesentlichen aus zwei Aspekten:

- Für eine Kontinuumsbeschreibung der fluiden und dispersen Phase müssen für jeden Punkt im Rechengebiet die lokalen Zustandsgrößen wie zum Beispiel Geschwindigkeit, Volumenanteil usw. beider Phasen numerisch vorliegen. Dazu muss der mittlere Partikelabstand in der dispersen Phase klein genug sein, damit sich eine repräsentative Anzahl von Partikeln im Kontrollvolumen ΔV befindet. In Wandnähe wird diese Bedingung teilweise nicht mehr eingehalten.
- Partikel-Partikel Kollisionen können nur über den Ansatz der kinetischen Theorie granularer Medien berücksichtigt werden. Eine direkte Stoßberechnung einzelner Partikel untereinander ist nicht möglich.

Euler-Lagrange Modell

Die Vorteile des Euler-Lagrange Modells sind in den folgenden beiden Punkten zu finden:

- Jedes einzelne Teilchen kann über seine Bahnlinie verfolgt werden. Somit sind zum Beispiel Aussagen über den Aufprallwinkel eines einzelnen Partikels möglich.
- Einzelne Partikel-Partikel Kollisionen können direkt oder über statistische Ansätze berechnet werden [23], ohne dass dazu weitere Transportgleichungen gelöst werden müssen.

Die wesentlichen Nachteile des Euler-Lagrange Modells lauten wie folgt:

- Die Abstraktion des Partikels auf einen bewegten Massepunkt fordert, dass das Kontrollvolumen ΔV größer ist als das Partikel. Die Kräfte innerhalb des Kontrollvolumens können bei kleinen Partikeln sehr groß werden. Beim hydro-erosiven Verrunden liegen die Partikeldurchmesser zwischen 1 μm und 5 μm. Dies führt zu großen Kräften innerhalb des Kontrollvolumens, was die Kopplung zwischen der Fluid- und Partikelphase numerisch erschwert.
- Mehrere Partikel können über sogenannte Partikelpakete („Parcels“) zusammengefasst werden und somit die Rechnung auf einige hunderttausende Partikelpakete beschränken. Der Nachteil ist, dass nun pro Partikelpaket die Kräfte im Kontrollvolumen größer werden. Dies kann zu numerischer Instabilität führen. Darüber hinaus fehlt dann die notwendige Statistik der Partikel-Wand Interaktion, um eine hinreichend glatte Erosion an der Wand gewährleisten zu können.
- Um die Partikelkräfte an die Fluidphase zu koppeln, muss die Fluidströmung iterativ mit der Partikelbahnberechnung gelöst werden [151], das heißt, das Strömungsfeld muss in jedem Zeitschritt neu berechnet werden. Somit ist eine Partikelbahnverfolgung ohne eine ständige Aktualisierung des Strömungsfelds nicht möglich. Für eine ausreichende Statistik der Partikel an der Wand zu erhalten, müssen ausreichend viele Partikelbahnen berechnet werden.

Fazit

Die rechenintensive Kopplung der Partikelkräfte mit dem Strömungsfeld beim Euler-Lagrange Verfahren stellt eine große Herausforderung für die praktische Anwendung des Verfahrens bei der Robert Bosch GmbH dar. Eine vereinfachte Berechnung der Partikelphase durch eine Zusammenfassung von Partikeln zu Partikelpaketen („Parcels“) ist aufgrund der notwendigen Statistik von Partikel an der Wand nicht möglich. Im Gegensatz dazu erhöht sich der numerische Aufwand nur linear mit der Anzahl der Berücksichtigten Partikeldurchmesser im Euler-Euler Verfahren. Der numerische Aufwand ist somit unabhängig von der Anzahl der berücksichtigten Teilchen.

Der Nachteil der Euler-Euler und der Euler-Lagrange Verfahren ist, dass nicht immer genügend große Kontrollvolumina vor allem in Wandnähe existieren. Dadurch entsteht eine fehlende repräsentative Anzahl von Partikel im Kontrollvolumen. Es ist zu beachten, dass über die Simulationszeit eine repräsentative Anzahl von Partikel stets vorhanden ist. Dadurch wird zumindest ein zeitlich gemitteltes Partikelverhalten abgebildet. Beim hydro-erosiven Verrunden wird in der Simulation der Abtrag über ca. 1000 Zeititerationen berechnet. Die Zeitschrittweite liegt im Bereich von 1 μs. Dies erfordert eine Skalierung zwischen Echtzeit- zur Simulationszeit von ca. 10^4 bis 10^5. Somit kann auch prinzipiell nur eine über kurze Zeitabschnitte gemittelte Simulation gerechnet werden.

Im nächsten Kapitel wird die kontinuierliche Fluidphase beim Euler-Euler Verfahren näher untersucht, um ein validiertes Verfahren zur Strömungsfeldberechnung bei den in dieser Arbeit verwendeten Bauteilen zu erhalten. Die einphasige Düseninnenströmung ist im Übergangsbereich zwischen einer laminaren und einer turbulenten Strömung noch nicht ausreichend mit den aktuell vielversprechenden LES-WALE und dem SAS Turbulenzmodell untersucht worden. Deshalb wird im anschließenden Kapitel sowohl die Validierung des LES-WALE und des SAS Turbulenzmodells in ANSYS CFX11 an der komplexen Düseninnenströmung als auch die benötigte Rechengitter- und Zeitschrittweite präsentiert. Die Zweiphasenströmung beim hydro-erosiven Verrunden wird dann im Kapitel 6 zusammen mit dem Hydro-Erosionsmodell anhand der Experimente an Planargeometrien, einer Drossel und einer Düse validiert.

Kapitel 4

Experimentelle und numerische Untersuchung der Düseninnenströmung

Das hydro-erosive Verrunden stellt höchste Anforderungen an die Turbulenzmodellierung sowie die Gitter- und Zeitauflösung, da die Rohr-Reynoldszahl je nach Applikation zwischen 300 und 8000 betragen kann. Dieser große Bereich wird vor allem durch die unterschiedlichen Viskositäten der Trägerfluide (siehe Kapitel 6) und Spritzlochdurchmesser generiert. Im Folgenden werden sowohl die Turbulenzmodelle LES-WALE und SAS als auch die notwendige Gitterqualität untersucht und mit den Messdaten verglichen. Eine optische Untersuchung der Strömungsprofile ist nur an einem Großmodell möglich, da der Spritzlochdurchmesser im Bereich von $80 - 200\,\mu$m liegt und zudem kein optischer Zugang zum Spritzloch besteht. In Rahmen dieser Arbeit wird ein 3D „Particle-Image-Velocimetry“ (PIV) und ein 2D Laser-Doppler-Anemometrie (LDA) Messsystem an einem Großmodell aufgebaut, welches dem Größenmaßstab 65,32 zu 1 entspricht.

4.1. Düsengroßmodell

Das in Abbildung 4.1 dargestellte Großmodell ist eine 7-Lochdüse, die im Wesentlichen aus 3 Hauptmodulen besteht. Dazu gehören das Düsenkörperschaft-Oberteil sowie das Düsenkörperschaft-Unterteil, die beide vollständig aus Plexiglas gefertigt wurden. Hinzu kommt die Nadelspitze, die in der Höhe einstellbar ist. Durch das Verfahren der Nadel in vertikaler Richtung kann der Fluidraum zwischen Plexiglaswand und Nadeloberfläche variiert werden (siehe Abbildung 4.1). Das untersuchte Spritzloch ist 68,5 mm lang und weist einen Durchmesser von $D = 8{,}62\,\text{mm}$ auf.

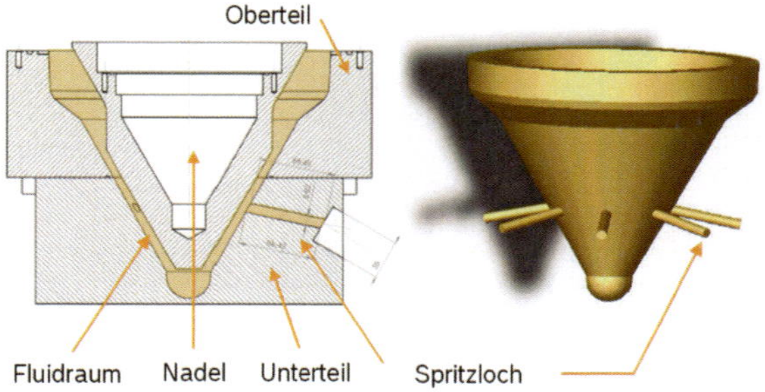

Abbildung 4.1.: Schnittansicht vom Düsengroßmodell (links) und Fluidraum der Einspritzdüse (rechts).

Aus Voruntersuchungen an mehreren Spritzlöchern mit dem 2D PIV Verfahren [152] ist bereits bekannt, dass eine Symmetrie der Strömung zwischen den Spritzlöchern für den hier verwendeten Reynoldszahl Bereich angenommen werden kann. Es wurde zur messtechnischen Untersuchung ein Spritzloch ausgewählt, bei dem die Spritzlochachse parallel zur äußeren Wand des Plexiglaskörpers steht. Diese Tatsache vereinfacht die Anpassung der optischen Messmethoden.

4.1.1. Versuchskreislauf

Das Düsengroßmodell wird in einem geschlossenen Kreislauf mit destilliertem Wasser durchströmt (siehe Abbildung 4.2). Dem Wasser im Kreislauf sind Glashohlkugeln beigesetzt, um die Strömung für das LDA- bzw. PIV-System sichtbar zu machen.

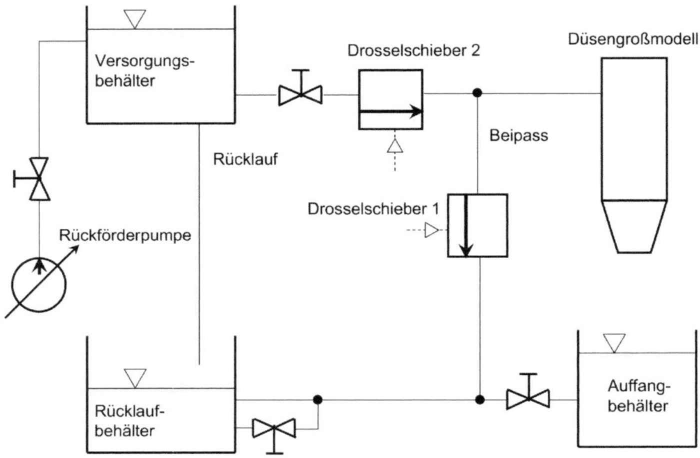

Abbildung 4.2.: Wasserkreislauf des Düsengroßmodells. Eine Schaufelradpumpe fördert das Wasser in den Versorgungsbehälter. Die beiden Drosselschieber definieren den Volumenstrom.

Die Glashohlkugeln weisen einen mittleren Durchmesser von 30 μm und eine Dichte von 1,1 kg/m^3 auf. Aufgrund der kleinen Partikel-Stokeszahl (siehe Abschnitt 3.5.1) von maximal 0,06 können die Partikel der Strömung hinreichend gut folgen und die Bewegung des Wassers wiedergeben. Aus einem Versorgungsbehälter mit einem Fassungsvermögen von 1000 Litern fließt das Wasser in den Düsenkörper. Vor dem Eintritt in die Düse befindet sich ein Strömungsgleichrichter, um die Strömung zu parallelisieren. Über den Drosselschieber und die Wasserhöhe im Tank lässt sich die Durchflussmenge in der Düse und somit auch der Wasserdruck am Spritzlocheingang regeln. Bei Betriebsdrücken ab 20 mbar treten Druckschwankungen von maximal 1% auf. Diese werden durch die Pumpe und damit verbundenen Wasserschwankungen im Tank verursacht. Die für das hydro-erosive Verrunden relevanten Betriebsdrücke zwischen 0,5 und 7 mbar am Spritzlocheinlass unterliegen keiner messbaren Schwankung.

4.1.2. Reynoldsähnlichkeit

Eine optische Untersuchung des Strömungsfelds der 7-Loch-Düse in Originalgröße ist wegen der kleinen Abmessungen von nur wenigen Millimetern praktisch nicht möglich. Anstelle dessen wurde die Originaldüse im Maßstab 65,32 : 1 vergrößert. Um Rückschlüsse auf die Strömungsverhältnisse im Original ziehen zu können, wird das Prinzip der strömungsmechanischen Ähnlichkeit angewandt [53, 153, 154]. Die Strömungsfelder unterscheiden sich nicht, wenn das Verhältnis zwischen Trägheit zur Reibung gleich groß ist. Die Reynoldszahl beschreibt dieses Verhältnis und ist mit

$$Re = \frac{u_{mittel} D}{\nu} \tag{4.1.1}$$

definiert, wobei die über die Auslassfläche des Spritzlochs gemittelte Geschwindigkeit mit u_{mittel}, der Rohrdurchmesser mit D und die kinematischen Viskosität mit ν symbolisiert ist. Es muss für die Reynoldsähnlichkeit gelten:

$$Re_{Modell} = Re_{Original}. \tag{4.1.2}$$

Durch das Gleichsetzen der Reynoldszahlen ergeben sich die Maßstabsfaktoren des Modells (siehe Tabelle 4.1.1) mit deren Hilfe auf die Strömungsgrößen in der Originaldüse geschlossen werden kann:

$$\frac{U_{Modell}\, D_{Modell}}{\nu_{Modell}} = \frac{U_{Original}\, D_{Original}}{\nu_{Original}}. \tag{4.1.3}$$

Längenmaßstab	Geschwindigkeitsmaßstab	Zeitmaßstab	Druckmaßstab	Volumenstrommaßstab
65,32	$7{,}66 \cdot 10^{-3}$	8533	$7{,}3 \cdot 10^{-5}$	32,66

Tabelle 4.1.1.: Maßstabsfaktoren des Großmodells.

Es können an einem Großmodell nicht alle Kennzahlen eingehalten werden. So wird die Eulerzahl

$$Eu = \frac{2\Delta P}{\rho_f u_f^2} \tag{4.1.4}$$

in diesem Fall nicht eingehalten, die bei kavitierenden Strömungen relevant ist [106]. Hierbei bezeichnet ΔP die Druckdifferenz im betrachteten System. Bei der verwendeten Düse tritt sowohl in Originalgröße als auch im Großmodell keine Kavitation auf, so dass die Eulerzahl hier nicht relevant ist.

4.2. LDA Messsystem

Bei der LDA handelt es sich um ein berührungsloses, laseroptisches Messverfahren, das die Geschwindigkeit des Strömungsfelds misst (siehe Abbildung 4.3).

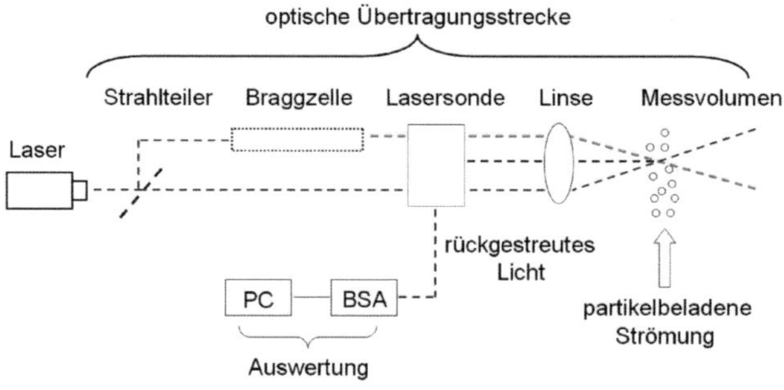

Abbildung 4.3.: Prinzipieller LDA Aufbau: Zwei Laser koppeln für jede Strömungsrichtung je zwei Laserstrahlen unterschiedlicher Frequenz aus. Eine Sonde am Laser fokussiert dann die jeweiligen Strahlen in einem kleinen Bereich, welcher das Messvolumen darstellt.

Durch eine geeignete optische Konfiguration kann mit einer hohen räumlichen und zeitlichen Auflösung die Geschwindigkeit eines Fluids ermittelt werden. Der in dieser Arbeit verwendete Argon-Ionen Laser des Herstellers TSI [155] basiert auf dem Differenzstrahlverfahren und ist für Geschwindigkeitsmessungen in zwei Raumrichtungen nutzbar. Das Funktionsprinzip beruht auf einem kontinuierlichen Laserstrahl, der in zwei Teilstrahlen aufgespalten wird. Einer der beiden Teilstrahlen wird mittels eines opto-akustischen Modulators (Bragg-Zelle) eine Frequenzverschiebung aufgeprägt. Die beiden Laserstrahlen werden in Lichtwellenleiter eingekoppelt und zur Sende- und Empfangseinheit, der Lasersonde, geführt. Durch Überlagerung der zuvor geteilten Laserstrahlen bildet sich an deren Schnittpunkt ein streifenförmiges Interferenzmuster aus. Aufgrund des um die Shiftfrequenz veränderten Teilstrahls durchlaufen die Interferenzstreifen mit einer Driftgeschwindigkeit das Messvolumen, was eine Richtungsempfindlichkeit bewirkt. Bewegt sich ein „Tracer-particle“ durch das Messvolumen, so sendet es ein oszillierendes Signal in alle Raumrichtungen aus. Die Lichtstreuung am Partikel kann mit der Mie-Streuung [156] beschrieben werden. Hierbei hängt die Intensität des rückgestreuten Lichts sehr stark vom Durchmesser der verwendeten „Tracer-particle“ und vom Ort des Empfängers ab. Die Rückstreuung sollte so erfolgen, dass ausschließlich Streulicht aus dem Überlagerungsbereich der beiden Teilstrahlen zum Photodetektor gelangt. Das vom Photomultiplier empfangene Lichtsignal wird als elektrisches Signal an den „Burst-Spectrum-Analyzer“ (BSA) übergeben. Diese Auswerteeinheit enthält elektronische Filter und Verstärker, die eine weitgehende Kompensation der Hintergrundanteile verrauschter Signale ermöglichen. Das hochfrequente Zeitsignal wird mittels einer Fouriertransformation in ein Frequenzsignal umgewandelt und über Korrelationen ausgewertet. Die Grundlagen über das LDA Verfahren finden sich in der Literatur [157, 158, 159] wieder. Die zusätzliche Detektion des Partikeldurchmessers ist über das erweiterte LDA Verfahren, dem „Phase-Doppler-Anemometrie“, möglich, das unter anderem bei Gillandt et al. beschrieben ist [157]. In dieser Arbeit ist der Partikeldurchmesser nicht von Bedeutung, so dass hier das LDA Verfahren angewendet wird.

4.2.1. Kalibrierung des LDA Systems

Aus Gründen der optischen Zugänglichkeit kann die Lasersonde nicht senkrecht zur Plexiglaswand positioniert werden, da der optische Zugang in dieser Konfiguration stets von anderen Spritzlöchern verdeckt ist. Deshalb wird die Sonde in einem Winkel von ca. 10° relativ zur Kanalwand verkippt (siehe Abbildung 4.4).

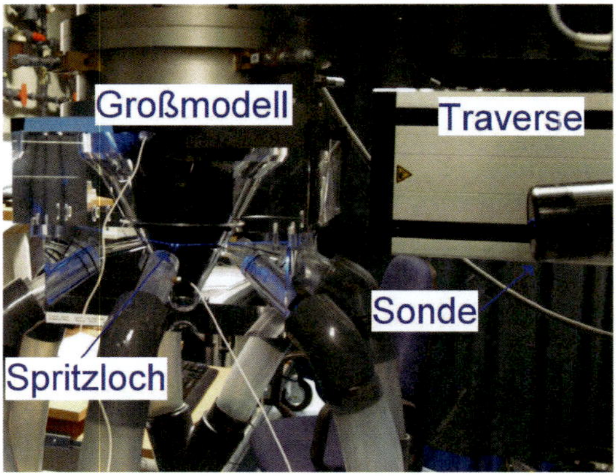

Abbildung 4.4.: Positionierung des 2D LDA Messsystems am Plexiglas-Düsengroßmodell. Die blauen Laserstrahlen werden am Plexiglaskörper aufgrund der unterschiedlichen Brechungsindizes zwischen Luft und Plexiglas gebrochen. Der Durchmesser der Sonde beträgt 18,3 mm.

Auf Grund der Schrägstellung der Lasersonde und den daraus resultierenden Auftreffwinkeln schneiden sich die vier Teilstrahlen nicht an gleicher Stelle im Spritzloch. Dieser Zusammenhang ist in Abbildung 4.5

schematisch skizziert. Dies hat zur Folge, dass auf der Spritzlochachse die beiden Messvolumina um bis zu 1,8 mm räumlich voneinander getrennt ausgebildet werden. Mittels des optischen Brechungsgesetzes [160] lässt sich die Lage der Messpunkte bei einer bestimmten Position der Lasersonde berechnen. Die Position kann mit einer computergesteuerten Traverse auf bis zu 10 μm genau positioniert werden. Unter der Verwendung eines entwickelten Matlab-Programms kann die Position der Traverse berechnet werden, um einen vorgegebenen Messpunkt im Spritzloch anzufahren.

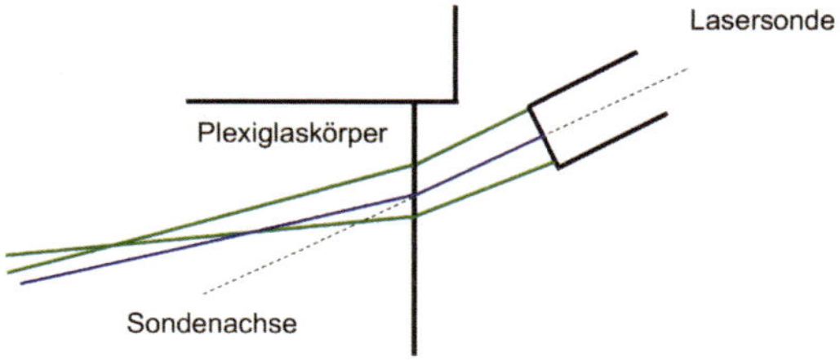

Abbildung 4.5.: Die Schrägstellung der Lasersonde führt zu unterschiedlichen Positionen der beiden Messvolumina.

4.3. 3D PIV Messsystem

Das 3D PIV Verfahren [152, 161] ist wie das LDA Verfahren eine indirekte optische Messmethode und erlaubt eine nichtinvasive Bestimmung momentaner Geschwindigkeitsvektoren in einer Strömungsebene. Den schematischen Aufbau dieses Systems zeigt Abbildung 4.6 für den vereinfachten 2D Fall.

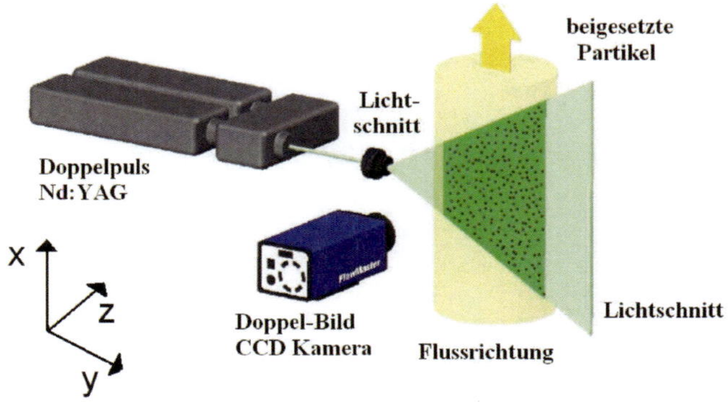

Abbildung 4.6.: Schematische Darstellung eines 2D PIV Messsystems. Die Lichtstreuung, der sich im Lichtschnitt befindenden „Tracer-particle“, wird von einer „Highspeed“ CCD-Kamera detektiert und auf dem Messrechner über eine Fast-Fourier Transformation ausgewertet [161].

Je nach verwendetem System ist eine dreidimensionale Geschwindigkeitsbestimmung möglich. Das Prinzip der PIV Messtechnik beruht dabei auf der physikalischen Definition der Geschwindigkeit als Quotient von zurückgelegter Wegstrecke und Zeitintervall. Eine ausgewählte Strömungsebene wird dabei mit einem gepulsten „Nd:YAG“ Laser für wenige Nanosekunden ausgeleuchtet. Der Versatz von vielen lichtreflektierenden Partikeln wird mit einer geeigneten CCD-Kamera aufgenommen, indem die beiden Kameras in kurzem zeitlichem Abstand von bis zu 1 μs zweimal ein Bild aufnehmen. Die Partikelensembles werden zu den beiden aufeinander folgenden Zeitpunkten auf zwei getrennten Bildern des Kamerasensors aufgenommen und abgespeichert. Ein Partikelensemble ist dabei über den Bereich des Auswertefensters definiert [152]. In dieser Arbeit werden die Partikelbilder in gleichverteilte 128 mal 128 große Fenster unterteilt, wodurch 128 mal 128 Geschwindigkeitsvektoren pro Bildpaar berechnet werden. Über eine Fast-Fourier Transformation (FFT) lassen sich die Partikel in den beiden Bildern über eine Korrelationsformel [152] einander zuordnen. Somit können aufgrund des zeitlichen Abstands der Bilder und den Versatz der beiden Partikelschwerpunkte die Partikelgeschwindigkeiten ermittelt werden. Die Kamerapositionen für die dreidimensionale Detektion des Geschwindigkeitsfelds werden in Abbildung 4.7 skizziert.

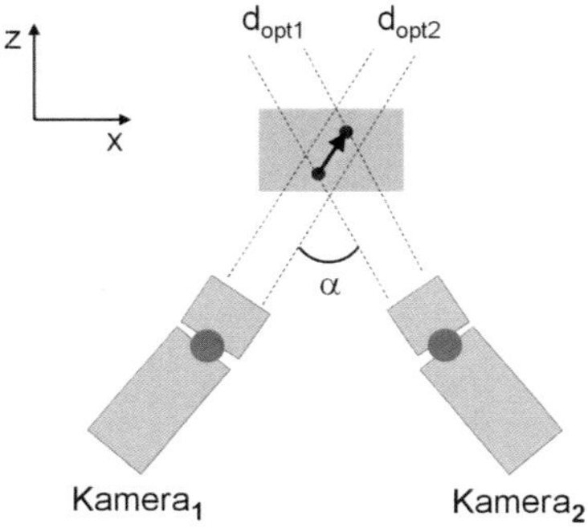

Abbildung 4.7.: Positionierung der beiden Kameras beim 3D PIV Verfahren. Die stereographische Projektion der beiden Kameras ermöglicht die Bestimmung eines dreidimensionalen Geschwindigkeitsfelds im Spritzloch.

Die unter dem Winkel α zueinander verdrehten Kameras detektieren jeweils einen anderen optischen Abstand d_{opt1} bzw. d_{opt2}, die sich aufgrund der stereographischen Projektion der beiden Kameras ergeben. Ein typisches Partikelbild einer Kamera zeigt Abbildung 4.8.

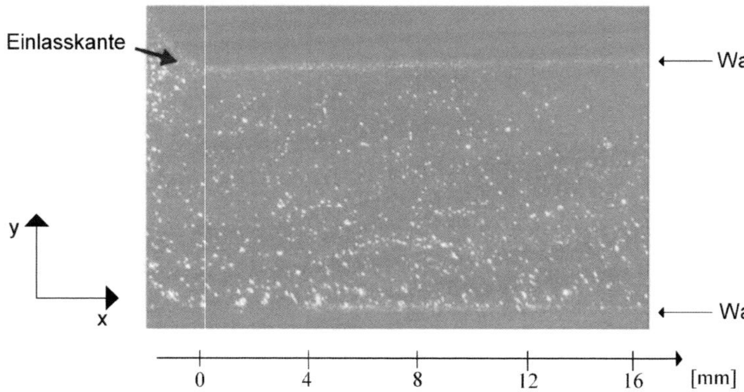

Abbildung 4.8.: Partikelaufnahme mittels einer CCD-Kamera.

Zur Durchführung der 3D PIV Messungen werden als „Tracer-particle“ die gleichen Glashohlkugeln verwendet, wie sie auch bei der 2D LDA zum Einsatz kommen. Generell ist beim 3D PIV Verfahren eine höhere Partikeldichte notwendig, um eine angemessene Auflösung der Strömung zu erreichen. LaVision [101] schlägt eine Anzahl von wenigstens 4 Partikel pro Auswertefenster vor. Die Partikeldichte wird aus diesem Grund im Vergleich zur LDA Messung um einen Faktor 3 erhöht.

4.3.1. Kalibrierung des PIV Systems

Prinzipiell müssen sowohl 2D als auch 3D PIV Systeme kalibriert werden. Auf Grund der vorherrschenden optischen Verzerrungen im Spritzloch wird eine Kalibrierplatte konzipiert, die es erlaubt, das System für ausgewählte Ebenen der Strömung für alle Raumrichtungen zu kalibrieren. In ein schwarz eloxiertes Aluminiumplättchen werden kleine Markierungen in wohldefinierten Abständen gefräst. Zur Kalibrierung der drei Raumrichtungen besteht die Platte aus zwei Ebenen. Die Markierungen befinden sich sowohl in der Mitte der Nuten als auch in der Mitte der Vertiefungen. Die Firma LaVision schlägt für Markierungsdurchmesser und Markierungsabstände folgende Kriterien vor:

- Markierungsdurchmesser: 10 mal Pixelgröße
- Markierungsabstand: 5 mal Markierungsdurchmesser.

Der Markierungsabstand beträgt $44\,\mu m$ und der Markierungsdurchmesser $22\,\mu\mathrm{m}$. Durch die eloxierte Oberfläche und den bis zum Aluminium aufgefrästen Markierungen entsteht ein Kontrast zwischen Markierung und Umgebung, der von den Kameras gut wahrgenommen werden kann. Die Abmessungen der Kalibrierplatte werden so gewählt, dass sie auch noch an der Stelle $z = \pm 2\,\mathrm{mm}$ im Spritzloch platziert werden kann. Die Platte ist auf einer Länge von 9mm und einer Breite von 7,48 mm mit insgesamt 179 Markierungen versehen. Die Ebenenhöhe beträgt 0,3 mm.

Zur Platzierung der Kalibrierplatte im Spritzloch ist diese an einer ca. 60 mm langen Halterung befestigt, um die Platte bis hin zum Spritzlocheingang verschieben zu können. Die Halterung ist aus 2 Teilen aufgebaut, wobei sich beide Teile beim Anziehen einer inneren Schraube keilförmig ineinander ziehen. Dabei vergrößert sich der Durchmesser der Halterung und die Kalibrierplatte kann im Spritzloch fixiert werden. Mit Unterlegplättchen kann die Kalibrierplatte an praktisch jede Position im Spritzloch bis $z = \pm 2\,\mathrm{mm}$ verschoben werden. Seitlich wurde die anfangs runde Halterung abgefräst, um bei der Kalibrierung einen Durchfluss des Fluids zu gewährleisten. Dies reduziert die Ansammlung von Luftblasen auf der Platte erheblich. Die Luftblasen verhindern eine optimale Kalibrierung des Systems, da durch die unterschiedlichen Brechungsindizes von Wasser und Luft die Kalibrierplatte und damit auch die wohldefinierten Abstände der Markierungen verzerrt dargestellt werden. Die Abbildung 4.9 zeigt die Halterung samt Kalibrierplatte.

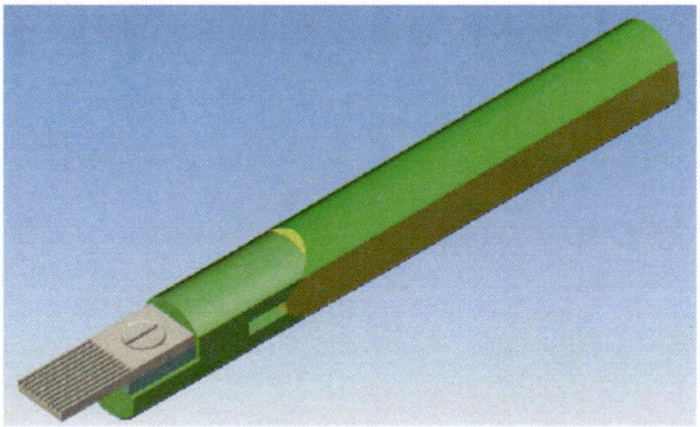

Abbildung 4.9.: Maske (grau) und Maskenhalter (grün) für die Kalibrierung der Messebene im Spritzloch. Die Breite der Maske beträgt 8,6 mm.

Die Software von LaVision bietet einen Kalibrierdialog an, mit dessen Hilfe das System für verschiedene Anwendungen und Kamerastellungen kalibriert werden kann. Während des Kalibriervorgangs werden die Markierungen vom System mit einem Polynom dritten Grades angenähert und die bestehenden Verzerrungen erfasst. Dabei interpoliert das System über die Kalibrierplatte hinaus, so dass auch in den wandnahen Regionen eine verzerrungsfreie Abbildung angenommen werden kann. Die Fotografie in Abbildung 4.10 zeigt die Kalibrierplatte während dieses Vorgangs. Die grün gekennzeichneten Markierungen stellen dabei die Punkte dar, die vom System erkannt werden konnten.

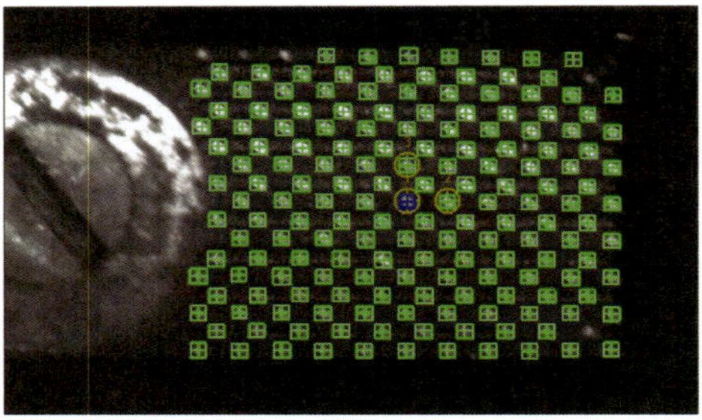

Abbildung 4.10.: Verwendete Maske im Spritzloch. Die grünen Kästchen definieren die von der Software erkannten Markierungen auf der Maske.

Die Abbildung 4.11 zeigt das entzerrte Bild nach der Kalibrierung. Ein Raster verdeutlicht, dass alle Markierungen die gleichen Abstände zueinander besitzen und das Bild praktisch entzerrt ist.

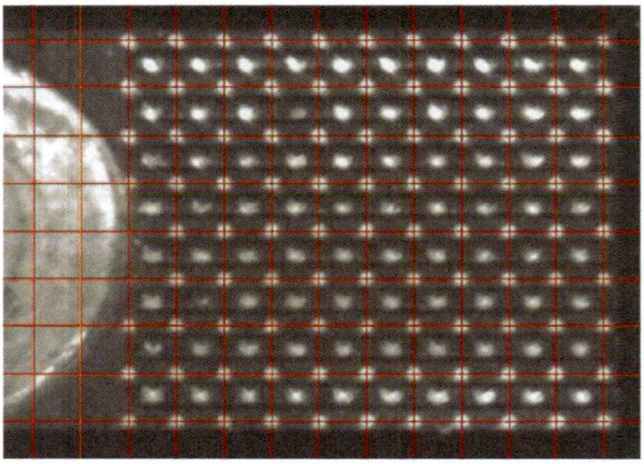

Abbildung 4.11.: Entzerrtes Bild von der Maske im Spritzloch. Die Entzerrung der Punkte ermöglicht eine Korrektur der optischen Brechungen am Plexiglas-Luft und Plexiglas-Wasser Übergang.

In dieser Abbildung wird auf die Markierungen der oberen Ebene fokussiert, so dass die Markierungen in den Vertiefungen leicht verschwommen erscheinen. Ein Maß für die Güte der Kalibrierung ist die mittlere Abweichung der Markierung von dem gezeigten Raster. Als Kriterium wird vom Hersteller eine Standardabweichung von $\sigma \leq 1{,}0 - 1{,}5$ Pixel für eine gute Kalibrierung vorgeschlagen. In den meisten Fällen konnte ein Wert um 1,1 erreicht werden.

Die Schwierigkeit bei der Kalibrierung liegt darin, den Lichtschnitt an der gleichen Position im Spritzloch zu fixieren, für die das System kalibriert wurde. Dies ist mit einer Justiergenauigkeit von etwa $\pm 0{,}1\,\mathrm{mm}$ möglich. Um diesen Versatz auszugleichen, bietet die Software eine Selbstkalibrierungsfunktion, mit deren Hilfe diese Justierungenauigkeit in gewissen Grenzen ausgeglichen werden kann.

4.4. Berechnungsmodell und Validierung

Für die Berechnung der Strömungsfelder werden die Kontinuitäts- und Impulsgleichungen für die Fluidphase (siehe Kapitel 3.3) mittels dem kommerziellen finiten Volumen Löser ANSYS CFX11 [28] gelöst. Den turbulenten Anteil in der Impulsgleichung wird mit dem „scale-adaptive Simulation" (SAS) Modell und dem LES-WALE Modell, welche im Kapitel 3.2.2 vorgestellt wurden, berechnet. Die Courantzahl, die in Gleichung 2.2.20 definiert wurde, beträgt für alle Simulationen bei der Verwendung des SAS Modells maximal 0,8 und maximal 0,2 bei der Verwendung des LES-WALE Modells. Für jede Simulation muss somit die Zeitschrittweite Δt so gewählt werden, dass die maximale Courantzahl nicht überschritten wird. Die Gitterauflösung der Düse wird nach der Rohr-Reynoldszahl so angepasst, dass sich ein maximaler y_+ Wert von eins einstellt und sich mindestens 10 Zellen in der Grenzschicht befinden. Die Gitterqualität bezüglich der Winkel- und Kantenlängen-Verhältnisse der Volumenzellen ist dabei immer (gemäß den aus der Literatur bekannten Anforderungen [162]) konstant gehalten. Abbildung 4.12 zeigt die Geometrie der Düse, die aufgrund der Symmetrie zwischen den einzelnen Spritzlöchern nur aus einem Spritzloch besteht.

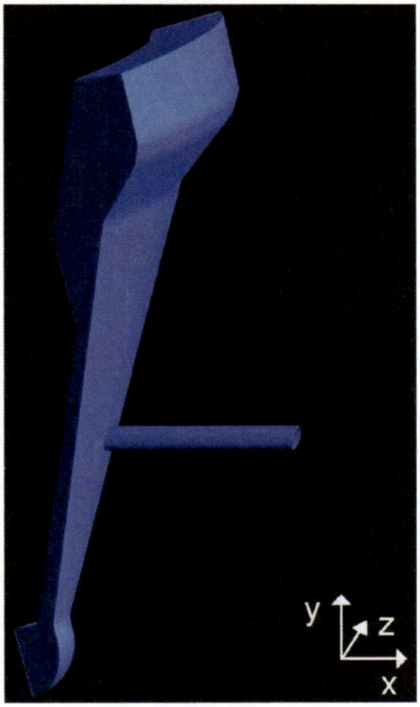

Abbildung 4.12.: Geometrie der Düse in der Simulation. Aufgrund der Symmetrie der Spritzlöcher untereinander muss nur $\frac{1}{7}$-tel der kompletten 7-Spritzloch Düse berechnet werden. Der Durchmesser des Spritzlochs beträgt 8,6 mm.

Die Vernetzung der Düsenwand ist bei der Rohr-Reynoldszahl von 15.000 in der Abbildung 4.13 dargestellt. Diese Rohr-Reynoldszahl stellt einen mittleren Betriebspunkt bei der Einspritzung dar. Bei dieser hohen Rohr-Reynoldszahl sind die Wirbelsysteme komplexer und strukturierter. Dies geht aus dem Verhalten der Energieproduktion und Dissipation hervor [133]. Somit ist für die Bestimmung der Genauigkeit des Messsystems eine große Rohr-Reynoldszahl wünschenswert. Deshalb wurde zunächst bei der hohen Rohr-Reynoldszahl von 15.000 das 3D PIV und 2D LDA System aufgebaut. Mit dem aufgebauten 3D PIV System werden dann die für das hydro-erosive Verrunden interessanten Rohr-Reynoldszahlen vom schwach turbulenten bis hin zum laminaren Bereich untersucht.

In diesem Kapitel werden die experimentellen Ergebnisse mit den numerischen Simulationen verglichen. Es wird der laminare, der transiente und der voll turbulente Reynoldszahlbereich im Hinblick auf die

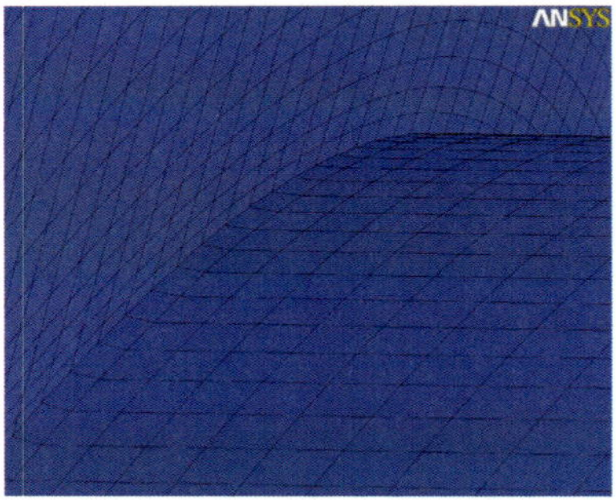

Abbildung 4.13.: Gitterauflösung an der Einlasskante. Die kleinste im Bild sichtbare Kantenlänge einer Gitterzelle beträgt 1,2 μm.

Geschwindigkeitsprofile sowie der turbulenten Schwankung (TS) zwischen der Simulation und der Messung verglichen. Die turbulente Schwankung ist definiert als die Varianz der gemessenen Geschwindigkeiten $\tilde{\mathbf{u}} = (\tilde{u}, \tilde{v}, \tilde{w})^t$ im Messvolumen (MV) über eine bestimmte Messzeit Δt:

$$TS = \sum_{x \in MV} \sum_{t=0}^{\Delta t} (\mathbf{u}(\mathbf{t}, \mathbf{x}) - \tilde{\mathbf{u}}(\mathbf{t}, \mathbf{x}))^2 . \tag{4.4.1}$$

Hierbei wird das arithmetische Mittel der gemessenen Geschwindigkeit mit $\mathbf{u}$ bezeichnet. Das Messvolumen bei der 3D PIV Messung und bei den Simulationen beträgt $MV = \Delta x\ \Delta y\ \Delta z = 0{,}15 \cdot 0{,}15 \cdot 0{,}5\,\text{mm}^3$. Bei der 2D LDA Messung ist das maximale Messvolumen $MV = \Delta x\ \Delta y\ \Delta z = 0{,}1 \cdot 0{,}1 \cdot 1{,}1\,\text{mm}^3$. In den folgenden dargestellten Messungen wird die Varianz stets über mindestens 500 Zeitschritte pro Messvolumen bestimmt. In der Simulation wird die turbulente Schwankung über das gleiche Messvolumen wie in der 3D PIV Messung berechnet. Die Zeitspanne Δt beträgt in der Messung 50 s und in der Simulation 10 ms. In der Simulation wie im Experiment wird sowohl der Einfluss der Größe des Messvolumens als auch die Dynamik der Wirbel im Spritzloch gleichermaßen zwischen dem Experiment und der Simulation berücksichtigt. Dies wird durch die relativ zur Systemzeit große Zeitspanne in der Simulation sowie das gleiche Messvolumen im Experiment und in der Simulation realisiert. Im Spritzloch wird das Strömungsfeld in der Mitte der Spritzlochachse an der Position $z = 0$ mm und versetzt zur Spritzlochachse an der Position $z = -2$ mm untersucht. Zur Übersicht der Strömungssituation wird für jeden Rohr-Reynoldszahl Bereich zuerst ein Konturplot der Geschwindigkeit in Hauptströmungsrichtung über das gesamte Spritzloch an der Stelle $z = 0$ mm präsentiert. Da in der Messung nur der Einlassbereich optisch erfasst wurde, wird zur Veranschaulichung die LES-WALE Simulation über den gesamten Spritzlochbereich dargestellt.
Für alle Rohr-Reynoldszahl Bereiche wird zudem das stark von der Rohr-Reynoldszahl abhängige Wirbelsystem im Spritzloch visualisiert. In Abhängigkeit von der Rotationsenergie wird ein Wirbelsystem im Spritzloch erzeugt. Aufgrund der Helmholtzschen Wirbelgesetze [163] drehen sich die Wirbel paarweise in entgegengesetzter Richtung. Die auftretenden Wirbel im Spritzloch sind von zentraler Bedeutung für das hydro-erosive Verrunden, da der Gradient der Strömung in Wandnähe einen starken Einfluss auf die Erosion an der Wand besitzt.

4.4.1. Voll turbulenter Bereich

Die Rohr-Reynoldszahl beträgt im voll turbulenten Bereich 15.000. In diesem Bereich sind kleinste Wirbelstrukturen zu erkennen, die ein hohes optisches Auflösungsvermögen der Kameras im Experiment erfordern. Hierbei lässt sich das Messsystem am besten kalibrieren. Abbildung 4.14 illustriert die momentane Geschwindigkeit $\tilde{u}$, die in Hauptströmungsrichtung x zeigt, nach 20.000 Zeititerationen der LES-WALE Simulation in der Mitte der Spritzlochs an der Stelle $z = 0\,\text{mm}$. Die Anzahl der Fluidknoten beträgt 4,5 Millionen. Es ist ein ausgeprägtes Rezirkulationsgebiet an der oberen Einlasskante zu erkennen.

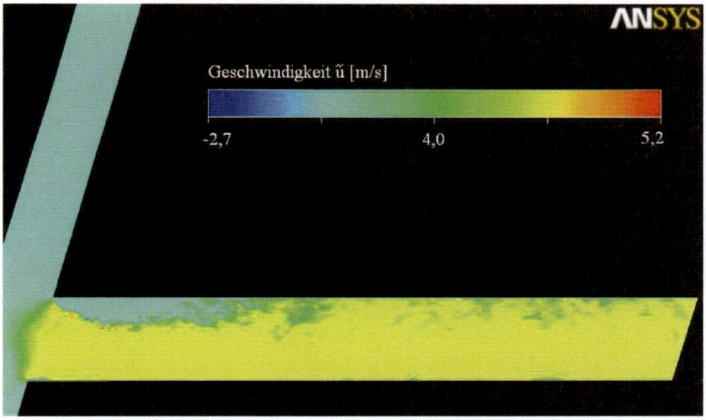

Abbildung 4.14.: Momentane Geschwindigkeit $\tilde{u}$, welche in Hauptströmungsrichtung x zeigt, nach 20.000 Zeititerationen der LES-WALE Simulation in der $xy-$Ebene an der Stelle $z = 0\,\text{mm}$.

In Abbildung 4.15 ist die turbulente Schwankung (siehe Gleichung 4.4.1) aus den Messungen und Simulationen an der Stelle $x = 6\,\text{mm}$ und $z = 0\,\text{mm}$ präsentiert.

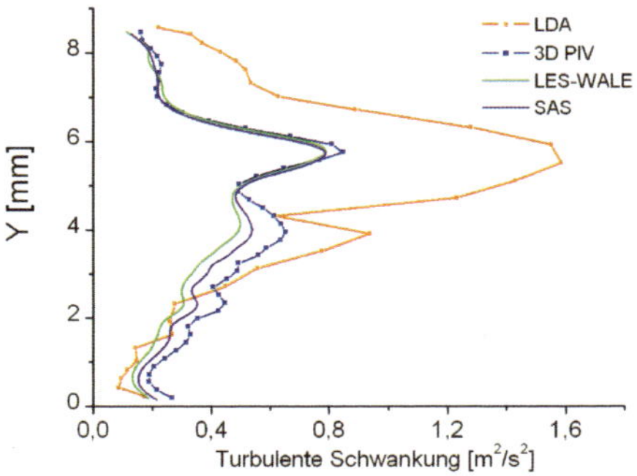

Abbildung 4.15.: Vergleich der turbulenten Schwankung zwischen den Messungen und den Simulationen nach 20.000 Zeititerationen an der Position $x = 6\,\text{mm}$ und $z = 0\,\text{mm}$. In der Messung werden die Werte stets über 500 Bilder berechnet und in der Simulation über das Zeitintervall von 10 ms bestimmt.

In der Simulation wird hierbei über die Messbreite von $\Delta z = 0{,}5\,\text{mm}$ die turbulente Schwankung ermittelt. Dieses Messvolumen entspricht genau dem Messvolumen des 3D PIV Verfahrens. Aufgrund des kleinen Kreuzungswinkels der LDA Strahlen im Messvolumen beträgt die Messtiefe beim LDA Verfahren bis zu 1,1 mm und ist dabei von der Position im Spritzloch abhängig (siehe Kapitel 4.2). Da alle Geschwindigkeiten über die gesamte Messtiefe erfasst werden, führt dies zu einer hohen turbulenten Schwankung beim LDA Verfahren. Das 3D PIV Verfahren stimmt sehr gut mit den SAS und LES-WALE Berechnungen überein. Für die Veranschaulichung des Strömungsverlaufs wird in Abbildung 4.16 die gemittelte Geschwindigkeit u aus der LES-WALE Simulation an der Stelle $z = 0\,\text{mm}$ gezeigt.

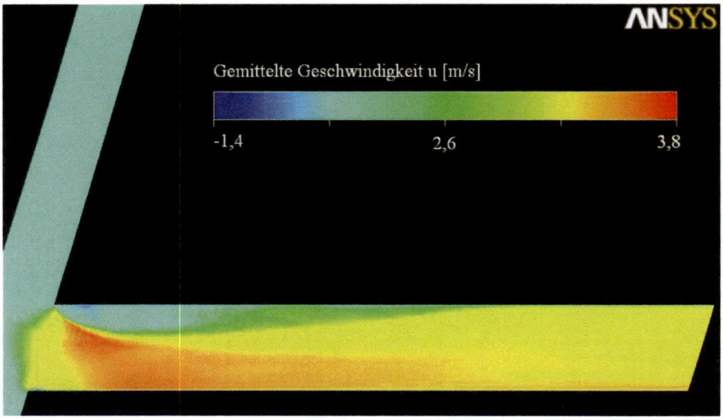

Abbildung 4.16.: Gemittelte Geschwindigkeit u nach 20.000 Zeititerationen der LES-WALE Simulation in der xy−Ebene des Spritzlochs (an der Position $z = 0\,\text{mm}$).

Der quantitative Vergleich zwischen der gemittelten Geschwindigkeit u erfolgt in den folgenden beiden Abbildungen an der Spritzlochposition $x = 6\,\text{mm}$ (Abbildung 4.17) und $x = 10\,\text{mm}$ (Abbildung 4.18).

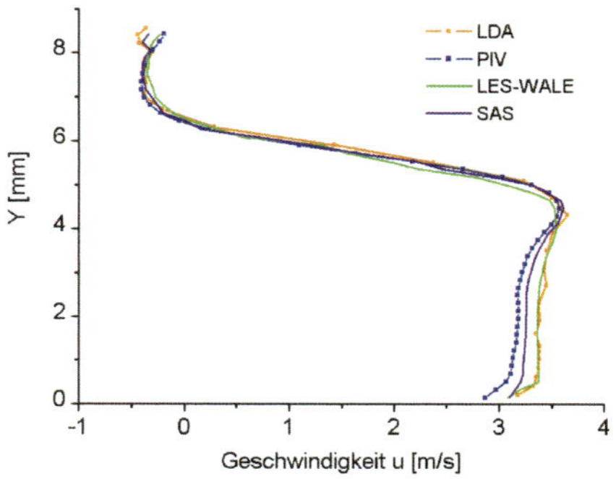

Abbildung 4.17.: Gemittelte Geschwindigkeit u aus den Simulationen und Messungen. Vergleich der LES-WALE Simulation, der SAS Simulation, der 2D LDA Messung und der 3D PIV Messung an der Position $x = 6\,\text{mm}$ und $z = 0\,\text{mm}$.

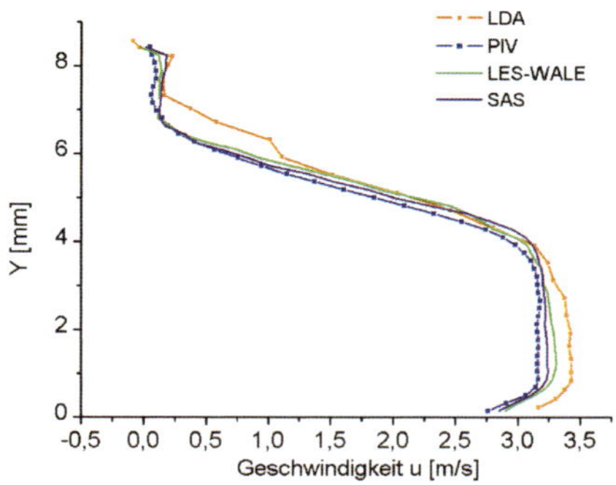

Abbildung 4.18.: Gemittelte Geschwindigkeit u aus den Simulationen und Messungen. Vergleich der LES-WALE Simulation, der SAS Simulation, der 2D LDA Messung und der 3D PIV Messung an der Position $x = 10\,\text{mm}$ und $z = 0\,\text{mm}$.

Beide Positionen im Spritzloch zeigen, dass die wandfernen Messpunkte sehr gut mit der Messung übereinstimmen. Nur das LDA Verfahren zeigt in Abbildung 4.18 eine deutliche Abweichung der gemittelten Geschwindigkeitskomponente u im Spritzlochbereich zwischen der Position $y = 6$ und $y = 7\,\text{mm}$. Das LDA Verfahren berechnet tendenziell eine größere Geschwindigkeitskomponente u. Dieses Phänomen wird durch den sogenannten Bias Effekt erklärt [164]. Der Bias Effekt entsteht durch eine statistisch bedingte höhere Wichtung der hohen Geschwindigkeitsanteile, weil im LDA Messvolumen die großen Geschwindigkeiten öfter als die kleinen Geschwindigkeiten detektiert werden.

Ein qualitativer Vergleich zwischen den Simulationen und Messungen stellt Abbildung 4.19 dar. Es wird die gemittelte Geschwindigkeit u in der Nähe der Einlasskante an der Stelle $z = 0\,\text{mm}$ aus den LDA und PIV Messungen gezeigt und mit den LES-WALE und SAS Simulationen verglichen. Die PIV Messung detektiert den Spritzlochbereich bis zur Spritzlochposition an der Stelle $x = 16\,\text{mm}$. Hingegen endet der Bereich der LDA Messung an der Position $x = 12\,\text{mm}$.

Sowohl die Simulationen als auch die Messungen zeigen sehr gut das Rückstromgebiet an der oberen Einlasskante des Spritzlochs. Die Form und Länge des Rückstromgebiets aus der Simulation stimmt qualitativ mit den Messungen überein. Es zu erkennen, dass das Rückstromgebiet aus der SAS Simulation etwas länger ist als das der Messungen oder der LES-WALE Simulation. Dies resultiert aus der zu viel modellierten turbulenten Viskosität im Rückstromgebiet in der SAS Simulation. Dadurch wird zu viel kinetische Energie dissipiert, was zu geringen Geschwindigkeiten im Rückstromgebiet führt. Somit verlängert sich das Rückstromgebiet entlang der Spritzlochachse. Die Zeitschrittweite in der LES-WALE Simulation beträgt $0{,}2\,\mu\text{s}$, die bei der hier gewählten Gitterauflösung zu einer maximalen Courantzahl von 0,2 führt. Bei der Simulation mit dem SAS Turbulenzmodell wird eine Zeitschrittweite von $0{,}8\,\mu\text{s}$ verwendet, so dass sich eine maximale Courantzahl von 0,8 ergibt. Eine kleinere Zeitschrittweite sowohl in der LES-WALE als auch in der SAS Simulation führt zu keiner signifikanten Änderung der Strömungsprofile. Somit sind die hier angegebenen Zeitschrittweiten ausreichend klein genug.

Für eine quantitative Beschreibung des Wirbelsystems im Spritzloch wird die Geschwindigkeitskomponente u und die Geschwindigkeitskomponente w, welche in Richtung z zeigt, an der Position $z = 0\,\text{mm}$ und $z = -2\,\text{mm}$ in Abbildung 4.20 dargestellt.

In der Mitte des Spritzlochs an der Position $z = 0\,\text{mm}$ sind drei Vorzeichenwechsel in der Geschwindigkeitskomponente w zu erkennen. Dies erklären je zwei entgegengesetzt rotierende Wirbel für $z < 0\,\text{mm}$ und $z > 0\,\text{mm}$. Der untere Wirbel ist dabei größer als der obere Wirbel. Aus Gründen der Symmetrie müsste sich die Geschwindigkeit w in der Mitte des Spritzlochs zu 0 mitteln.

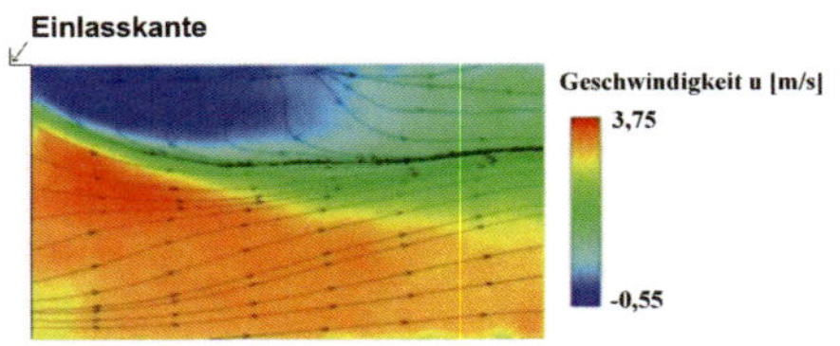

(a) Darstellung der PIV Messung: gemittelte Geschwindigkeit u (in Hauptströmungsrichtung) mit den Stromlinien in der Spritzlochebene.

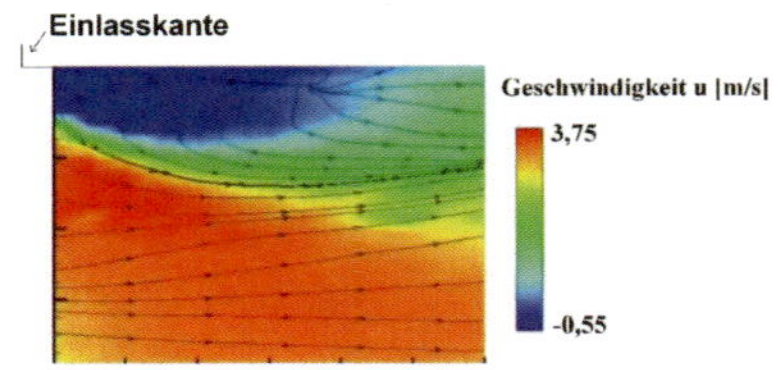

(b) Darstellung der LDA Messung: gemittelte Geschwindigkeit u mit den Stromlinien in der Spritzlochebene.

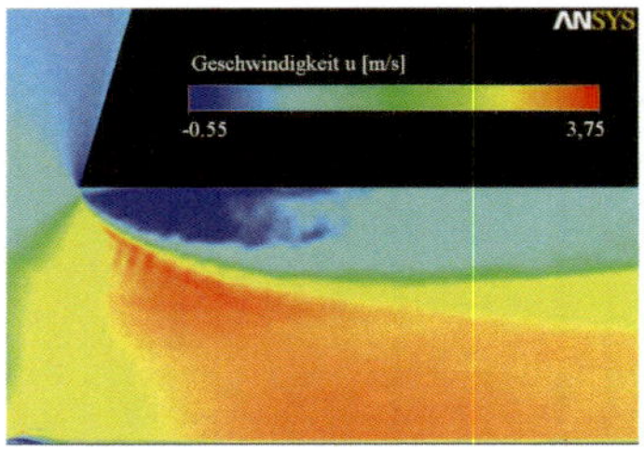

(c) Darstellung der gemittelten Geschwindigkeit u in der LES Simulation.

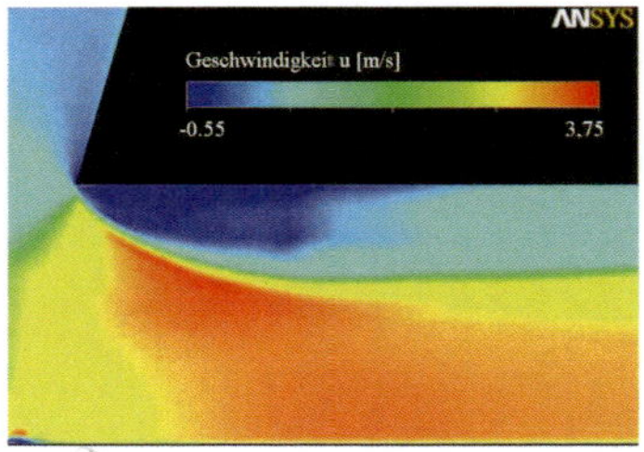

(d) Darstellung der gemittelten Geschwindigkeit u in der SAS Simulation.

Abbildung 4.19.: Gemittelte Geschwindigkeit u aus den Simulationen und Messungen. Vergleich der 3D PIV Messung (4.19(a)), der 2D LDA Messung (4.19(b)), der LES-WALE Simulation (4.19(c)) und der SAS Simulation (4.19(d)) in der xy–Ebene des Spritzlochs (an der Stelle $z = 0\,\text{mm}$).

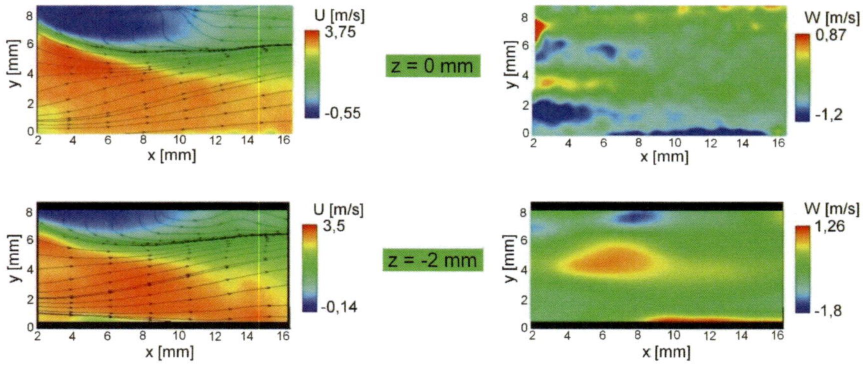

Abbildung 4.20.: Links: Gemittelte Geschwindigkeit u aus der 3D PIV Messung an der Stelle $z = 0\,\text{mm}$ und $z = -2\,\text{mm}$. Rechts: Gemittelte Geschwindigkeit w (in Richtung z) aus der 3D PIV Messung in der xy–Ebene des Spritzlochs (an der Stelle $z = 0\,\text{mm}$ und $z = -2\,\text{mm}$).

Jedoch ergibt sich aufgrund des nicht exakt justierbaren Lichtschnitts ($\pm 100\,\mu$m) eine kleine Asymmetrie. Des Weiteren kann das Spritzloch des Düsengroßmodells aufgrund des weichen Plexiglases eine Unrundheit existieren. Messungen ergaben, dass der Spritzlochdurchmesser an einer Position x im Spritzloch um bis zu $20\,\mu$m streuen kann. Anhand der gemittelten Geschwindigkeitskomponente u ist zu erkennen, dass an der Spritzlochposition $z = 0$ mm ein größeres Rückstromgebiet besteht als an der Position $z = -2$ mm. Zusammenfassend sind im Experiment vier Wirbel im Spritzloch zu erkennen. Die beiden großen Wirbel befinden sich unter den beiden kleineren Wirbeln, die sich im Bereich des Rückstromgebiets aufhalten.

In der Simulation ist es möglich, sich die signifikanten Wirbeln direkt in der xy-Ebene anzusehen. Abbildung 4.21 zeigt das Wirbelsystem an der Position $x = 10$ mm.

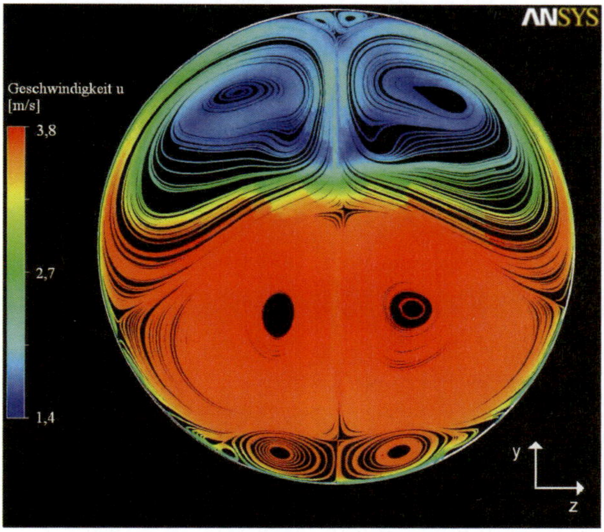

Abbildung 4.21.: Gemittelte Geschwindigkeit u in der yz-Ebene an der Position $x = 10$ mm. Es ist ein System aus acht Wirbeln zu beobachten.

Es sind zwei große Wirbel und zwei kleinere Wirbel zu sehen, die sich im Rückstromgebiet des Spritzlochs befinden. Diese Beobachtung stimmt mit der experimentellen Messung, wie zuvor erläutert, überein. Zusätzlich sind in der Simulation jeweils zwei kleinere Wirbelpaare zu erkennen, die von den vier größeren Wirbel angetrieben werden.

4.4.2. Schwach turbulenter Bereich

Der schwach turbulente Bereich bei der Rohr-Reynoldszahl von 2000 stellt den oberen Reynoldszahl Bereich beim HE-Runden dar. Die für das HE-Runden hohe Rohr-Reynoldszahl tritt bei Einspritzdüsen von NKW's auf. Die sich ausbildenden kleinskaligen turbulenten Wirbel werden in Abbildung 4.22 mittels eines Konturplots in der $xy-$Ebene (an der Stelle $z = 0\,\mathrm{mm}$) die momentane Geschwindigkeit $\tilde{u}$ präsentiert. Die Anzahl der Fluidknoten beträgt bei dieser Rohr-Reynoldszahl 1,8 Millionen.

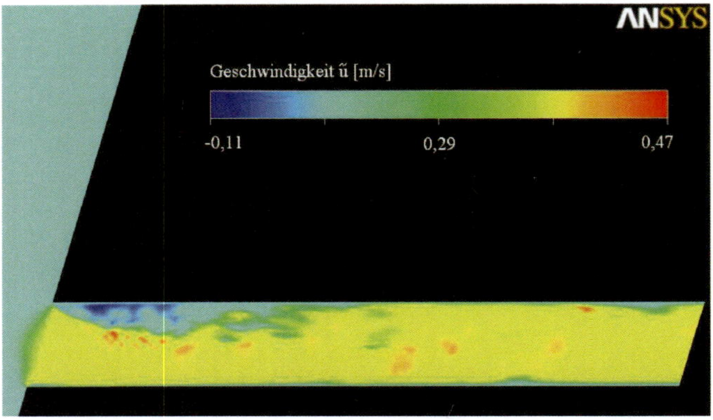

Abbildung 4.22.: Momentane Geschwindigkeit $\tilde{u}$ nach 20.000 Zeititerationen der LES-WALE Simulation in der $xy-$Ebene des Spritzlochs (an der Stelle $z = 0\,\mathrm{mm}$).

Das Strömungsfeld weißt gröbere Wirbelstrukturen als im vollturbulenten Bereich auf. In der Grenzschicht des Rückstromgebiets sind periodisch ablösende Wirbelstrukturen zu erkennen. In Abbildung 4.23 wird die turbulente Schwankung aus der Messung und den Simulationen an der Position $x = 6\,\mathrm{mm}$ und $z = 0\,\mathrm{mm}$ gezeigt.

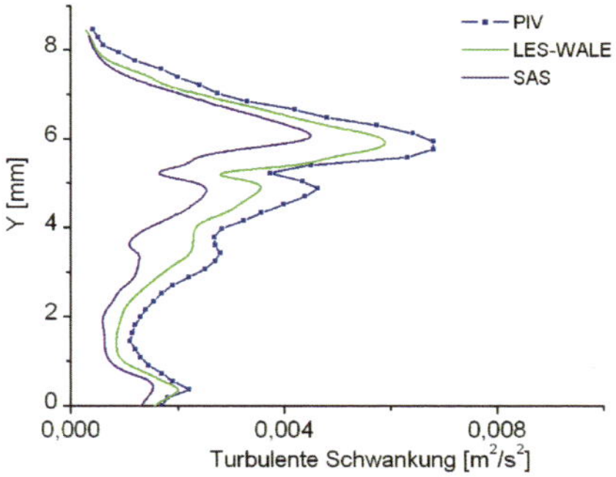

Abbildung 4.23.: Turbulente Schwankung nach 20.000 Zeititerationen in den Simulationen und im Experiment. Vergleich der LES-WALE Simulation, der SAS Simulation und der 3D PIV Messung an der Stelle $x = 6\,\mathrm{mm}$ und $z = 0\,\mathrm{mm}$.

In der SAS Simulation wird zu viel kinetische Energie dissipiert, wodurch die kinetische Energie und die zeitlichen Schwankungen in der Geschwindigkeit geringer sind als in der Messung. Die Simulation mit dem LES-WALE Modell bildet die turbulenten Schwankungen deutlich präziser ab.

Um das transiente Verhalten der Geschwindigkeit $\tilde{u}$ zu verdeutlichen, wird das Profil der gemittelten Geschwindigkeit u mit der momentanen Geschwindigkeit $\tilde{u}$ an der Position $x = 10\,\mathrm{mm}$ und $z = 0\,\mathrm{mm}$ in Abbildung 4.24 verglichen.

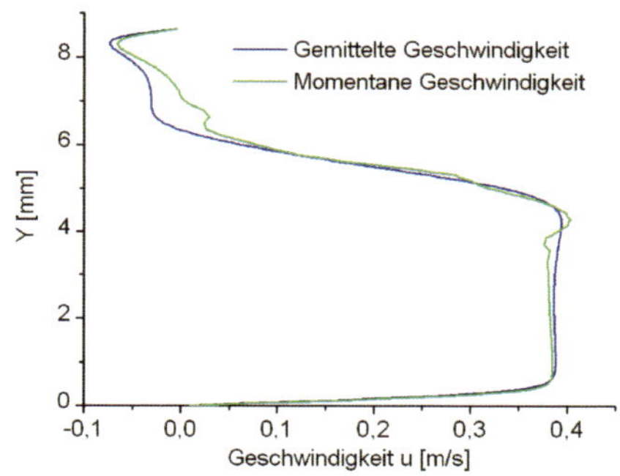

Abbildung 4.24.: Vergleich zwischen der momentanen und gemittelten Geschwindigkeit $\tilde{u}$ und u nach 20.000 Zeititerationen in der LES-WALE Simulation an der Stelle $x = 10\,\mathrm{mm}$ und $z = 0\,\mathrm{mm}$.

Es ist eine signifikante Abweichung besonders in der Nähe der oberen Spritzlochwand zu erkennen. Somit kann bei diesen Strömungsverhältnissen keine stationäre Lösung angenommen werden. Ein qualitativer Vergleich zwischen den gemittelten Geschwindigkeitsprofilen aus der PIV Messung und den beiden Simulationen an der Position $x = 6\,\mathrm{mm}$ und $z = 0\,\mathrm{mm}$ wird in Abbildung 4.25 dargestellt.

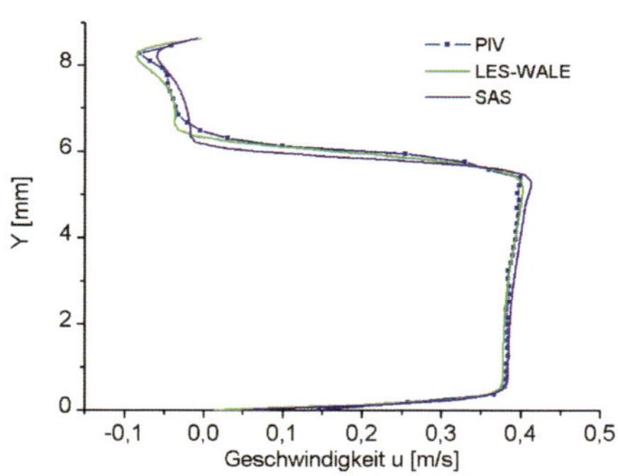

Abbildung 4.25.: Vergleich der gemittelten Geschwindigkeit u nach 20.000 Zeititerationen in den Simulationen mit der 3D PIV Messung an der Stelle $x = 6\,\mathrm{mm}$ und $z = 0\,\mathrm{mm}$.

Die Simulationsergebnisse stimmen sehr gut mit den Messergebnissen überein. Um den Transport der Strömung in Richtung zur Spritzlochwand darzustellen, wird in Abbildung 4.26 die Geschwindigkeit v, welche in y-Richtung zeigt, an der Position $x = 6\,\mathrm{mm}$ und $z = 0\,\mathrm{mm}$ illustriert.

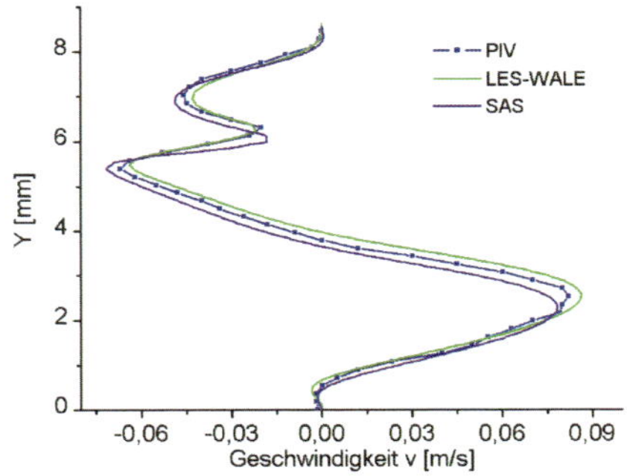

Abbildung 4.26.: Vergleich zwischen der gemittelten Geschwindigkeit v quer zur Hauptströmungsrichtung nach 20.000 Zeititerationen in der LES-WALE und SAS Simulation mit der 3D PIV Messung an der Stelle $x = 6\,\mathrm{mm}$ und $z = 0\,\mathrm{mm}$.

Es lassen sich große Geschwindigkeitsgradienten in der Strömung beobachten. Beide Turbulenzmodelle zeigen eine qualitative gute Übereinstimmung mit der PIV Messung.

Abbildung 4.27 zeigt die Wirbelstruktur in der yz-Ebene im Einlassbereich des Spritzlochs an der Stelle $x = 10\,\mathrm{mm}$.

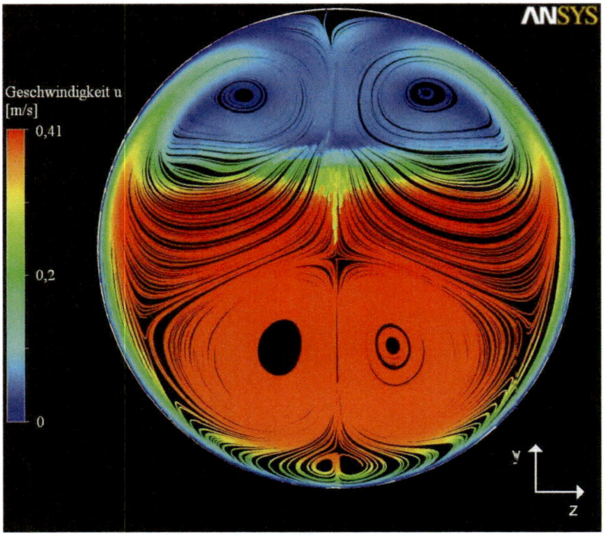

Abbildung 4.27.: Gemittelte Geschwindigkeit u in Hauptströmungsrichtung auf der yz-Ebene an der Position $x = 10\,\mathrm{mm}$. Es wird ein System aus sechs Wirbeln beobachtet.

Es sind zwei große Wirbelpaare wie im voll turbulenten Bereich zu erkennen. Das untere Wirbelpaar besitzt noch genügend Energie, um zwei weitere kleinskaligere Wirbel anzutreiben.

4.4.3. Übergangsbereich

Die Rohr-Reynoldszahl im Übergangsbereich liegt für diese Düsengeometrie zwischen 500 und 1000. Im Folgenden werden Ergebnisse für die Reynoldszahl 800 präsentiert. Das Rechengitter besteht aus 1,2 Millionen Zellen. Um das Strömungsfeld über das gesamte Spritzloch zu beurteilen, wird ein Konturplot der momentanen Geschwindigkeit $\tilde{u}$ in der xy-Ebene an der Stelle $z = 0\,\text{mm}$ dargestellt.

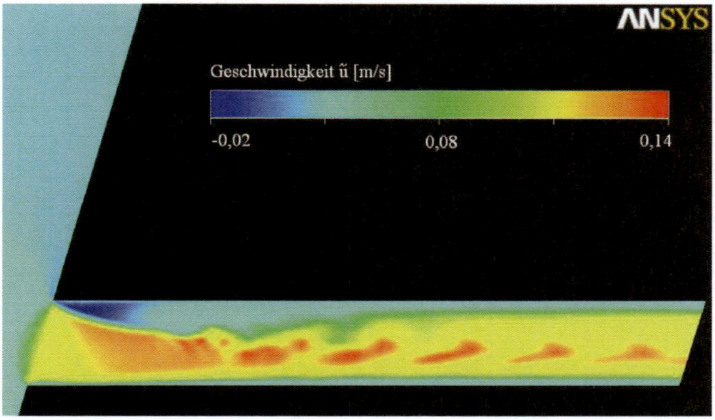

Abbildung 4.28.: Momentane Geschwindigkeit $\tilde{u}$ nach 20.000 Zeititerationen der LES-WALE Simulation in der $xy-$Ebene des Spritzlochs (an der Stelle $z = 0\,\text{mm}$).

Es ist ein periodisch ausgebildetes Wirbelsystem zu beobachten, welches durch eine Instabilität in der Scherschicht an der Einlasskante des Spritzlochs entsteht. Abbildung 4.29 vergleicht die turbulente kinetische Energie aus der PIV Messung mit den beiden Simulationen in der Mitte der Spritzlochachse an der Stelle $x = 6\,\text{mm}$.

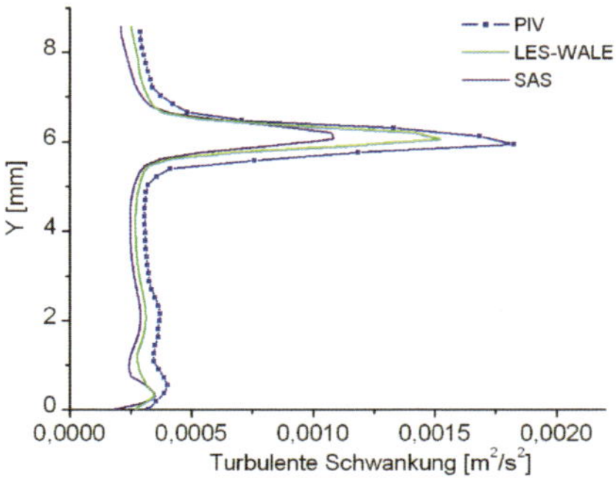

Abbildung 4.29.: Turbulente Schwankung aus den Simulationen und der Messung. Vergleich der LES-WALE Simulation, der SAS Simulation und der 3D PIV Messung an der Position $x = 6\,\text{mm}$ und $z = 0\,\text{mm}$.

Wie bereits im schwach turbulenten Bereich zu sehen war, dämpft das SAS Turbulenzmodell die turbulenten Schwankungen zu stark im Vergleich zur Messung. Ein qualitativer Vergleich der gemittelten Geschwindigkeit u an der Position $x = 6\,\mathrm{mm}$ und $z = 0\,\mathrm{mm}$ ist in Abbildung 4.30 gegeben.

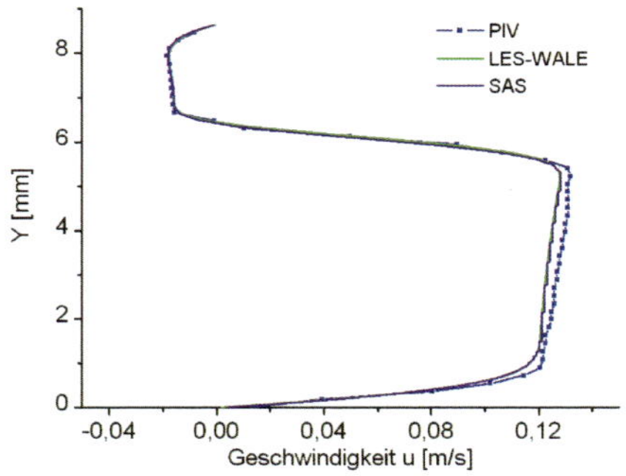

Abbildung 4.30.: Gemittelte Geschwindigkeit u aus den Simulationen und der Messung. Vergleich der LES-WALE Simulation, der SAS Simulation und der 3D PIV Messung an der Position $x = 6\,\mathrm{mm}$ und $z = 0\,\mathrm{mm}$.

Es ist eine gute Übereinstimmung zwischen den Simulationen und der Messung festzustellen. Abbildung 4.31 zeigt die gemittelte Geschwindigkeit v, die in y-Richtung zeigt, an der Position $x = 6\,\mathrm{mm}$ und $z = 0\,\mathrm{mm}$.

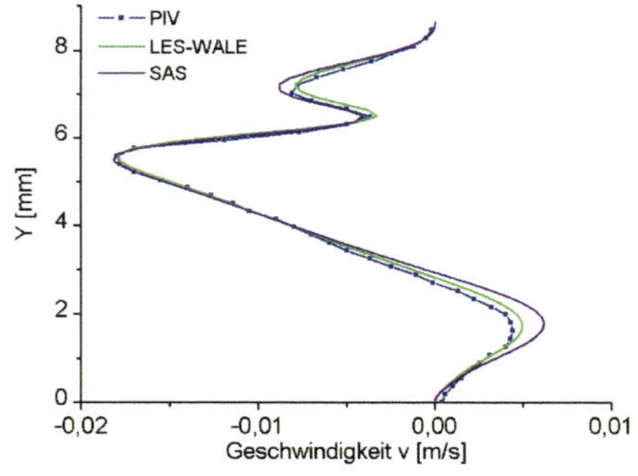

Abbildung 4.31.: Gemittelte Geschwindigkeit v quer zur Hauptströmungsrichtung aus den Simulationen und der Messung. Vergleich der LES-WALE Simulation, der SAS Simulation und der 3D PIV Messung an der Stelle $x = 6\,\mathrm{mm}$ und $z = 0\,\mathrm{mm}$.

Es existiert eine kleinere Strömungskomponente v als im schwach turbulenten Bereich. Auch hier stimmt der Verlauf zwischen der Messung und den beiden Simulationen sehr gut überein. Das Wirbelsystem ist in der Abbildung 4.32 in der yz-Ebene an der Stelle $x = 10\,\mathrm{mm}$ dargestellt. Wie im schwach turbulenten Bereich ist hier ein vierer Wirbelsystem zu erkennen, welches aber weniger stark zur Wand hin gerichtet ist. Die Stromlinien verlaufen eher parallel zur Wand als im höheren Reynoldszahl Bereich.

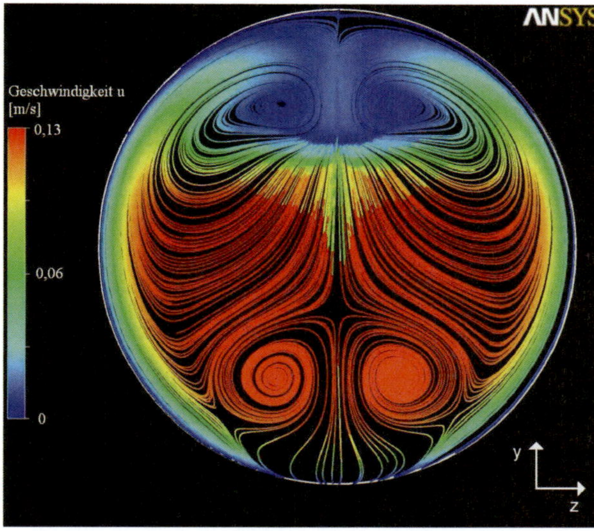

Abbildung 4.32.: Gemittelte Geschwindigkeit u in der yz-Ebene an der Stelle $x = 10\,\mathrm{mm}$. Es ist ein Wirbelsystem aus vier Wirbeln zu beobachten.

4.4.4. Laminarer Bereich

Die Simulationen der Düseninnenströmung zeigen, dass im laminaren Bereich die momentane Geschwindigkeit $\tilde{\mathbf{u}}$ am Ort $\mathbf{x}$ gleich der gemittelten Geschwindigkeit $\mathbf{u}$ entspricht. Im Folgenden werden Ergebnisse bei der Rohr-Reynoldszahl von 400 dargestellt. Das Rechengitter entspricht dabei dem Rechengitter, welches für die Rechnungen im Übergangsbereich verwendet wurde. Die gemittelte Geschwindigkeitskomponente u wird über das gesamte Spritzloch an der Position $z = 0\,\mathrm{mm}$ in Abbbildung 4.33 präsentiert.

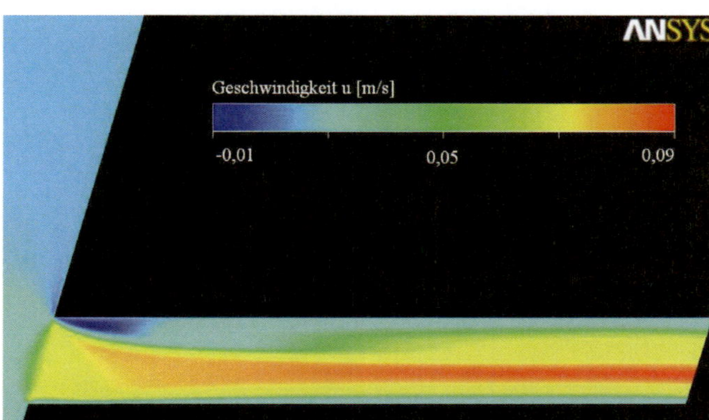

Abbildung 4.33.: Gemittelte Geschwindigkeit u nach 20.000 Zeititerationen der LES-WALE Simulation in der $xy-$Ebene des Spritzlochs (an der Position $z = 0\,\mathrm{mm}$).

Die Instationarität in der Scherströmung des Spritzlochs ist nicht mehr vorhanden. Es werden somit keine Wirbel in der xy-Ebene angetrieben. Die turbulente Schwankung ist in Abbildung 4.34 an der Position $x = 6\,\text{mm}$ und $z = 0\,\text{mm}$ dargestellt.

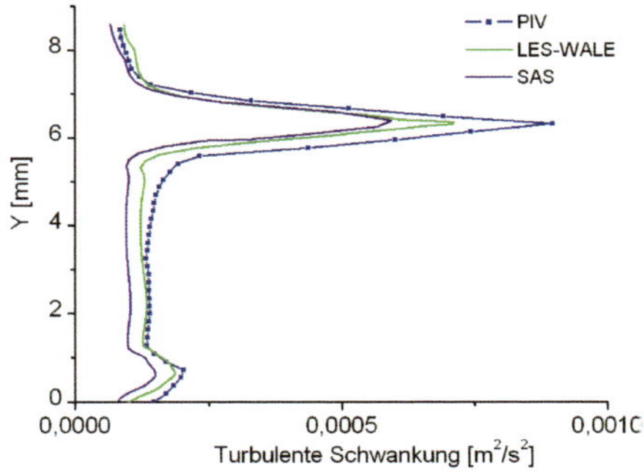

Abbildung 4.34.: Turbulente Schwankung aus den Simulationen und der Messung. Vergleich der LES-WALE Simulation, der SAS Simulation und der 3D PIV Messung an der Stelle $z = 0\,\text{mm}$.

Aufgrund des Messvolumens existiert im laminaren Bereich eine scheinbare turbulente Schwankung, da die Geschwindigkeiten im Messvolumen sowohl im Experiment als auch in der Simulation unterschiedlich sind. Ein quantitativer Vergleich der Geschwindigkeit in Hauptströmungsrichtung zwischen den Simulationen und der Messung an der Position $x = 6\,\text{mm}$ und $z = 0\,\text{mm}$ illustriert Abbildung 4.35.

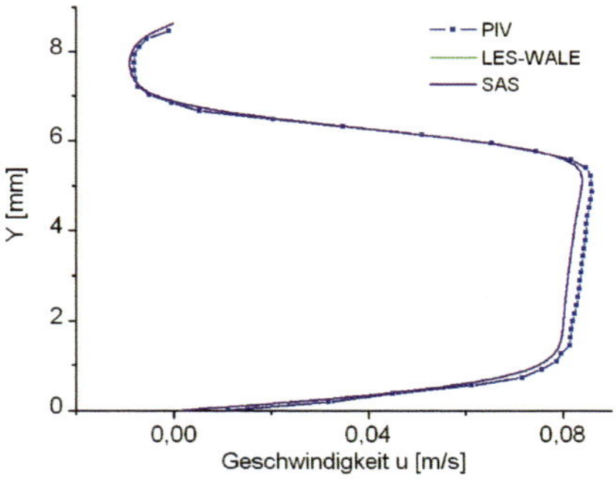

Abbildung 4.35.: Gemittelte Geschwindigkeit u aus den Simulationen und der Messung. Vergleich der LES-WALE Simulation, der SAS Simulation und der 3D PIV Messung an der Stelle $x = 6\,\text{mm}$ und $z = 0\,\text{mm}$.

Die gemessenen Geschwindigkeiten stimmen sehr gut mit beiden Turbulenzmodellen überein. Es sind nur sehr geringe Unterschiede zwischen den Simulationen und der Messung zu erkennen. In Abbildung 4.36 wird die gemittelte Geschwindigkeitskomponente v an der Stelle $x = 6\,\text{mm}$ präsentiert. Es ist eine gute Übereinstimmung zwischen den Simulationen und der PIV Messung festzustellen. Der Verlauf der Geschwindigkeit v ist im Vergleich zum Übergangsbereich weniger schwankend.

Zum Abschluss wird auch im laminaren Bereich das Wirbelsystem in der yz-Ebene an der Stelle $x = 10\,\text{mm}$

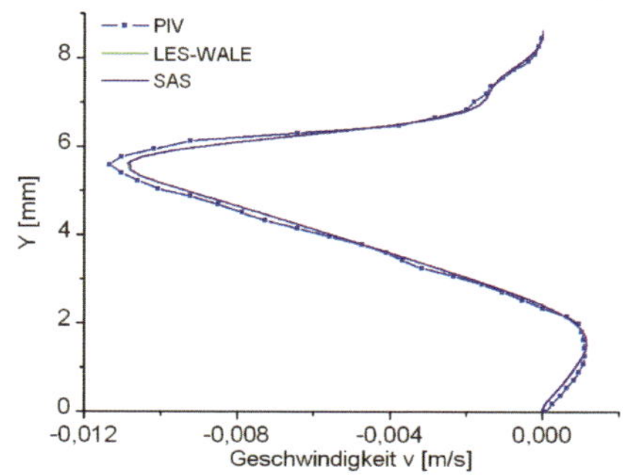

Abbildung 4.36.: Gemittelte Geschwindigkeit v quer zur Hauptströmungsrichtung aus den Simulationen und der Messung. Vergleich der LES-WALE Simulation, der SAS Simulation und der 3D PIV Messung an der Stelle $x = 6\,\mathrm{mm}$ und $z = 0\,\mathrm{mm}$.

dargestellt (Abbildung 4.37). Es ist ein System aus vier Wirbeln zu erkennen. Die Wirbel verlaufen in der Nähe der Wand fast vollständig parallel zur Wand. Dieses Wirbelsystem ist für das HE-Verfahren optimal, weil dieses Profil eine gleichmäßige Verrundung über den Umfang des Spritzlochs bewirken kann.

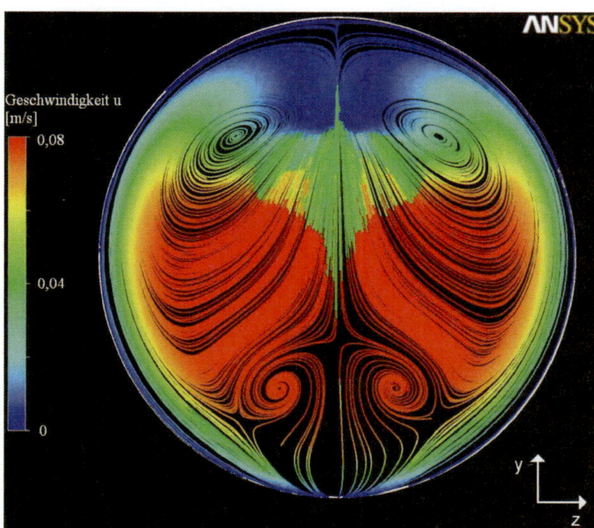

Abbildung 4.37.: Gemittelte Geschwindigkeit u auf der yz-Ebene an der Position $x = 10\,\mathrm{mm}$. Es ist ein Wirbelsystem aus vier Wirbeln festzustellen.

Der detailierte Prozess, der den Wandabtrag am Bauteil beschreibt, wird im anschließenden Kapitel entwickelt.

Fazit

In diesem Kapitel wurden die Turbulenzmodelle SAS und LES-WALE in ANSYS CFX11 anhand eines Düsengroßmodells validiert. Hierbei wurden die notwendigen zeitlichen und räumlichen Auflösungen beider Turbulenzmodelle bestimmt, die auch aufgrund der Reynoldsähnlichkeit für die in Kapitel 6 verwendete Einspritzdüse ihre Gültigkeit besitzen. Somit ist die einphasige Innenströmung des Bosch relevanten Bauteils, der Einspritzdüse, für die beim hydro-erosiven Verrunden vorkommenden Reynoldszahl Bereiche validiert worden. Hierbei erzielte das LES-WALE Modell im Übergangsbereich zwischen einer laminaren und einer turbulenten Strömung die turbulenten Schwankungen eine bessere Übereinstimmung mit dem Experiment als das SAS Modell. Das SAS Modell dämpft die turbulenten Schwankungen in diesem Bereich zu stark.

Im folgenden Kapitel wird ein Hydro-Erosionsmodell entwickelt und in ANSYS CFX11 implementiert, um den Erosionsprozess des HE-Runden numerisch abbilden zu können. In Kombination mit der für das Standardteilchen „Borkarbid“ modifizierten Transportgleichung (siehe Abschnitt 3.4) wird dadurch der vollständige Prozess des hydro-erosiven Verrundens numerisch abbildbar.

Kapitel 5

Entwicklung und Implementierung eines Hydro-Erosionsmodells

Dieses Kapitel befasst sich mit der Herleitung eines Erosionsmodells für das hydro-erosive Verrunden. In der Literatur findet sich eine Vielzahl theoretischer und semi-empirischer Modelle, die im ersten Abschnitt des Kapitels erläutert werden. Im anschließenden Abschnitt wird das entwickelte Erosionsmodell für die Simulation hergeleitet, welches sich auf die Erkenntnisse aus den Lattice-Boltzmann Untersuchungen (siehe Abschnitt 2.6) stützt. Die Integration des Erosionsmodells in den Simulationsablauf des Euler-Euler Verfahrens von ANSYS CFX11 wird zum Schluss vorgestellt.

5.1. Einteilung der Erosionstypen

Erosionsbedingter Materialabtrag tritt bei verschiedensten Naturphänomenen auf.

- Transport von Kieselsteinen in Flüssen
- Materialschädigung bei kavitierenden Strömungen
- Schmutzteilchen in Strömungsanlagen
- Polieren von Oberflächen
- Ermüdungsbrüche bei Baustatiken

Alle Verschleißphänomene lassen sich über einen Materialabtrag klassifizieren. Je nach Anwendung treten dabei verschiedene Grundarten von Materialabtrag statt.
Der Materialabtrag kann hierbei in vier Grundtypen eingeteilt werden (Abbildung 5.1).

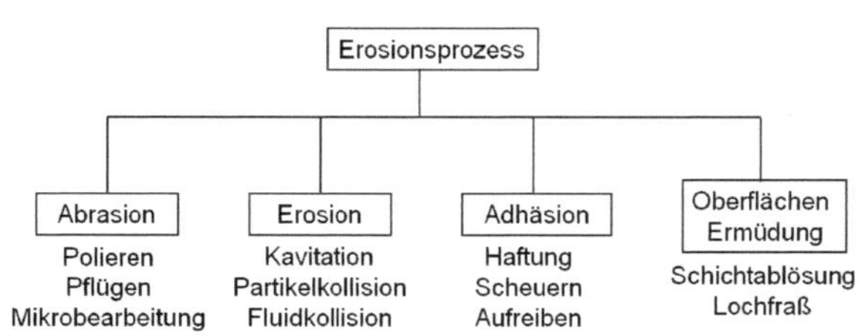

Abbildung 5.1.: Einteilung der Erosionsarten [165].

Beim hydro-erosiven Verrunden tritt keine Adhäsion oder Oberflächenermüdung auf. Dies haben REM Bildaufnahmen an Planargeometrien von Rizkalla [24] gezeigt. In dieser Arbeit wird diese Beobachtung anhand von REM Aufnahmen an Drosseln (Abschnitt 6.3) und an Düsen (Abschnitt 6.4) bestätigt. Die Oberfläche ist nach dem hydro-erosiven Prozess glatt poliert. Untersuchungen mittels Lattice-Boltzmann

Verfahren im Kapitel 2 haben gezeigt, dass die Partikel über die Oberfläche der Wand abrollen und keinen länger anhaltenden Wandkontakt besitzen. Somit tritt auch keine Abrasion beim hydro-erosiven Verrunden auf. Diese Arbeit befasst sich ausschließlich mit dem Phänomen der Erosion. Grundsätzlich lässt sich die Erosion sehr schwer von der Abrasion unterscheiden. Der Materialabtrag bei langen Partikel-Wand Kontaktzeiten wird eher der Abrasion als der Erosion zugeschrieben. Bei partikelbeladenen Strömungen, welche als „slurry-flow“ [165, 166, 167] bezeichnet werden, existieren vier weitere Unterteilungen:

- Gerichteter Partikelstoß
- Zufälliger Partikelstoß
- Schleifen
- Gleitendes Flussbett

Die ersten beiden Mechanismen sind der Erosion und die letzten beiden der Abrasion zuzuordnen. Der gerichtete Partikelstoß ist vom Aufprallwinkel des Partikels abhängig. Hingegen ist der zufällige Stoß von einem gemittelten Winkel abhängig. Im folgenden Abschnitt werden die in der Literatur bekannten Modelle vorgestellt und darauf aufbauend ein Erosionsmodell für das hydro-erosive Verrunden entwickelt.

5.2. Erosionsmodelle

Es existieren sowohl analytische als auch empirische Modelle. Die physikalisch abhängigen Größen wie die Geschwindigkeit der Partikel u_p, der Aufprallwinkel α_p, der Partikeldurchmesser d_p oder die Partikelmasse m_p sind jedoch in fast allen Formulierungen ähnlich enthalten. Im Allgemeinen lässt sich der Volumenabtrag W an der Wand wie folgt ausdrücken:

$$W = C\, m_p\, f(\alpha_p, d_p, \Psi)\, u_p^n, \tag{5.2.1}$$

wobei C eine Materialkonstante, Ψ die Partikelform und $n \in \Re$ eine positive reelle Zahl darstellt. In den meisten Anwendungen liegt sie im Bereich von 2,0 bis 3,0 [41, 168, 169]. In den experimentellen Untersuchungen von Haugen et al. [41] variiert der Exponent zwischen 0,9 und 3,4 in Abhängigkeit des Wandmaterials. Haugen et al. betrachten die Partikelerosion von Sandpartikel, die einen Durchmesser von $200 - 250\,\mu$m besitzen, an 25 verschiedene Wandmaterialen wie zum Beispiel Stahl, Nickel oder Borkarbid. Für das Wandmaterial Borkarbid stellte sich ein Exponent von 0,9 heraus. Die Funktion $f(\alpha_p, d_p, \Psi)$ ist stark vom Aufprallwinkel und Partikeldurchmesser abhängig.

Im Folgenden werden die häufig verwendeten analytischen Modelle von Finnie [39, 170] und Bitter [40, 171] erläutert. Sie stellen auch die Grundlage für das Modell nach Tabakoff und Grant [42] dar. Finnie beschrieb die Erosion als eine Schnitterosion, die kleine Ritze im Material verursacht. Finnie beschränkte sich auf Materialverformungen, bei der die Partikel die Oberfläche schneiden und dabei ihre Geschwindigkeit nicht vollständig verlieren. Bitter hingegen berücksichtigte auch den Fall bei der Schnitterosion, dass die Partikel während des Schneidens zum Stillstand gelangen. Zusätzlich betrachtete Bitter die Deformationserosion, die bei bei großen Aufprallwinkel auftritt und eine große Materialverformung bewirkt. Generell wird zwischen einem dehnbarem und einem spröden brüchigen Material unterschieden, welches von den Partikeln beansprucht wird. Da beim hydro-erosiven Verrunden nur dehnbare Materialien zum Einsatz kommen, beschränken sich die folgenden Modellerläuterungen auf den ersten Fall. Der Unterschied im Materialabtrag wird in Abbildung 5.2 und 5.3 aufgezeigt. Der maximale Wandabtrag findet bei weichen Material bei einem Aufprallwinkel von $\alpha_p = 18{,}5°$ statt. Das Maximum des harten Materials liegt bei einem Aufprallwinkel von $\alpha_p = 90°$ [172].
Eine Erweiterung der theoretischen Modelle von Finnie und Bitter stellt das semi-empirische Modell nach Magnée [38] dar. Es berücksichtigt sowohl den Einfluss der Partikelform als auch der Partikel- und Wandhärte. Das wohl bekannteste semi-empirische Erosionsmodell nach Tabakoff und Grant [42] aus dem Jahr 1973 wird anschließend vorgestellt. Sie untersuchten Aluminiumpartikel, die in einem Luftstrahl unter einem definierten Winkel auf eine ebene Platte stoßen. Mit Hilfe einer anhand von Experimenten erstellten

Korrelationsfunktion, konnten sie ein Erosionsmodell erstellen. Dabei beruht die Korrelationsfunktion auf den theoretischen Ansätze von Finnie und Bitter.

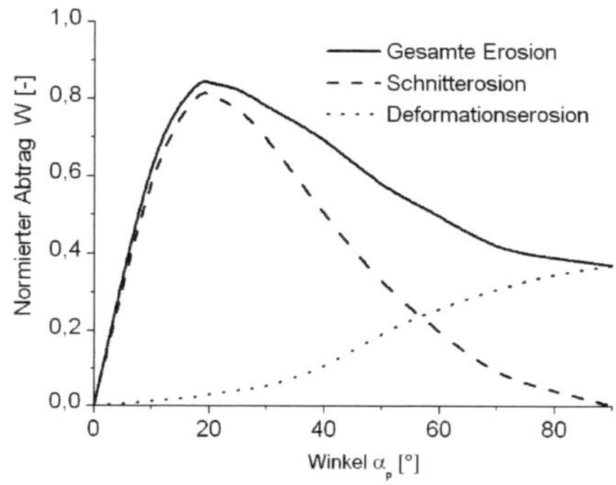

Abbildung 5.2.: Materialabtrag bei einem weichen Material in Abhängigkeit des Aufprallwinkels. Es wird zusätzlich die Schnitt- und Deformationserosion illustriert [171].

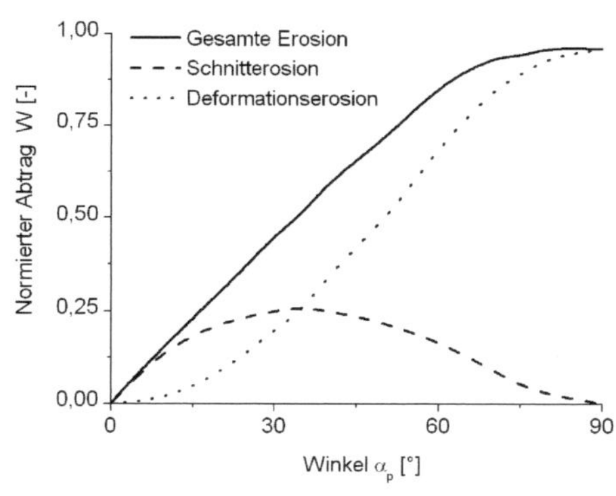

Abbildung 5.3.: Materialabtrag bei einem harten Material in Abhängigkeit des Aufprallwinkels. Zudem wird die Schnitt- und Deformationserosion dargestellt [171].

Im Folgenden werden diese Theorien detailliert erläutert und darauf aufbauend ein spezielles analytisches Modell für das hydro-erosive Verrunden entwickelt.

5.2.1. Erosionsmodell nach Finnie

Die Idee des Erosionsmodells nach Finnie ist in Abbildung 5.4(a) skizziert. Ein nicht-sphärisches Partikel stößt mit der Geschwindigkeit u_p unter einem Winkel α_p und der Höhe r_c an die Wand. In der Abbildung 5.4(b) wird die Materialanhäufung unter dem Partikel dargestellt, die durch das Hineinschneiden in das Material verursacht wird. Die Schnitttiefe wird dabei mit y_t und die Höhe des angehäuften Materials mit l abgekürzt.

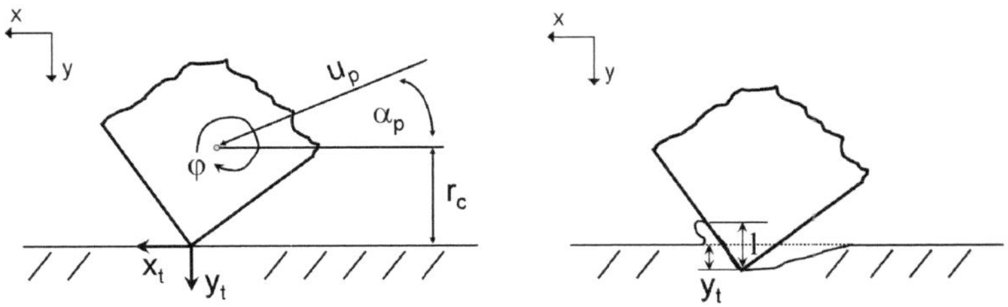

(a) Ein nicht sphärisches Partikel stößt mit der Geschwindigkeit u_p unter einem Winkel α_p und der Höhe r_c an die Wand.

(b) Materialanhäufung unter dem Partikel. Die Schnitttiefe bezeichnet y_t. Die Höhe des angehäuften Materials wird mit l symbolisiert.

Abbildung 5.4.: Skizze der Modellbeschreibung nach Finnie [39].

Im Allgemeinen ist der Partikelstoß dreidimensional. Es lässt sich jedoch immer eine zweidimensionale Stoßebene finden, so dass das Modell die Allgemeinheit nicht beschränkt.

Um die Bewegungsgleichung für das Partikel aufstellen zu können, hat Finnie folgenden Annahmen getroffen:

- Das Verhältnis von horizontaler zu vertikaler Kraft K_f ist konstant. Dies entspricht einer konstanten Spannungsverteilung über die Materialoberfläche.
- Das Verhältnis Ψ zwischen dem angehäuften Material l zur Schnitttiefe y_t ist konstant und gleich zwei.
- Die initiale elastische Materialverformung wird vernachlässigt
- Das Trägheitsmoment des Partikels lautet: $\Theta_z = m_p\, r_c^2$
- Die Rotationsgeschwindigkeit des Partikels ist signifikant kleiner als die translatorische Geschwindigkeit des Partikels

Mit den Koordinaten x, y und φ aus der Abbildung 5.4(a) sowie der Kontakttiefe b_c in z-Richtung stellte Finnie die gewöhnliche Differentialgleichung für das zweite Newtonsche Gesetz auf:

$$\begin{aligned} m_p\ddot{x} + P_f\, \Psi\, b_c\, y &= 0 \\ m_p\ddot{y} + P_f\, K_f\, \Psi\, b_c\, y &= 0 \\ \Theta_z\ddot{\varphi} + P\, \Psi\, b_c\, r_c\, y &= 0. \end{aligned} \tag{5.2.2}$$

Hierbei bezeichnet

$$P_f = \left[\frac{40}{\pi^4}\, \rho_p \left(\frac{1-\nu_p^2}{E_{el,p}} + \frac{1-\nu_w^2}{E_{el,w}} \right)^{-\frac{1}{4}} \right]^{\frac{1}{5}} [\, u_p\, sin(\alpha_p)\,]^{\frac{2}{5}} \tag{5.2.3}$$

den Fließdruck, der aus der elastischen Theorie nach Hertz [173] abgeleitet wird. In dieser Gleichung bezeichnet ν_{po} die Poissonzahl, $E_{el,p}$ das Elastizitätsmodul des Partikels sowie $E_{el,w}$ das Elastizitätsmodul der Wand. Mit den Anfangsbedingungen: $x = y = 0$, $\dot{x} = u_p\, cos(\alpha_p)$, $\dot{y} = u_p\, sin(\alpha_p)$ und $\dot{\varphi} = \dot{\varphi}_0$ für $t = 0$

existiert folgende eindeutige Lösung:

$$\begin{aligned} x &= \frac{u_p\, sin(\alpha_p)}{\beta K} sin(\beta\, t) + u_p\, cos(\alpha_p) t - \frac{u_p\, sin(\alpha_p)}{K} t \\ y &= \frac{u_p\, sin(\alpha_p)}{\beta} sin(\beta\, t) \\ \varphi &= \frac{u_p\, sin(\alpha_p)}{\beta K \Theta_z} sin(\beta\, t). \end{aligned} \tag{5.2.4}$$

Hierbei ist $\beta = \sqrt{P_f\, \Psi\, b_c\, K\, /\, m_p}$. Die Rotationsgeschwindigkeit $\dot{\varphi}_0$ wird dabei als wesentlich kleiner als die translatorische Geschwindigkeit angenommen. Das Volumen des Materialabtrags

$$\begin{aligned} W_{cut} &= b \int_0^{t_c} y_t\, dx_t = b \int_0^{t_c} y\, d(x + r_c \phi) \\ &= \frac{3\, b\, u_p^2\, sin^2(\alpha_p)}{\beta^2 K} \left[\frac{K\, cot(\alpha_p)}{3} - \frac{3}{4} - \frac{cos(2\beta\, t_c)}{4} - \left(\frac{K\, cot(\alpha_p)}{3} - 1 \right) cos(\beta\, t_c) \right] \\ &+ \frac{r_c\, \dot{\phi}\, b\, u_p\, sin(\alpha_p)}{\beta^2} [1 - cos(\beta\, t_c)] \end{aligned} \tag{5.2.5}$$

kann über der Stoßzeit t_c analytisch berechnet werden. Unter der Annahme, dass die Rotationsgeschwindigkeit des Partikels für $t = 0$ ist, folgt mit $\beta\, t_c = \pi\, t$ der Massenenabtrag

$$W_{cut} = \frac{m_p\, u_p^2}{P\, \Psi\, K_f} \left[sin(2\alpha_p) - \frac{6}{K_f} sin^2(\alpha_p) \right] \quad \text{für} \quad tan(\alpha_p) \leq \frac{K_f}{6} \tag{5.2.6}$$

und

$$W_{cut} = \frac{m_p\, u_p^2}{P_f\, \Psi} \left[\frac{K_f}{6} cos^2(\alpha_p) \right] \quad \text{für} \quad tan(\alpha_p) > \frac{K_f}{6}. \tag{5.2.7}$$

Bei dem Abgleich des analytischen Modells mit experimentellen Daten wurde eine Modifikation in der Geschwindigkeitsabhängigkeit vorgenommen, um eine bessere Übereinstimmung zu erzielen [168, 174]. Für Partikel, die größer als 100 μm im Durchmesser sind, ist der Exponent der Geschwindigkeit zwischen zwei und drei zu wählen. Für kleinere Partikeldurchmesser liegt der Exponent unter zwei. Finnie konnte für dehnbares Material den maximalen Abtrag bei dem Winkel $\alpha_0 = 18{,}5°$ bestimmen. Experimente mit Sandpartikel, die auf eine Aluminiumplatte prallen, zeigten ein Maximum bei 15°.

5.2.2. Erosionsmodell nach Bitter

Eine Verallgemeinerung des Erosionsmodells von Finnie stellt das Modell nach Bitter dar [40]. Der Schnittanteil wird nach Bitter in zwei Fälle unterschieden. Im ersten Fall verliert das Partikel bei der Kollision seine Geschwindigkeit parallel zur Wand komplett. Im anderen Fall verliert das Partikel seine Geschwindigkeit parallel zur Wand nicht. Das Modell nach Bitter unterliegt folgende Annahmen:

- Das Partikel ist signifikant härter als die Wand. Das Partikel wird nur elastisch, aber nicht plastisch verformt.
- Die Härte des Wandmaterials bleibt während der Partikelkollision konstant. Es kommt zu keiner Verhärtung der Wand.
- Bei der Kollision ist die Kontaktfläche relativ klein verglichen mit dem Wirkungsquerschnitt des Partikels, welche im Wesentlichen den Flächen des Partikels entspricht.

Im Folgenden wird die Deformations- und die Schnitterosion nach der Herleitung von Bitter dargestellt.

Deformationsenergie

Ausgehend von der elastischen Theorie nach Hertz [175] wird die maximale Kraft normal zur Wand berechnet, bei der noch keine plastische Verformung eintritt. Das Gesetz beschränkt sich dabei auf ein sphärisches Partikel, das auf eine ebene Wand prallt (siehe Abbildung 5.5):

$$F_{max} = \left[\frac{20\,\pi}{3}\rho_p\right]^{\frac{3}{5}} r_p^2 \left[E_{el,eff}\right]^{-0,4} u_p^{\frac{6}{5}}. \qquad (5.2.8)$$

Hierbei wird die Partikeldichte mit ρ_p, der Partikelradius mit r_p, das effektive Elastizitätsmodul zwischen dem Partikel und der Wand mit $E_{el,eff}$ sowie die Partikelgeschwindigkeit mit u_p bezeichnet.

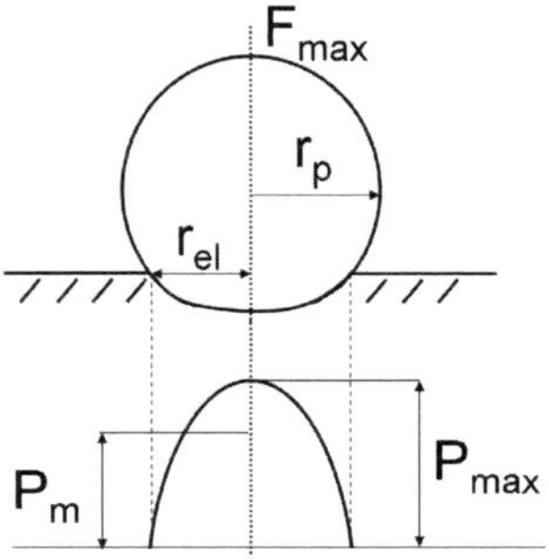

Abbildung 5.5.: Hertzsche Theorie [173]: Ein sphärisches Partikel wird auf eine ebenen Wand gedrückt.

Des Weiteren bestimmte Hertz einen Ausdruck für den Kontaktradius r_{el} der Kugel

$$r_{el} = \left(\frac{3}{4} F_{max}\, r_p \frac{1}{E_{el}}\right)^{\frac{1}{3}}. \qquad (5.2.9)$$

auf einer elastisch verformten Ebene. Aus der maximalen Kraft F_{max} ergibt sich dann der gemittelte Flächendruck

$$P_m = \frac{F_{max}}{\pi\, r_{el}} = \frac{2}{3}\left[\frac{40}{\pi^4}\,\rho_p\, E_{el}^{-4}\right]^{\frac{1}{5}} u_p^{\frac{2}{5}}. \qquad (5.2.10)$$

Dieser über die Kontaktfläche gemittelte Druck P_m entspricht nach Hertz: $P_m = \frac{2}{3}P_{max}$. Der maximale Druck bei einer elastischen Verformung wird dabei mit y_{el} abgekürzt. Dieser Ausdruck wird in Gleichung 5.2.10 eingesetzt. Es folgt die elastische Geschwindigkeit

$$u_{el} = \left(\frac{y_{el}^{0.4}}{\sqrt{\frac{40}{\pi^4}\,\rho_p\, E_{el}^4}}\right)^{\frac{5}{2}}. \qquad (5.2.11)$$

Beim hydro-erosiven Verrunden beträgt die Dichte der Borkarbidteilchen 2520 $\frac{kg}{m^3}$ und das Elastizitätsmodul ist $E_{el} = 455 \cdot 10^9$ Pa. Daraus ergibt sich eine Geschwindigkeit u_{el} von weniger als 1 $\frac{m}{s}$.
Die elastische Eindringtiefe des Partikels in das Material lautet nach Hertz:

$$h_{el} = \frac{\pi^2}{4} y_{el}^2\, r_p \frac{1}{E^2}. \qquad (5.2.12)$$

Für den Fall, dass das Partikel einen genügend großen Oberflächendruck auf das Material ausübt, muss die plastische Theorie nach Hertz [175] angewandt werden. Im Bild 5.6 ist der plastische Fall dargestellt. Das Partikel übt einen maximalen Druck $P_{max} = y_{el}$ auf das Material aus, welches sich irreversibel deformiert. Die gesamte Eindringtiefe

$$h_g = h_{el} + h_{pl}. \tag{5.2.13}$$

setzt sich dabei aus der elastischen und plastischen Tiefe zusammen. Analog verhält es sich mit den Kontaktflächen:

$$\pi\, r_g^2 = 2\,\pi\, r_p\,(h_{pl} + h_{el}). \tag{5.2.14}$$

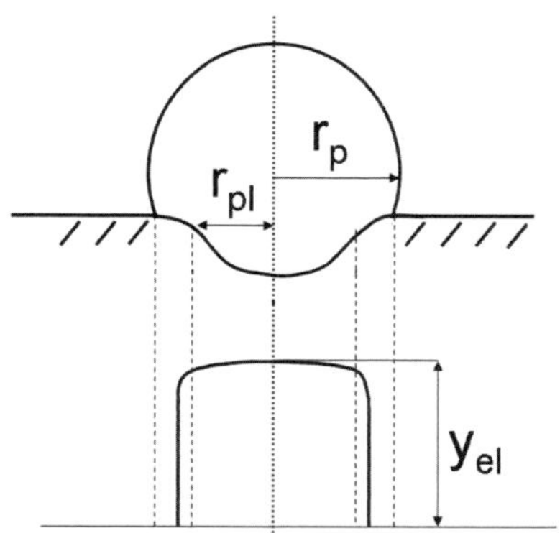

Abbildung 5.6.: Plastische Verformung nach Hertz.

Nach Andrews [176] existiert eine dynamische Lösung für die plastische Eindringtiefe bei Kugeln:

$$h_{pl}(t) = H_{max}\, sin\left(\sqrt{\frac{\pi\, d_p\, y_{el}}{2\, m_p}}(t - t_0)\right). \tag{5.2.15}$$

Dabei wird H_{max} als die maximale Eindringtiefe beim Stoß und t_0 als die initiale Zeit bei der ersten Partikel-Wand Interaktion bezeichnet. Nach Bitter folgt die plastische Deformationssenergie

$$W_{def} = \frac{m_p}{2\,\epsilon_m}\,\left[u_p\, sin(\alpha_p) - u_{el}\right]^2. \tag{5.2.16}$$

Diese Gleichung berücksichtigt die benötigte Energie ϵ_m, um eine Volumeneinheit aus dem Material zu entfernen. Sie steht direkt in Bezug zur Materialhärte [177] und muss experimentell bestimmt werden. Dieses Erosionsverhalten wird bei großen Materialschäden beobachtet, bei denen sogar teilweise Materialstücke herausbrechen können.

Schnittenergie

Für die Berechnung der benötigten Schnittenergie wird zunächst der Geschwindigkeitsverlust des Partikels in paralleler Richtung zur Wand berechnet. Dazu wird die Kräftebilanz

$$A\,\phi_m = -m_p\,\frac{du_{||}}{dt} \tag{5.2.17}$$

aufgestellt. Hierbei bezeichnet A die erodierte Materialfläche, ϕ_m die benötigten Energiedichte, um das Material zu entfernen, und $u_{||}$ die Partikelgeschwindigkeit parallel zur Wand. Der Geschwindigkeitsverlust

$$u_{||}(t_{ende}) - u_{||}(t_0) = \int du_{||} = -\int_{H=0}^{H_{max}} \frac{du_{||}}{dt}\,\frac{dH}{u_\perp} \tag{5.2.18}$$

ist mit der zur Wand verlaufenden Partikelgeschwindigkeit $u_\perp = -\frac{dH}{dt}$ über eine analytische Integration berechenbar. Hierbei bezeichnet t_0 den Zeitpunkt, bei dem das Partikel mit der Wand in Kontakt kommt, und t_{ende} den Zeitpunkt, bei dem das Partikel den Kontakt zur Wand verliert. Das Integral in Gleichung 5.2.18 kann unter der Annahme, dass $u_p\;sin(\alpha_p) \geq 1{,}05\;u_{el}$ gilt und die Partikelgeschwindigkeit parallel zur Wand nicht null wird, ausgedrückt werden als [40]:

$$u_{||}(t_{ende}) = u_p(t_0)\,cos(\alpha_p) - \frac{2\,C\,\phi_m\,\left(u_p(t_0)\,sin(\alpha_p) - u_{el}\right)^2}{\sqrt{u_p(t_0)\,sin(\alpha_p)}}. \tag{5.2.19}$$

Dabei ist C eine materialabhängige Konstante. Es folgt über das Quadrat des Geschwindigkeitsverlustes der Volumenabtrag

$$W_{cut} = 2\,m_p \frac{C\,(u_p\,sin(\alpha_p) - u_{el})^2}{\sqrt{u_p\,sin(\alpha_p)}}\left[u_p\,cos(\alpha_p) - \frac{C\,(u_p\,sin(\alpha_p) - u_{el})^2}{\sqrt{u_p\,sin(\alpha_p)}\,\phi_m}\right] \tag{5.2.20}$$

beim Materialschneiden. Wenn die Geschwindigkeit parallel zur Wand nach dem Stoß null ist, folgt nach Bitter [40] für den Volumenabtrag

$$W_{cut} = \frac{m_p}{2\,\phi_m}\left[(u_p\,cos(\alpha_p))^2 - K\,(u_p\,sin(\alpha_p) - u_{el})^{\frac{3}{2}}\right], \tag{5.2.21}$$

wobei K eine weitere Materialkonstante darstellt.

Die gleiche Beziehung existiert auch nach Finnie [39] für $K = 0$, wenn die Annahme eines rein plastischen Stoßes getroffen wird, der unter einem Aufprallwinkel α, der größer als der kritische Winkel α_0 ist, vollzogen wird.

5.2.3. Erosionsmodell nach Magnée

Das Erosionsmodell nach Magnée [38] stellt eine Erweiterung der Modelle von Finnie [39] und Bitter [40] dar. Auch Magnée berechnet den Volumenabtrag

$$W = W_{def} + W_{cut} \tag{5.2.22}$$

aus der Summe der Deformations- und der Schnitterosion. Beider Erosionstypen werden im folgenden erläutert.

Deformationserosion

Nach Magnée stellt die Deformationserosion

$$W_{def} = \lambda_p \, f\left(\frac{H_p}{H_w}\right) \frac{m_p}{2\,\epsilon_m} \left[u_p \, sin(\alpha_p) - u_{el}\right]^2 . \tag{5.2.23}$$

eine Erweiterung der Gleichung nach Bitter dar [38]. Magnée berücksichtigt darüber hinaus noch die Form des Partikels, die über den Formparameter λ abgebildet wird, sowie die Härte des Partikels und der Wand, die über die Funktion $f\left(\frac{H_p}{H_w}\right)$ dargestellt wird.

Schnitterosion

Die Schnitterosion wird wie bei Bitter durch kleine Aufprallwinkel verursacht. Über den Energieansatz $E \propto u_p^2$ stellt Magnée die Gleichung für die Schnitterosion

$$W_{cut} = \lambda_p \, f\left(\frac{H_p}{H_w}\right) \frac{m_p}{2\,\phi_m} \left[u_p^2 \, cos^2(\alpha_p) \, sin(n^* \, \alpha_p)\right] \quad \text{für} \quad \alpha_p \leq \alpha_0 \tag{5.2.24}$$

und

$$W_{cut} = \lambda_p \, f\left(\frac{H_p}{H_w}\right) \frac{m_p}{2\,\phi_m} \left[u_p^2 \, cos^2(\alpha_p) - u_r^2\right] \quad \text{für} \quad \alpha_p \geq \alpha_0 \tag{5.2.25}$$

auf. Hierbei steht n^* für die Rate des Geschwindigkeitsverlusts während des Erosionsprozesses und u_r für die Partikelgeschwindigkeit nach dem Stoß:

$$u_r = u_p \, cos(\alpha_p) \sqrt{1 - sin(n^* \alpha_p)}. \tag{5.2.26}$$

Neilson und Gilchrist [177] zeigten, dass nur bis zu einem Winkel von $\alpha_p = \frac{\pi}{2n^*}$ eine Schnitterosion auftritt.

Partikelform Parameter λ_p

In den meisten Modellen wird die Partikelform als sphärisch angenommen, da die Theorien wie zum Beispiel die Theorie von Hertz [173] meist auf einer sphärischen Partikelform beruhen. Verschiedene Untersuchungen zur Abhängigkeit der Partikelform bei der Erosion wurden in [33] publiziert. Sheldon [178] beobachtete eine bis zu 10 mal größere Erosionsrate bei nicht-sphärischen Partikeln. Mit dieser Information hat Magnée die Partikelform über die Funktion

$$\lambda_p = \frac{2\pi}{9} \left[\sqrt{\frac{2\,r_p}{h_t}} \frac{3\,cot(\Theta)}{\pi}\right] \approx \frac{6}{\pi}\,cot(\Theta) \tag{5.2.27}$$

hergeleitet. In dieser Gleichung ist h_t die Eindringtiefe des Partikels und Θ beschreibt den halben statistisch gemittelten Partikelwinkel (siehe linke Seite der Abbildung 5.7). Das Verhalten des Winkels Θ in Abhängigkeit des Abtrag wird auf der rechten Seite der Abbildung 5.7 dargestellt.

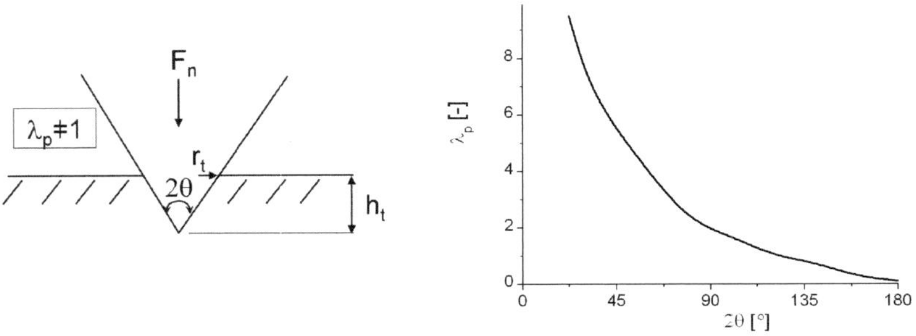

Abbildung 5.7.: Links: Definition des gemittelten Partikelwinkels Θ beim Stoß auf eine ebene Wand. Rechts: Verlauf des Partikelform Parameters λ_p in Abhängigkeit des Partikelwinkels Θ.

Materialhärte

Bei der Erosion stellt die Materialhärte des zu verrundeten Materials einen entscheidenden Parameter dar. Der Einfluss wurde zum ersten Mal bei Wahl [179] und später bei Khruschov [43] untersucht. Khruschov zeigte, dass die durch Scherung verursachte Materialverhärtung einen signifikanten Einfluss auf das Material haben kann. Dies wurde durch Levin et al. [180] in einem Erosionsmodell analytisch berücksichtigt. Khruschov identifizierte drei materialabhängige Stufen (siehe linke Seite der Abbildung 5.8) in Abhängigkeit des Verhältnisses aus Partikelhärte H_p zur Wandhärte H_w. Dies wurde durch Magnées Experimente bestätigt, die auf der rechten Seite der Abbildung 5.8 zu sehen sind.
Beim hydro-erosiven Verrunden ist das Partikel wesentlich härter, so dass das Verhältnis bei drei liegt.

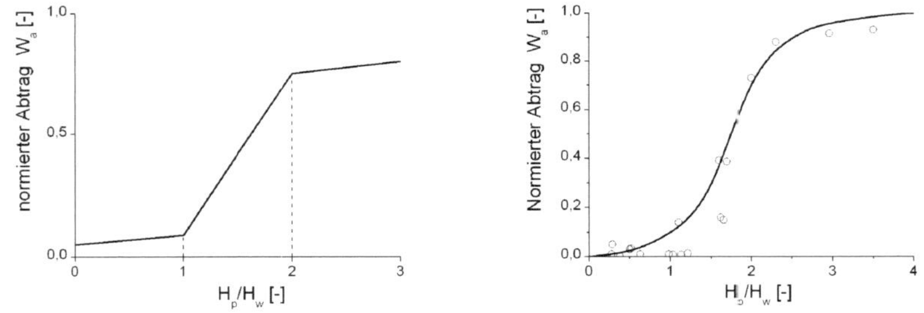

Abbildung 5.8.: Links: Khruschovs Modell für den Einfluss der Materialhärte. Es existieren drei Bereiche. Rechts: Messung des Einflusses der Materialhärte nach Magnée [38].

Die genaue Unterteilung der drei Bereiche ist je nach Anwendung unterschiedlich. Khruschov und Babichev [43] klassifizierten den Wandabtrag im Bereich $\frac{H_p}{H_w} < 0,7-1,1$ als gering und im Bereich $\frac{H_p}{H_w} > 1,3-2$ als hoch.

5.2.4. Erosionsmodell nach Tabakoff und Grant

Tabakoff und Grant untersuchten Sand- und Aluminiumpartikel, die auf eine Aluminiumplatte stoßen [42]. Dabei variierten sie den Partikeldurchmesser, den Aufprallwinkel und die Partikelgeschwindigkeit. Für die mathematische Beschreibung nahmen sie aufbauend auf der Theorie von Finnie und Bitter folgende Funktion für den Materialabtrag

$$W = m_p\, K_1\, f(\alpha_p) \left[u_{||}(t_0)^2 - u_{||}(t_{ende})^2\right] + f(u_\perp(t_0)) \tag{5.2.28}$$

an, der durch die Partikelaufprall zum Zeitpunkt t_0 beginnt und beim Partikelabprall zum Zeitpunkt t_{ende} endet. Hierbei steht K_1 für eine Materialkonstante, $f(\alpha_p)$ ist eine empirisch bestimmte Funktion, $u_{||}$ bezeichnet die parallel zur Wand verlaufende Partikelgeschwindigkeit und $f(u_\perp)$ steht für die Erosionskomponente, die durch die zur Wand hin senkrechte Geschwindigkeitskomponente $u_\perp$ bestimmt wird.

Dieser Ansatz ist im Vergleich zum Modell nach Neilson und Gilchrist [177] sehr ähnlich. Der erste Summand in Gleichung 5.2.28 beschreibt die Schnitterosion unter kleinen Aufprallwinkeln. Der zweite Summand steht für die Materialdeformation unter einem großen Aufprallwinkeln. Der Einfluss der Partikelgröße wurde vernachlässigt. Die Konstanten wurden dabei wie folgt an das Experiment angepasst:

$$W = m_p\, K_1\, u(t_0)^2\, cos(\alpha_p)^2\, f(\alpha_p) \left[1 - R_t(\alpha_p)^2\right] + f\left(u_\perp(t_0)\right), \tag{5.2.29}$$

mit

$$\begin{aligned} R_t(\alpha_p) &= 1 - 0{,}0016\, u(t_0)\, sin(\alpha_p) \\ f(\alpha_p) &= \left[1 + K_{12}\, sin(2\alpha_p)\right]^2 \\ f\left(u_\perp(t_0)\right) &= K_3\, \left[u(t_0)\, sin(\alpha_p)\right]^4. \end{aligned} \tag{5.2.30}$$

Die empirischen Konstanten für Sandpartikel, die auf eine Aluminiumplatte stoßen, lauten:

$$K_1 = 3{,}67 \cdot 10^{-6}\,\mathrm{m\,s^2/kg} \qquad K_{12} = 0{,}585 \qquad K_3 = 6{,}0 \cdot 10^{-12}\,\mathrm{s^4/m}. \tag{5.2.31}$$

Die empirischen Konstanten für die beim hydro-erosiven Verrunden verwendeten Borkarbidteilchen müssen experimentell bestimmt werden. Wie Tabakoff zeigt, ist der Partikeldurchmesser d_p ab $110\,\mu$m unabhängig von der Erosionsrate. Tabakoff hat für kleinere Partikel lediglich die Partikeldurchmesser mit $d_p \geq 50\,\mu$m bei kleinen Aufprallwinkeln untersucht.

5.2.5. Hydro-Erosionsmodell

In dieser Arbeit muss ein neues Hydro-Erosionsmodell entwickelt werden, da die bisher veröffentlichen und etablierten Erosionsmodelle entweder nur für Partikeldurchmesser größer $50\,\mu$m entwickelt und validiert wurden oder nur für eine bestimmte Untersuchung Gültigkeit besitzen. Zusätzlich ist der Unterschied zwischen einer gasförmigen und einer flüssigen Phase zu beachten. Die vorgestellten Erosionsmodelle wurden meist mit einer gasförmigen Phase experimentell validiert. Allgemein liegen bei einem flüssigen Trägermedium kleinere Aufprallwinkel vor als bei einem gasförmigen Trägermedium. Dies ist aufgrund des geringeren Unterschieds der Dichte zwischen der Fluid- und Partikelphase zu erklären. Aus den Erkenntnissen der Lattice-Boltzmann Simulation (siehe Abschnitt 2.6) folgte, dass das Partikel über die Wand in einem flachen Winkel rollt und durch die Saffmankraft bedingt immer wieder zur Wand hin beschleunigt werden kann. Dieser Erosionsprozess ist dabei den Modellen von Finnie und Bitter [39] sehr ähnlich, so dass auf diesen Modellen ein Hydro-Erosionsmodell erstellt wird. Das Modell nach Bitter bestimmt den Energietransfer, der durch den Partikelstoß auf die Wand übertragen wird (siehe Abschnitt 5.2.1 und 5.2.2). Dabei unterscheidet das Modell zwischen einer Schnitterosion unter kleinen und großen Aufprallwinkeln. Die Deformationserosion wird im Hydro-Erosionsmodell vernachlässigt, da in dieser Arbeit bei allen Untersuchungen keine Deformationserosion zu beobachten ist. Durch das Ersetzen der Partikelgeschwindigkeit $\mathbf{u}_p$ mit der effektiven Geschwindigkeit $\mathbf{u}_{eff}$ (siehe Abbildung 5.9) wird das Modell nach Bitter auf rotierende Partikel erweitert. Die effektive Geschwindigkeit $\mathbf{u}_{eff}$ stellt die Summe aus der translativen Partikelgeschwindigkeit $\mathbf{u}_p$ und der Rotationsgeschwindigkeit des Partikels $\mathbf{u}_r$ dar. Der effektive Aufprallwinkel $\boldsymbol{\alpha}_{eff}$ zwischen dem Partikel und der Wand resultiert aus der Summe von Rotations- und Translationsgeschwindigkeit des Partikels. Dabei steht $\boldsymbol{\omega}$ für die Rotationsfrequenz des Partikels und $\boldsymbol{\alpha}$ repräsentiert den translatorischen Aufprallwinkel zwischen dem Partikel und der Wand.

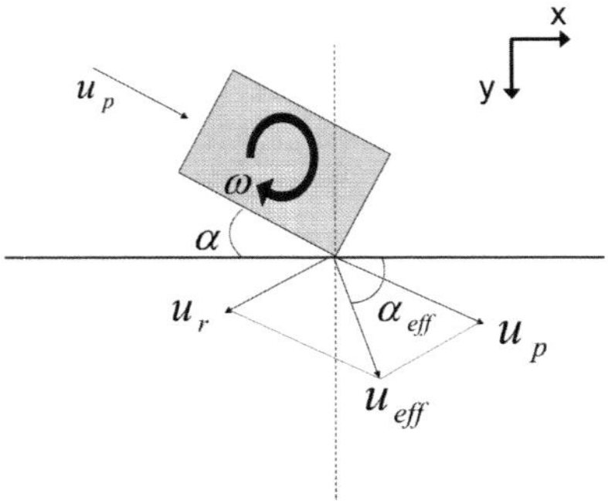

Abbildung 5.9.: Ein nicht-sphärisches Partikel kollidiert an einer feststehenden Wand mit der Translations- und Rotationsgeschwindigkeit $\mathbf{u}_p$ und $\mathbf{u}_r$ sowie der Rotationsfrequenz $\boldsymbol{\omega}$.

In den Experimenten (siehe Kapitel 6) wird ein linearer Zusammenhang zwischen der Partikelgeschwindigkeit und dem Volumen des Wandabtrages W festgestellt. Zudem wird eine lineare Abhängigkeit des Wandabtrags W vom Partikeldurchmesser beobachtet. Frühere Studien zeigen, dass die Messdaten mit den berechneten Werten zur Übereinstimmung gebracht werden können, wenn die theoretischen Modelle modifiziert werden. Dies wird über die Änderung der exponentiellen Abhängigkeit der Geschwindigkeit und des Partikeldurchmessers von der Erosionsrate realisiert [172, 181, 182]. Das Hydro-Erosionsmodell lautet für den Wandabtrag:

$$W = 2\,k_1\,d_p\,m_p \left[C\,\frac{(u_\perp - u_{el})^2}{\sqrt{u_\perp}} \left(u_{||} - \frac{C\,(u_\perp - u_{el})^2}{\sqrt{u_\perp}}\phi_m \right) \right]^{0,4} \quad \text{für} \quad \alpha_{eff} \leq 15° \tag{5.2.32}$$

und

$$W = k_2\,d_p\,m_p\,\frac{\left[u_{||}^2 - K\,(u_\perp - u_{el})^{\frac{3}{2}} \right]^{0,5}}{2\,\phi_m} \quad \text{für} \quad \alpha_{eff} > 15°. \tag{5.2.33}$$

Hierbei bezeichnet u_{el} die maximale Partikelgeschwindigkeit, bei der das Material noch rein elastisch verformt wird. Die Materialkonstanten C und K sind von der Härte des Materials abhängig. Die benötigte Schnittenergie pro Volumeneinheit stellt ϕ_m dar und die zur Wand senkrechte Partikelgeschwindigkeit wird mit $u_\perp$ sowie die parallel zur Wand gerichtete Partikelgeschwindigkeit mit $u_{||}$ angegeben. Die Materialkonstanten C, ϕ_m und K wurden von Bitter [39] bestimmt und in der Tabelle 5.2.1 zu finden. Die experimentell bestimmten Konstanten $k_1 = 1{,}4 \cdot 10^5\,\mathrm{m}^{0,8}/\mathrm{kg}^{0,6}$ und $k_2 = 2{,}1 \cdot 10^5\,1/\mathrm{s}$ sind unabhängig vom Material. Sie werden anhand des Abgleichs zwischen Experiment und Simulation bei folgender HE-Einstellung an der Drossel-Geometrie (siehe Abschnitt 6.3) bestimmt. Öl: Clavus32, Temperatur: $40°C$, Druckdifferenz zwischen Eingangs- und Ausgangsdruck: 50 bar, Korngröße: F1200 und Volumenkonzentration des Borkarbids im Tank der HE-Anlage: 1%.

	u_{el} $[m/s]$	C $[m^{0,5}\,s^{2,5}/kg]$	ϕ_m $[J/m^3]$	K $[m^{0,5}/s^{0,5}]$
Stahl (CrNi18)	0,668	$7{,}1 \cdot 10^{-7}$	$2{,}2 \cdot 10^{10}$	0
Aluminium	0,524	$4{,}3 \cdot 10^{-6}$	$1{,}3 \cdot 10^{10}$	0

Tabelle 5.2.1.: Materialkonstanten für Stahl und Aluminium [40, 86].

5.3. Implementierung des Hydro-Erosionsmodells

Das im vorherigen Abschnitt hergeleitete Hydro-Erosionsmodell stellt in der Simulation den Betrag des Verschiebungsvektors dar. Die Verschiebung erfolgt in ANSYS CFX11 stets an den Wandknoten [28]. Eine Diffusionsgleichung wird für die im Fluid liegenden Knoten innerhalb des ANSYS CFX11 Verfahrens gelöst, um die Knoten geeignet zu verschieben [28]. Ansonsten würde der Wandabstand zum ersten Fluidknoten stets anwachsen. Im Allgemeinen existiert keine Information über die Verschiebungsrichtung der Gitterverschiebung.

5.3.1. Bestimmung der Verschiebungsrichtung in ANSYS CFX11

Der Materialabtrag kann durch eine Verformung, die senkrecht zur Oberfläche des Materials stattfindet, beschrieben werden. Die physikalische Richtung der Gitterverschiebung stellt somit der Oberflächen-Normalenvektor $\mathbf{f}_n$ in Abbildung 5.10 dar.

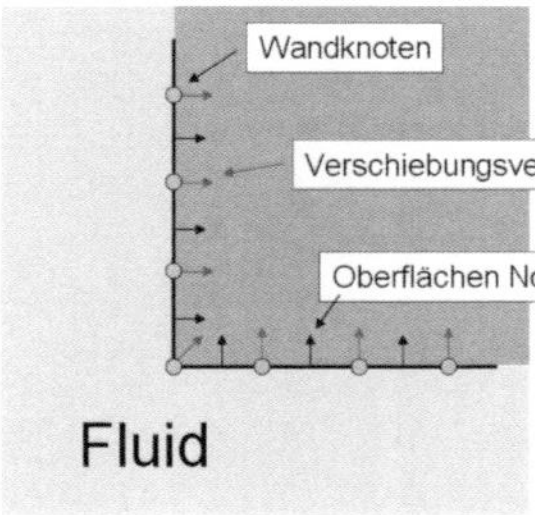

Abbildung 5.10.: Skizze der Verschiebung der Wandknoten in der ANSYS CFX11 Simulation. Der arithmetische Mittelwert der direkt angrenzenden Oberflächen-Normalenvektoren bestimmen die Verschiebungsrichtung des Wandknotens.

In der Simulation von ANSYS CFX11 können nur die Oberflächen-Knoten verschoben werden. Dazu muss zunächst der Verschiebungsvektor $\mathbf{k}_n$ am Wandknoten mittels einer „User Fortran" Routine bestimmt werden. Ansonsten würde ANSYS CFX11 willkürlich einen direkt angrenzenden Oberflächen-Normalenvektor auswählen. Die entwickelte Routine sucht sich zu jedem Oberflächen-Knoten die direkt angrenzenden Oberflächen-Normalenvektoren $\mathbf{f}_n$ aus und bildet aus diesen Vektoren den arithmetischen Mittelwert für den Verschiebungsvektor

$$\mathbf{k}_n = \frac{1}{N}\sum_{i=1}^{N} \mathbf{f}_\mathbf{n}^\mathbf{i}. \tag{5.3.1}$$

Dies führt zu einer regulären und glatten Gitterverschiebung. Generell führt das Verschieben der Oberflächen-Knoten bei Kanten zu einer gegenseitigen Überschneidung. Eine Modifizierung der Verschiebungsrichtung

$$\mathbf{k}_n = \frac{1}{i+4j}\left(\sum_{l=1}^{i} \mathbf{f}_\mathbf{n}^\mathbf{l} + 4\sum_{s=1}^{j} \mathbf{f}_\mathbf{n}^\mathbf{s}\right). \tag{5.3.2}$$

an der Kante verbessert diese Situation (siehe Abbildung 5.11). Die Oberflächen-Normalenvektoren $\mathbf{f}^\mathbf{s}$ kleiner Oberflächen werden um den Faktor vier stärker gewichtet als die der großen Oberflächen. Damit wird eine Überschneidung der Knoten an der sich über die Simulationszeit aufweitenden Kante vermieden. Die Kante wird dabei als solche erkannt, wenn der Oberflächen-Normalenvektor sich vom Verschiebungsvektor um $|\mathbf{k}_n - \mathbf{f}_n| > 0,7$ unterscheidet.

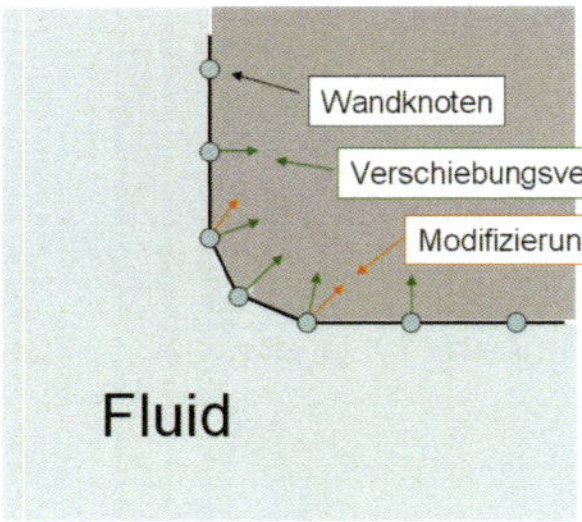

Abbildung 5.11.: Modifizierte Verschiebungsrichtung an der Kante.

5.3.2. Kopplung des Hydro-Erosionsmodells mit der Euler-Euler Simulation

Die Kopplung des Hydro-Erosionsmodells mit dem CFD Löser ANSYS CFX11 wird in Abbildung 5.12 skizziert. In jedem Zeitschritt werden zuerst die Euler Gleichungen für die Fluidphase und die disperse Phase mit ANSYS CFX11 berechnet. Die Impulsgleichung der dispersen Phase wird dabei auf nicht-sphärische Partikel erweitert (siehe Abschnitt 3.4). Anschließend erhalten die „User Fortran" Routinen die physikalische Werte an den Wandknoten als Eingangsgrößen. In der Routine wird zunächst die Verschiebungsrichtung mit dem zuvor Vorgestellten Verfahren berechnet, um danach mit dem implementierten Erosionsmodell den Betrag der Verschiebungsrichtung zu bestimmen. Die neuen Koordinaten der Wandknoten werden dann an ANSYS CFX11 übermittelt. Eine Diffusionsgleichung wird danach im gleichen Zeitschritt gelöst, um die Knoten im Fluid entsprechend der Verschiebung der Wandknoten nachzuziehen [28]. Wenn die Gitterauflösungen bei großen Verschiebungen zu schlecht wird, kommt ein automatisierter Glättungsalgorithmus von ICEM [183] zum Einsatz. Dieser verschiebt mit einem Laplace-Löser die Knoten auf der Oberfläche der Geometrie und lässt dabei die Geometrie unverändert. Die inneren Knoten der Geometrie werden danach, entsprechend der geforderten wandnahen Gitterauflösung, verschoben.

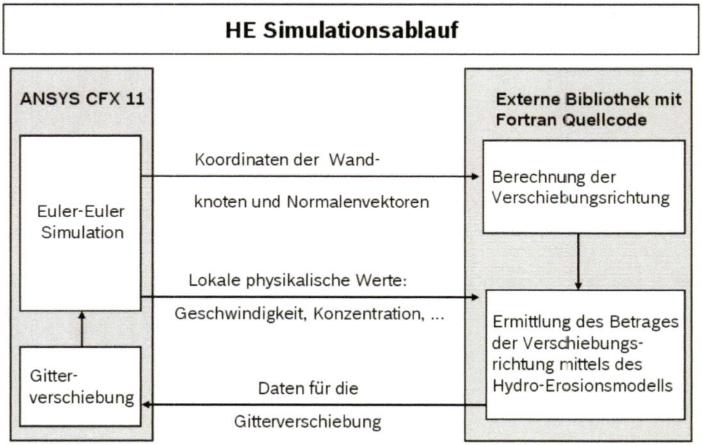

Abbildung 5.12.: Hydro-Erosionsmodell: Kopplung zwischen dem Euler-Euler Verfahren in ANSYS CFX11 und dem Erosionsmodell, das mittels der „User Fortran" Schnittstelle aufgerufen wird.

Fazit

In diesem Kapitel wurden die thoretischen Erosionsmodelle von Finnie [39] und Bitter [40] sowie die semi-empirischen Modelle von Magnée [38] und Tabakoff [42] vorgestellt. Aufbauend auf den Erosionsmodellen von Finnie und Bitter wurde ein Hydro-Erosionsmodell anhand von Messungen sowie Lattice-Boltzmann Simulationen entwickelt und anschließend in das Euler-Euler Verfahren von ANSYS CFX11 implementiert. Die Verschiebungsrichtung der Wandknoten wird dabei über eine Mittelung der Oberflächen-Normalenvektoren bestimmt.

Im folgenden Kapitel wird das hier entwickelte Hydro-Erosionsmodell zusammen mit dem, auf nicht-sphärische Partikel erweiterte, Euler-Euler Verfahren in ANSYS CFX11 mittels Planargeometrien sowie einer Drossel und einer Düse validiert.

Teil III.

Validierung des Hydro-Erosionsmodells

Kapitel 6

Experimentelle Validierung

Das in dieser Arbeit entwickelte Softwareprogramm für das hydro-erosive Verrunden wird anhand von Experimenten an Planargeometrien sowie an einer Drosselplatte und an einer Einspritzdüse validiert. Hierbei wird die Kopplung zwischen dem auf nicht-sphärische Partikel erweiterten Euler-Euler Modell (siehe Abschnitt 3.4) und dem entwickelten sowie in ANSYS CFX11 implementierten Hydro-Erosionsmodell (siehe Abschnitt 5.2.5 und 5.3) untersucht. Das LES-WALE Turbulenzmodell wird aufgrund der im Kapitel 4 aufgezeigten Vorteile im Übergangsbereich in den folgenden Untersuchungen verwendet, um das Strömungsfeld der Fluidphase korrekt berechnen zu können. Die Eigenschaften des Partikels wie zum Beispiel die Partikelgeschwindigkeit oder die Partikel-Volumenkonzentration an der Wand werden unter Verwendung der Transportgleichung für das Standartteilchen „Borkarbid" im Euler-Euler Verfahren präzise abgebildet. Darüber hinaus beschreibt das Hydro-Erosionsmodell die Partikelerosion an der Wand. Das Zusammenwirken der Fluid- und Partikelphase mit dem Hydro-Erosionsmodell bestimmt die Erosion in den Simulationen. Die Form und Menge der Erosion an den Geometriewänden wird zwischen den Simulationen und Experimenten qualitativ über Mikroskopaufnahmen sowie REM Bilder verglichen. Der quantitative Vergleich wird über eine Gewichtswaage bei den Planargeometrien und über ein optisches Verfahren bei der Einspritzdüse realisiert. Zusätzlich lässt sich die Steigerung des Massenstroms durch die Verrundung der Geometrie zwischen dem Experiment und der Simulation vergleichen.

6.1. Experimenteller Aufbau

6.1.1. Verwendete Medien

Die in den Experimenten verwendeten Öle bzw. Schleifkörner sind in Tabelle 6.1.1 und Tabelle 6.1.2 dargestellt. In den zu verrundenden Bauteilen besteht bei allen Versuchen eine Temperatur von $40°C$. In der Euler-Euler Simulation ist es nicht möglich, eine kontinuierliche Partikelgrößenverteilung vorzugeben. Deshalb werden zwei verschiedene Partikeldurchmesser in der Simulation berücksichtigt. Insgesamt ergeben sich drei Impulsgleichungen, eine für die Fluidphase und zwei für die Partikelphase.

	kinematische Viskosität $[mm^2/s]$	Dichte $[kg/m^3]$
Morlina 5 (Mo5)	5	869
Morlina 10 (Mo10)	10	881
Clavus 32 (Cl32)	32	896
Morlina 68 (Mo68)	68	899

Tabelle 6.1.1.: Öl-Eigenschaften bei Normaldruck und einer Temperatur von 40°C [6, 8].

Eine typische Korngrößenverteilung des Borkarbids F1200 stellt Abbildung 6.1 dar. Die Partikelgröße variiert beim F1200 im Wesentlichen zwischen 1 μm und 10 μm.

Um die Korngrößenverteilung des F1200 in der Euler-Euler Simulation abzubilden, werden die Partikeldurchmesser $2\,\mu m$ und $5\,\mu m$ entsprechend ihres Massenanteils im Korn simuliert. Die Partikel, die größer als $5\,\mu m$ sind, spielen bei Drosseln und Düsen kaum eine Rolle.

Korn	Partikeldurchmesser [μm]	Anteil [%]	Dichte [$\frac{kg}{m^3}$]	Härte [HV 0,1]
F400	25; 40	80; 20	2520	3000
F1000	2,5; 6	20; 80	2520	3000
F1200	2 (8); 5	20; 80	2520	3000
F3000	1; 2,5	20; 80	2520	3000

Tabelle 6.1.2.: Verwendete Korngröße und berücksichtigte Partikeldurchmesser in der Simulation. Der eingeklammerte Wert beim Korn F1200 wird bei der Planargeometrie verwendet. Das Korn F400 wird nur für die Planargeometrien und das Korn F3000 wird nur für die Drossel verwendet.

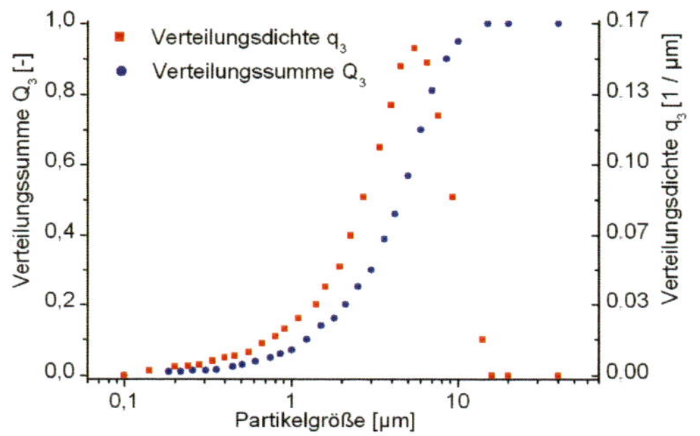

Abbildung 6.1.: Korngrößenverteilung von Borkarbid F1200 [184]. Die Verteilungsdichte weißt ein Maximum an der Stelle $d_p = 5\,\mu$m auf.

Die Partikel erreichen aufgrund ihrer Trägheit bei der Drossel und der Düse nicht die Einlasskante und Wände im Spritzloch. Bei den Planargeometrien verhält sich dies umgekehrt, da dort die Partikel aufgrund ihrer Trägheit an der Wand aufprallen. Deshalb wird dort für das Korn F1200 neben dem massenbezogenen Mittelwert des Partikeldurchmessers von $5\,\mu m$ auch die größeren Partikel mit dem Partikeldurchmesser von $8\,\mu m$ berücksichtigt.

Im Fertigungsprozess des hydro-erosiven Verrundens von Drosseln und Einspritzdüsen wird der sogenannte *HE-Grad* als Abschaltmaß des HE-Prozesses benutzt. Er ist definiert als das Verhältnis zwischen dem Volumenstrom nach dem HE-Prozess Φ_{ende} und dem Volumenstrom vor dem HE-Prozess Φ_{start} :

$$HE\text{-}Grad = \frac{\Phi_{ende}}{\Phi_{start}} - 1. \tag{6.1.1}$$

6.1.2. HE-Anlage in der Fertigung

Die verwendete HE-Anlage in der Fertigung ist in Abbildung 6.2 dargestellt. Das Schleifmedium wird aus dem Tank mittels einer Membranpumpe über einen Blasenspeicher durch das zu verrundende Bauteil gepresst. Der Blasenspeicher dient dabei als Dämpfer für die von der Membranpumpe verursachten Druckschwankungen. Durchfluss-, Druck- und Temperatursensor vor der Düse bestimmen die globalen Eingangsgrößen für das hydro-erosive Verrunden. Ein Regler für die Membranpumpe stellt einen konstanten Druck am Einlass der Düse sicher. Das Abbruchkriterium des Schleifvorgangs ist dabei meist der Volumenstrom, der einen fest vorgeschriebenen Wert erreichen muss.

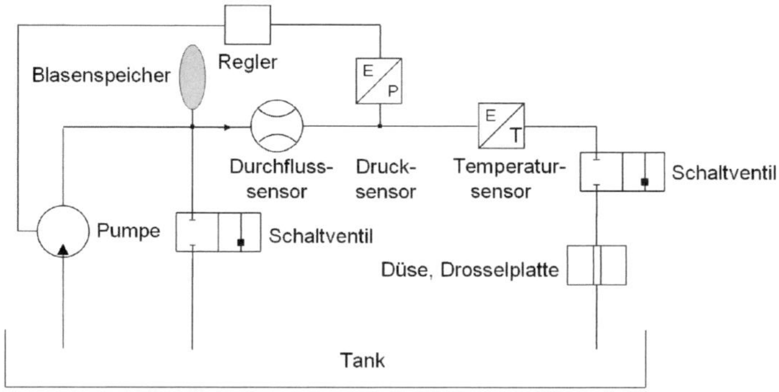

Abbildung 6.2.: Schematischer Aufbau der HE-Anlage.

6.1.3. Umbau der HE-Anlage

Die Anlage aus der Fertigung ist für Versuche an Planargeometrien und Drosseln nicht geeignet, da die Anlage keinen Gegendruck aufbauen kann. Um Kavitationseffekte zu vermeiden, muss bei den untersuchten Geometrien aber ein Gegendruck aufgebaut werden. Bei der in dieser Arbeit verwendeten Düse entsteht aufgrund der starken Konizität des Spritzlochs keine Kavitation. Zur Gegendruckerzeugung stehen vier verschleißarme Diamantblenden (Durchmesser: 85-130 μm) zur Verfügung, die mit Hilfe einer speziell angefertigten Aufnahme niederdruckseitig eingebaut werden. Somit wird ein rascher Aufbau des Gegendrucks realisiert, in dem der Querschnitt der verwendeten Leitungselemente möglichst klein und die Aufnahme der Gegendruckblende unmittelbar nach der Drosselplatte eingebaut ist (siehe Abbildung 6.3).

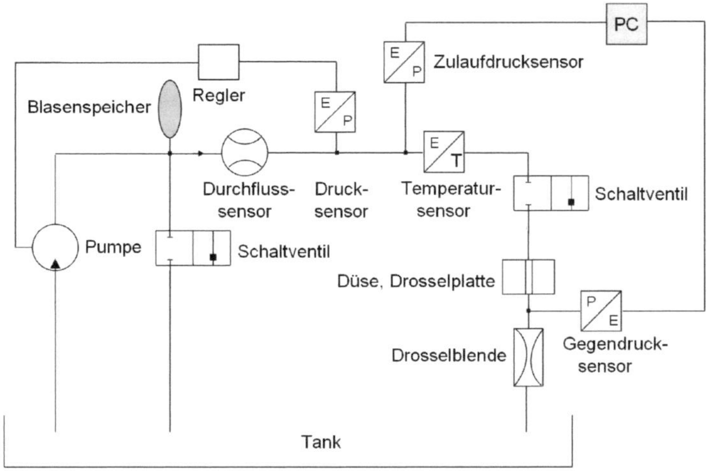

Abbildung 6.3.: Skizze der modifizierten HE-Anlage.

6.2. Validierung an Planargeometrien

Die Planargeometrie ist in Abbildung 6.4 skizziert. Sie besitzt einen minimalen hydraulischen Durchmesser, der sich im Sub-Millimeterbereich befindet. Die Richtungsänderung bei der engsten Stelle der Umlenkung wird mit dem Winkel α bezeichnet.

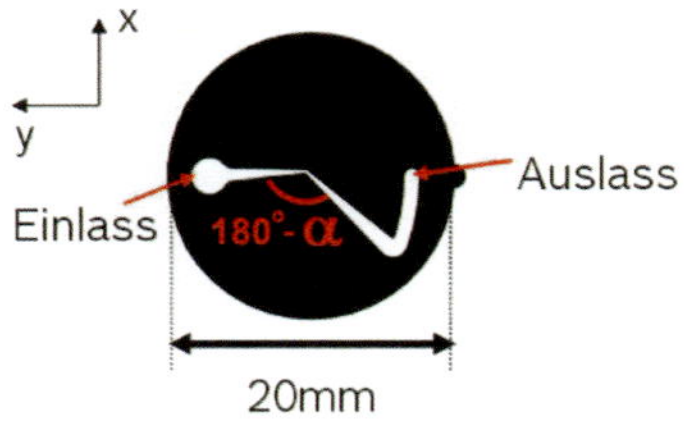

Abbildung 6.4.: Skizze der Planargeometrie. Die Tiefe in z-Richtung beträgt 1 mm. Der Winkel α ist in diesem Fall 45°.

Die Hydro-Erosion bewirkt bei dieser Geometrie neben einer signifikanten Volumenstromänderung auch einen Massenabtrag, der sich mit einer Waage bestimmen lässt. Der globale Massenabtrag Δm_{Geo} wird dabei durch eine Waage, die mit einer Genauigkeit von 0,01 mg messen kann, bestimmt.
Der Volumenabtrag

$$\Delta V_{Geo} = \frac{\Delta m_{Geo}}{\rho_{Geo}} \tag{6.2.1}$$

ist dabei über die Dichte ρ_{Geo} der Geometrie definiet. Das in der HE-Prozesszeit t_{Pro} durchströmte Volumen beider Phasen beträgt:

$$V_{Fluid} = \int_0^{t_{Pro}} \Phi(t)\, dt. \tag{6.2.2}$$

Hierbei bezeichnet $\Phi(t)$ den Volumenstrom beider Phasen zur Zeit t. In den folgenden Parameterstudien wird das Verhältnis zwischen dem Volumenabtrag an der Geometrie ΔV_{Geo} und dem durchströmten Volumen ΔV_{Fluid} dargestellt. Der lokale Abtrag an der Geometrie ist durch eine Mikroskopaufnahme erkennbar und wird im Folgenden präsentiert.

Ausgangskonfiguration

Die partikelbeladene Flüssigkeit wird dabei vom Einlass kommend in Richtung der Umlenkung beschleunigt und schließlich in Richtung Auslass befördert. Der Winkel α in der Umlenkung wird an der schmalsten Stelle zwischen 45° und 90° variiert. Die Wandrauheit der Geometrie ist dabei kleiner als $1\,\mu m$ und das Material der Planargeometrie besteht aus dem Stahl „CrNi18". Ausnahmen in der Wandrauheit oder andere verwendete Materialien werden explizit erwähnt.

Neben den verschiedenen Geometriekonfigurationen wird der Einfluss der Ölviskosität, der Partikeldurchmesser d_p, die Partikel-Volumenkonzentration ϵ_p und der Druckdifferenz ΔP zwischen Einlass und Auslass untersucht. Je nach Einstellung beträgt die Kanal-Reynoldszahl

$$Re = \frac{u_{mittel}\frac{4A}{U}}{\nu_f}, \tag{6.2.3}$$

zwischen 1206 und 6612. Hierbei bezeichnet A die senkrecht zur Hauptströmungsrichtung orientierte Fläche, U den Umfang der Fläche, ν_f die kinematische Viskosität des Öls und u_{mittel} die flächengemittelte Geschwindigkeit am Einlass.

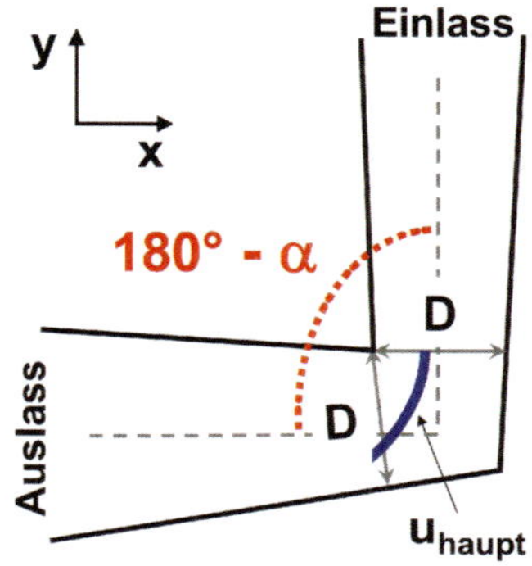

Abbildung 6.5.: Bestimmung der Stokeszahl bei dem Geometriewinkel $\alpha = 90°$.

Neben der Charakterisierung des Strömungsfelds über die Reynoldszahl beschreibt die Stokeszahl

$$St = \frac{\tau_{relax}}{\tau_s} \tag{6.2.4}$$

wie die Partikel dem Strömungsfeld folgen können. Die Partikel-Relaxationszeit τ_{relax} ist in Gleichung 2.4.6) definiert und

$$\tau_s = \frac{\Delta S_m}{u_{haupt}} \tag{6.2.5}$$

beschreibt die Systemzeit in der Umlenkung. Hierbei steht u_{haupt} für die maximale Fluidgeschwindigkeit, die in der Nähe der Kante zu finden ist, und der Systemlänge

$$\Delta S_m = D\,\frac{1}{sin(\alpha)} \tag{6.2.6}$$

in der Umlenkung. In dieser Gleichung beschreibt α den Winkel der Umlenkung und D definiert den engsten Abstand zwischen der inneren und der äußeren Wand (siehe Abbildung 6.5). Die Stokeszahl variiert bei den Versuchen an dieser Geometrie zwischen 0,008 und 1,5. Je nach Versuchseinstellung beträgt die Reynoldszahl zwischen 1206 und 6612.

Auswertung der lokalen Erosion

Aus den Mikroskopaufnahmen werden die Konturen der Wände extrahiert und mit den Wänden aus der Simulation verglichen. Ein Vergleich der Geometrieverformung zwischen dem Experiment und der Simulation ist für die verschiedenen Winkel α in Abbildung 6.6 bis 6.9 illustriert. In den gezeigten Geometrieverformungen wird das Trägeröl Morlina10, das Korn F1200, eine Partikel-Volumenkonzentration von 1% im Tank und eine Druckdifferenz von 50 bar verwendet.

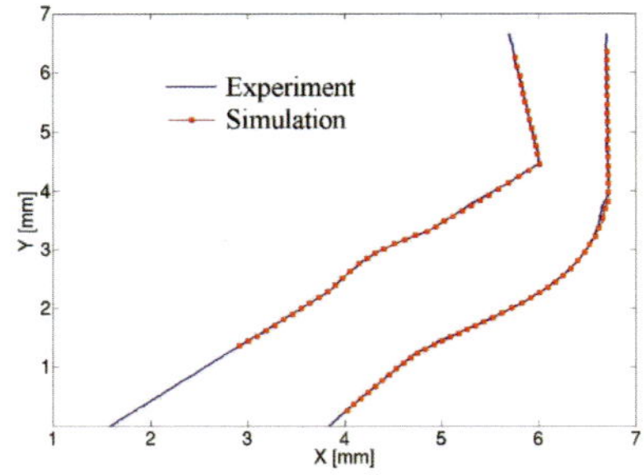

Abbildung 6.6.: Die Wand der Geometrie nach dem HE-Prozess. Der Winkel α beträgt 45°.

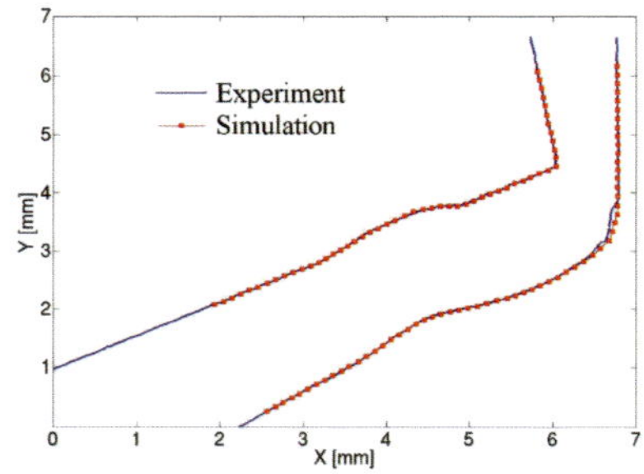

Abbildung 6.7.: Die Wand der Geometrie nach dem HE-Prozess. Der Winkel α beträgt 60°.

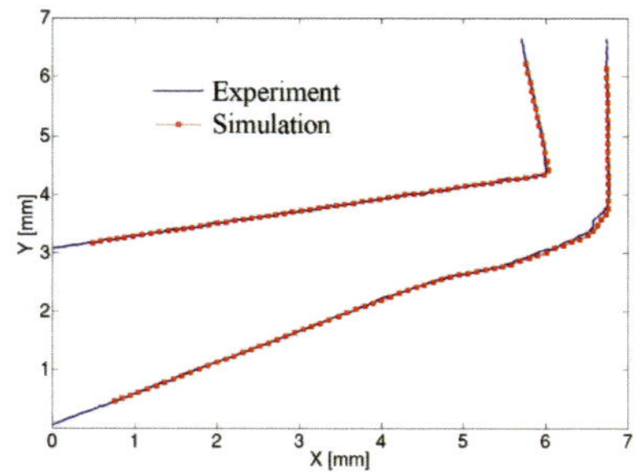

Abbildung 6.8.: Die Wand der Geometrie nach dem HE-Prozess. Der Winkel α beträgt 75°.

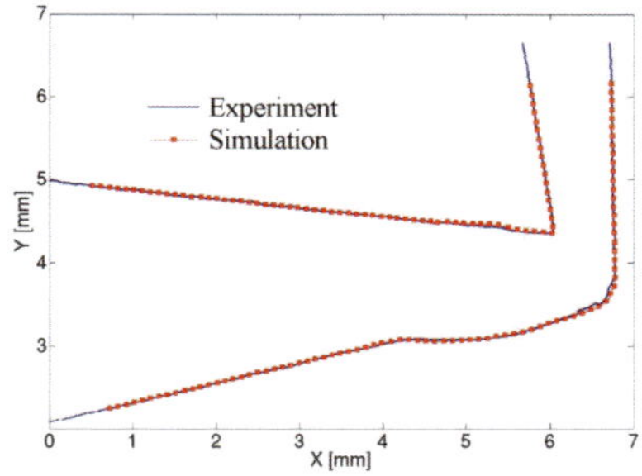

Abbildung 6.9.: Die Wand der Geometrie nach dem HE-Prozess. Der Winkel α beträgt 90°.

Es sind keine signifikanten Abweichungen zwischen der Simulation und dem Experiment nach dem hydroerosiven Verrundungsprozess vorhanden. Nur die Erosion an der unteren Wand, nahe der Umlenkung, weicht in der Simulation etwas von dem Experiment ab. Die Schwierigkeit der korrekten Abbildung kann mit den Stromlinien vor und nach dem HE Prozess in der xy-Ebene (Abbildung 6.10(a) und 6.10(b)) erklärt werden. Aufgrund des instationären Rezirkulationsgebiets ist eine exakte Abbildung der Erosion in der Simulation schwer möglich, da das Rezirkulationsgebiet im Laufe des Verrundungsprozesses verschwindet und die Simulation aufgrund der Rechenzeit die Erosion überhöht abbilden muss. Der Skalierungsfaktor in der Simulation beträgt bei den Umlenkungen 50.000. Die maximale Courantzahl ist bei den Simulationen 0,2. Dies erfordert eine Zeitschrittweite von 20 ns. Dadurch werden bis zu 40.000 Zeitschritte in der Simulation verwendet, um den HE-Prozess unter Verwendung der Skalierung vollständig abzubilden.

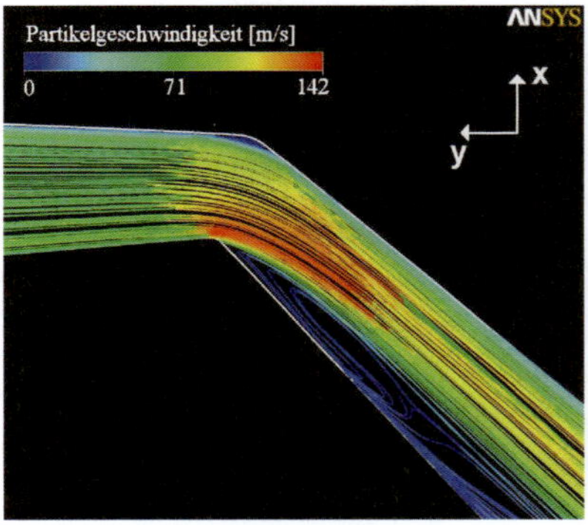

(a) Start des HE-Prozesses.

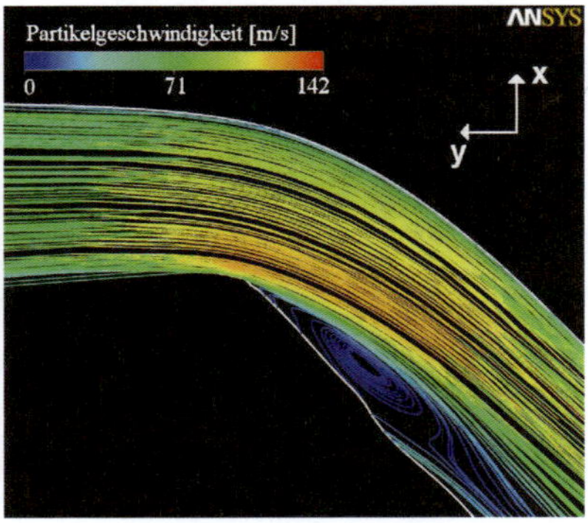

(b) Ende des HE-Prozesses.

Abbildung 6.10.: Darstellung der Partikelbahn in der xy-Ebene bei $z = 0,5$ mm (Re=5887, St=0,05). Links: Zu Beginn des HE-Prozesses. Rechts: Am Ende des HE-Prozesses (Öl Mo10, Druckdifferenz $\Delta P = 50$ bar, Partikeldurchmesser $d_p = 5\,\mu$m, Partikel-Volumenkonzentration im Tank $\epsilon_p = 1\%$).

Parametervariation und Begriffsdefinition

Im Folgenden wird der Einfluss der einstellbaren Parameter auf die Erosion untersucht. Bis auf einzelne Ausnahmen gilt, dass die Volumenkonzentration des Schleifkorns $\epsilon_p = 1\%$ beträgt, die Korngröße F1200 benutzt wird, die Geometrie aus dem Stahl „CrNi18" besteht und die Wandoberfläche eine Rauheit von weniger als 1 μm beträgt. Abweichende Konfigurationen werden explizit erwähnt. In den folgenden Abbildungen bezieht sich die maximale Partikelgeschwindigkeit an der Wand immer auf den, in der Simulation berücksichtigten, größeren Partikeldurchmesser der entsprechenden Korngröße. Analog dazu bezieht sich der lokale Aufprallwinkel des Partikels und die lokale Partikel-Volumenkonzentration auch auf den größeren Partikeldurchmesser. Beide Größen werden an der Stelle ermittelt, bei der die maximale Partikelgeschwindigkeit an der Wand existiert. Die Angabe der Stokeszahl bezieht sich stets auf den Partikeldurchmesser, der den größeren Massenanteil besitzt (siehe Tabelle 6.1.2).

6.2.1. Einfluss der Partikelform und der Druckdifferenz auf die Erosion

Zunächst wird der Einfluss der Partikelform auf die Erosion untersucht. Abbildung 6.11 zeigt neben diesen Einfluss auch die Abhängigkeit von der Druckdifferenz ΔP für die Umlenkwinkel $\alpha = 45°$ und $\alpha = 90°$ auf den Materialabtrag unter der Verwendung von Morlina10 als Trägermedium. Die Reynoldszahl beträgt 3679 für den Geometriewinkel $\alpha = 45°$ bei einer Druckdifferenz von 30 bar und 5887 bei einer Druckdifferenz von 50 bar. Analog dazu beträgt die Stokeszahl 0,03 bei 30 bar und 0,04 bei 50 bar.

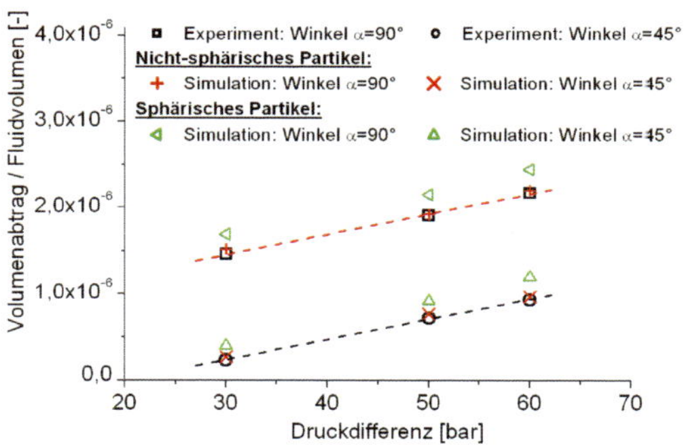

Abbildung 6.11.: Einfluss der Druckdifferenz auf die Erosion für die Geometriewinkel $\alpha = 45°$ und $\alpha = 90°$. Zusätzlich ist der Einfluss der simulierten sphärischen und nicht-sphärischen Partikelform mit ihren entsprechenden Koeffizienten der einzelnen Partikelkräfte, welche mit dem Lattice-Boltzmann Verfahren bestimmt wurden (siehe Abschnitt 2.4), dargestellt (Öl Mo10, Korngröße F1200, Partikel-Volumenkonzentration im Tank $\epsilon_p = 1\%$).

Es wird ein linearer Zusammenhang zwischen dem Wandabtrag und der Druckdifferenz ΔP bei beiden Umlenkwinkeln α beobachtet. Die Berücksichtigung der nicht-sphärischen Oberfläche der Partikel bewirkt eine bessere Übereinstimmung mit den Messungen. Wenn die Partikel als sphärische Partikel vereinfacht abgebildet werden, führt eine ansteigende Druckdifferenz ΔP zu einer etwas größeren Erosion in der Simulation als im Experiment. Die Stokeszahlen sind bei dieser Geometrie stets kleiner als eins, wodurch sich keine signifikante Abweichung zwischen einem sphärischen und einem nicht-sphärischen Partikel ergibt. Der lineare Anstieg des Materialabtrags pro Fluidvolumen kann mit der maximalen Partikelgeschwindigkeit an der Wand (siehe Abbildung 6.12) erklärt werden, bei der die Erosion im Wesentlichen stattfindet. An dieser Stelle ist zudem eine Erhöhung der Volumenkonzentration des Borkarbids (siehe Abbildung 6.13) und eine Erhöhung des Aufprallwinkels der Borkarbidteilchen (siehe Abbildung 6.14) festzustellen. Eine Steigerung der Druckdifferenz bewirkt somit eine Erhöhung der Partikel-Volumenkonzentration, der Partikelgeschwindigkeit und des Aufprallwinkels zugleich, da die Stokeszahl auch mit der Druckdifferenz steigt und somit die Partikel dem Strömungsfeld weniger folgen können.

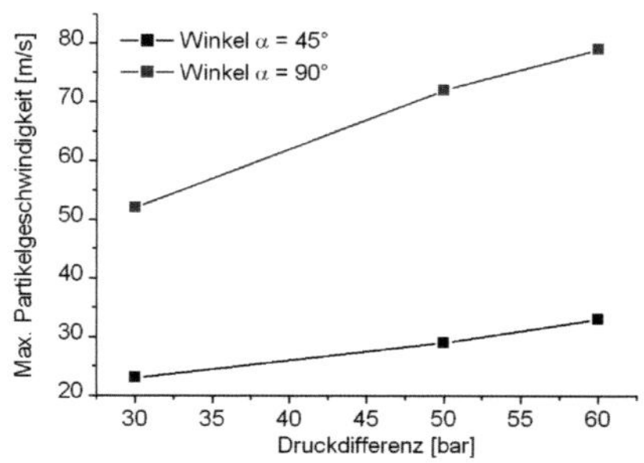

Abbildung 6.12.: Maximale Partikelgeschwindigkeit in Abhängigkeit von der Druckdifferenz.

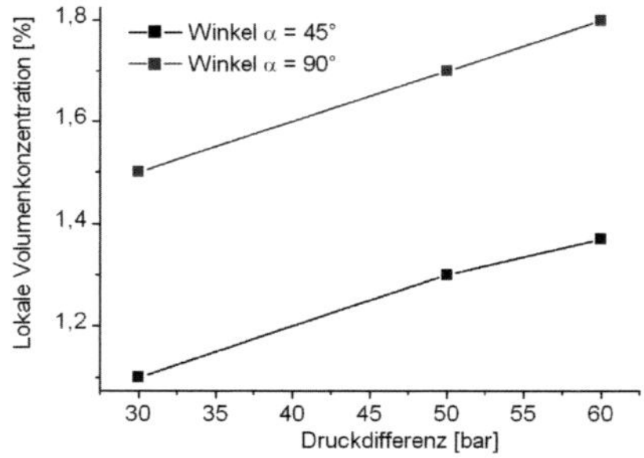

Abbildung 6.13.: Lokale Volumenkonzentration in Abhängigkeit von der Druckdifferenz.

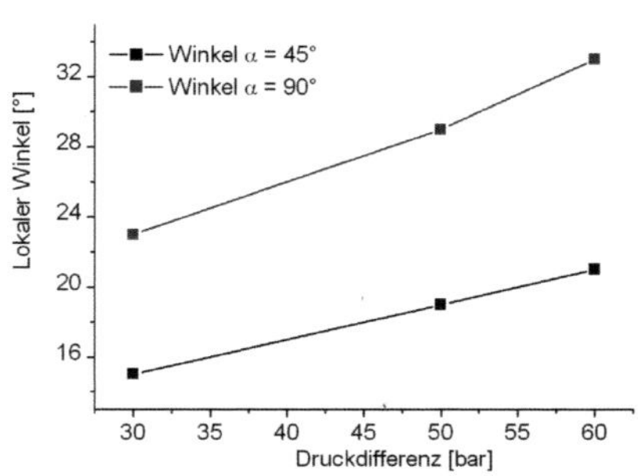

Abbildung 6.14.: Lokaler Aufprallwinkel in Abhängigkeit von der Druckdifferenz.

6.2.2. Einfluss der Volumenkonzentration der Partikel auf die Erosion

Der Einfluss der Volumenkonzentration der Partikel auf die Erosion wird in Abbildung 6.15 dargestellt. Das Trägermedium Morlina10 ist mit der Korngröße F1200 versetzt und die Druckdifferenz ΔP beträgt 30 bar. Daraus ergibt sich eine Reynoldszahl von 3679 und eine Stokeszahl von 0,03.

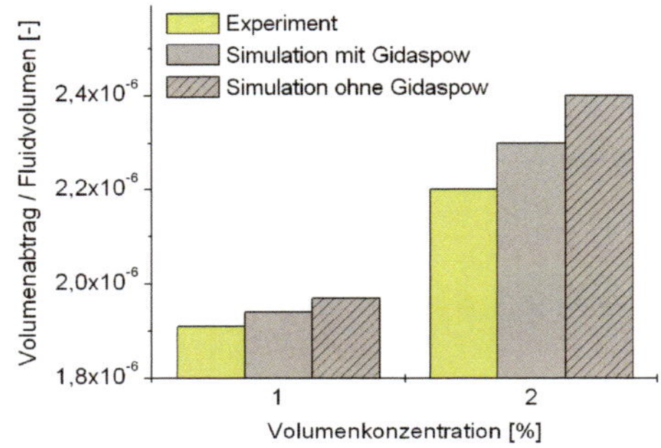

Abbildung 6.15.: Einfluss der Partikel-Volumenkonzentration auf die Erosion bei dem Winkel $\alpha = 45°$ (Öl Mo10, $\Delta P = 30$ bar, Korngröße F1200). Es wird neben den Messdaten auch der Einfluss des Gidaspow Modells, welches die Partikel-Partikel-Interaktion berücksichtigt, dargestellt.

Eine Verdopplung der Partikel-Volumenkonzentration im Tank von $\epsilon_p = 1\%$ auf $\epsilon_p = 2\%$ steht nicht direkt proportional zum Wandabtrag. Die schwache Erhöhung des Wandabtrags bei einer Partikel-Volumenkonzentration von $\epsilon_p = 2\%$ ist auf zwei Phänomene zurückzuführen. Einerseits wird die maximale Partikelgeschwindigkeit an der Wand bei der größeren Partikel-Volumenkonzentrationen leicht erniedrigt (siehe Abbildung 6.16).

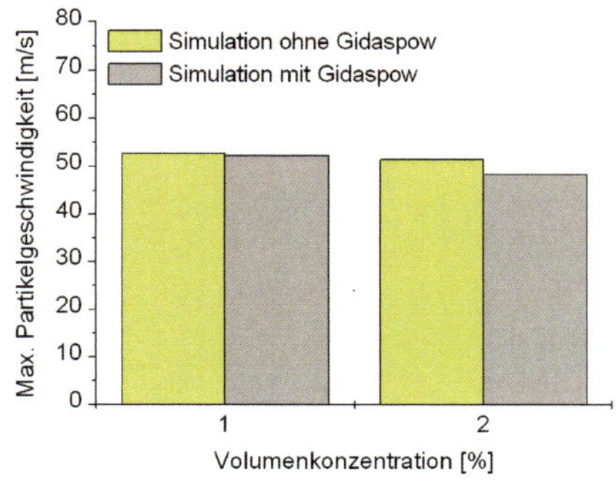

Abbildung 6.16.: Maximale Borkarbidgeschwindigkeit an der Wand der Umlenkung in Abhängigkeit von der Partikel-Volumenkonzentration im Tank.

Andererseits steigt die Partikel-Volumenkonzentration weniger stark an als die globale Partikel-Volumenkonzentration im Tank (siehe Abbildung 6.17). Dies ist aufgrund der Energiedissipation im Gidaspow Modell zu erklären. Zudem ist der lokale Aufprallwinkel der Partikel (siehe Abbildung 6.18) bei einer Partikel-Volumenkonzentration von $\epsilon_p = 1\%$ im Tank höher als der bei der höheren Konzentration im Tank. Auch hier verstärkt sich der Effekt durch die Verwendung des Partikel-Partikel Interaktionsmodells nach Gidaspow.

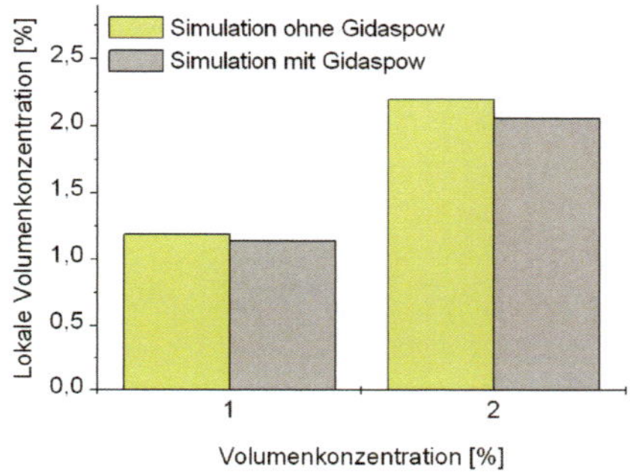

Abbildung 6.17.: Lokale Partikel-Volumenkonzentration an der Wand der Umlenkung in Abhängigkeit von der globalen Konzentration im Tank.

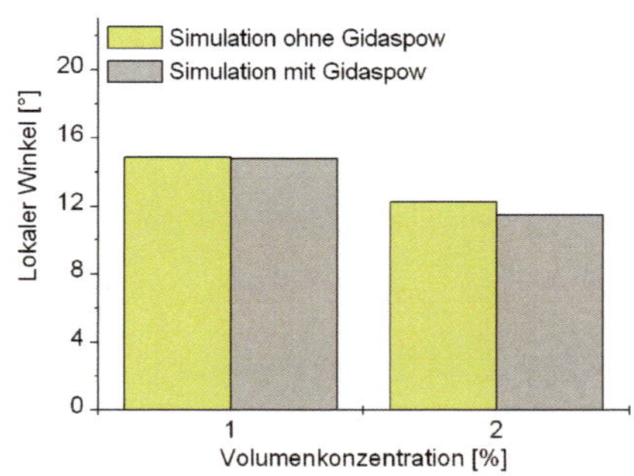

Abbildung 6.18.: Verlauf des Partikel-Aufprallwinkels gegenüber der Volumenkonzentration des Borkarbids im Tank.

Zusammenfassend ist zu beobachten, dass der schwache Anstieg des Wandabtrags bei steigender Volumenkonzentration des Borkarbids im Tank im Wesentlichen durch den reduzierten Aufprallwinkel und die schwache Zunahme der Volumenkonzentration des Borkarbids an der Wand verursacht wird.

6.2.3. Einfluss des Partikeldurchmessers auf die Erosion

Der Einfluss des Partikeldurchmessers auf die Erosion wird in Abbildung 6.19 skizziert. Es wird das Öl Morlina10, die Partikel-Volumenkonzentration im Tank $\epsilon_p = 1\%$ und die Druckdifferenz $\Delta P = 30\,\text{bar}$ verwendet. Bei diesen Versuchen beträgt die Reynoldszahl 3679 für den Geometriewinkel $\alpha = 45°$. Bei diesem Geometriewinkel α beträgt die Stokeszahl 0,03 beim Korn F1200 und entsprechend 0,75 beim groben Korn F400. Beide Stokeszahlen beziehen sich wie in Abschnitt 6.2 beschrieben auf den Partikeldurchmesser in der Simulation, der den größeren Massenanteil besitzt.

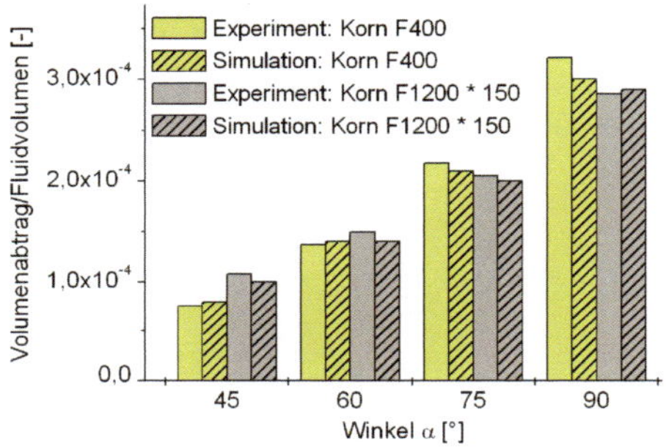

Abbildung 6.19.: Einfluss des Partikeldurchmessers in Abhängigkeit vom Wandabtrag. Das Korn F1200 ist in der Abbildung um den Faktor 150 überhöht dargestellt (Öl Mo10, $\Delta P = 30\,\text{bar}$, Partikel-Volumenkonzentration im Tank $\epsilon_p = 1\%$).

Es ist ein nicht-linearer Zusammenhang zwischen dem Partikeldurchmesser und dem Wandabtrag zu beobachten. Der Wandabtrag ist für die kleine Korngröße F1200 im Vergleich zur groben Korngröße F400 um den Faktor 150 überhöht dargestellt. Dies entspricht ungefähr dem Verhältnis des großen zum kleinen Partikeldurchmessers zur dritten Potenz. Ein Grund für diese starke Abhängigkeit der Erosionsrate von dem Partikeldurchmesser ist die Partikel-Relaxationszeit τ_{relax} (siehe Gleichung 2.4.5), die quadratisch mit dem Partikeldurchmesser ansteigt. Somit können die Borkarbidteilchen mit steigender Partikel-Relaxationszeit den Stromlinien des Fluids immer weniger folgen und treffen somit auf die Wand.

In Abbildung 6.20 ist die Abhängigkeit des Geometriewinkels α von der maximalen Partikelgeschwindigkeit an der Wand illustriert. Durch die Trägheit der Partikel erreichen die großen Partikel eine um den Faktor zwei bis drei höhere Geschwindigkeit an der Wand. Aufgrund der höheren Energiedissipation bei Partikel-Partikel Kollisionen mit kleineren Partikeln (aber gleicher Partikel-Volumenkonzentration im Tank) sowie die größeren Stokeszahlen bei größeren Winkeln α sinkt die Partikelgeschwindigkeit bei den kleineren Partikeln in Abhängigkeit vom Umlenkwinkel α.

Zudem verursacht die größere Trägheit der größeren Partikel eine größere Partikel-Volumenkonzentration an der gleichen Wandposition (siehe Abbildung 6.21). Die Anzahl der Partikel des größeren Partikeldurchmessers ist ungefähr fünf mal höher an der maximalen Erosionsstelle als die Partikel mit dem kleineren Durchmesser.

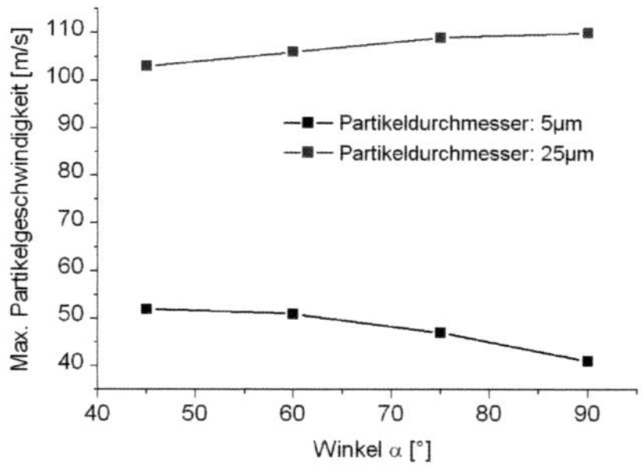

Abbildung 6.20.: Maximale Partikelgeschwindigkeit in Abhängigkeit vom Partikeldurchmesser und Winkel.

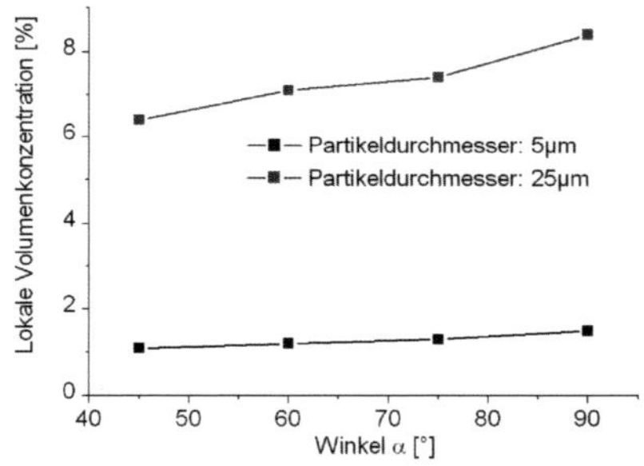

Abbildung 6.21.: Lokale Volumenkonzentration in Abhängigkeit vom Partikeldurchmesser und Winkel.

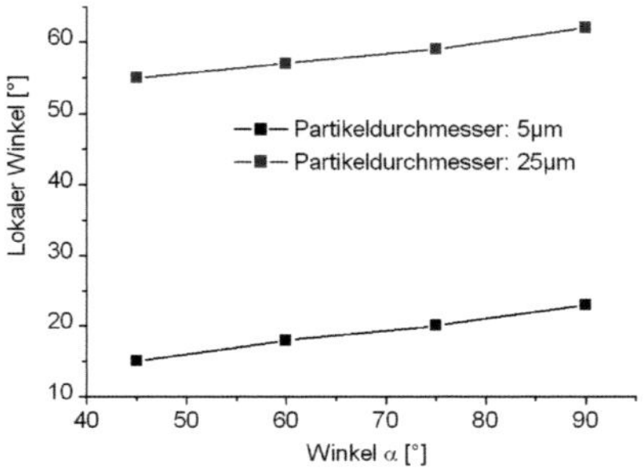

Abbildung 6.22.: Lokaler Aufprallwinkel in Abhängigkeit vom Partikeldurchmesser und Winkel.

Auch der Aufprallwinkel der Partikel ist für das größere Partikel um den Faktor drei bis vier größer, was aus der Abbildung 6.22 hervorgeht.

Zusammenfassend lässt sich feststellen, dass das Hydro-Erosionsmodell (siehe Gleichung 5.2.32 und 5.2.33) genauso wie die Messdaten eine für jeden Umlenkwinkel um den Faktor 150 höheren Wandabtrag als bei dem gröberen Korn F400 berechnet.

6.2.4. Einfluss des Wandmaterials auf die Erosion

In Abbildung 6.23 wird der Einfluss des Wandmaterials auf die Erosion für den Geometriewinkel $\alpha = 45°$ dargestellt. Dabei beträgt die Reynoldszahl 3679 und die Stokeszahl ist 0,03 für alle Simulationen und Experimente.

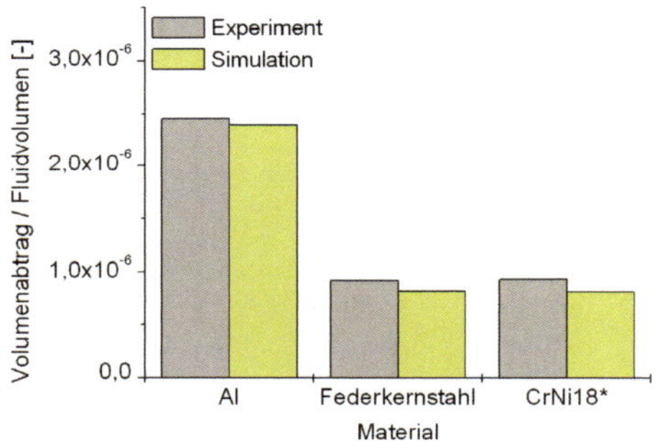

Abbildung 6.23.: Einfluss des Wandmaterials Aluminium und Stahl auf den Abtrag. Der Stern in der Bezeichnung „CrNi18*“ steht für eine besondere Bearbeitung der Geometriewand vor dem hydro-erosiven Verrunden. Die Oberfläche der Wand wurde zuvor poliert, wodurch die Wandrauheit weniger als ein Mikrometers betragen hat (Öl Mo10, $\Delta P = 30\,\text{bar}$, Korngröße F1200, Partikel-Volumenkonzentration im Tank $\epsilon_p = 1\%$).

Das Aluminium (Al) und der Stahl „CrNi18“ zeigen signifikante Unterschiede im Erosionsverhalten aufgrund ihrer stark unterschiedlichen Materialhärten. Zwischen den Experimenten und den Simulationen existiert eine sehr gute Übereinstimmung. Es ist zu beachten, dass sich das Hydro-Erosionsmodell bei den zwei verschiedenen Materialien nur in den Konstanten C, ϕ_m und u_{el}(siehe Tabelle 5.2.1) unterscheidet. Der Stahl „(CrNi18*)“ besitzt eine Oberflächenrauheit von $10\,\mu m$. Diese rauhe Oberfläche zeigt keinen signifikanten Unterschied im Erosionsverhalten im Vergleich zum glatt polierten Stahl „CrNi18“.

6.2.5. Einfluss des Trägermediums auf die Erosion

Als letzter Parameter wird die Viskosität des Trägermediums bei der Druckdifferenz von $\Delta P = 30\,\text{bar}$, der Partikel-Volumenkonzentration von $\epsilon_p = 1\%$ und der Korngröße F1200 variiert. Die Reynoldszahl beträgt 3679 bei dem Trägermedium Morlina10 und 1206 bei dem Trägermedium Clavus32 für den Geometriewinkel $\alpha = 45°$. Die Stokeszahl beträgt dabei 0,03 (Öl Mo10) und 0,008 (Öl Clavus32). In Abbildung 6.24 zeigt sich ein antiproportionales Verhalten der Erosion bezüglich der Viskosität. Das Trägermedium Clavus32 ist dabei um den Faktor 3,2 vergrößert dargestellt.

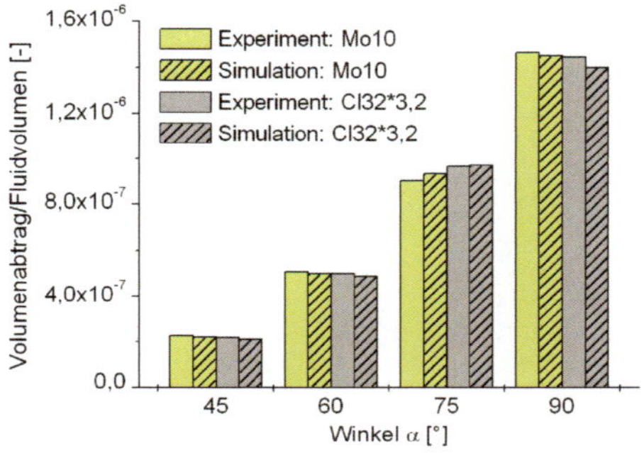

Abbildung 6.24.: Einfluss des Trägermediums auf die Erosion an der Umlenkung. Der Erosion bei dem Öl Clavus32 ist in der Abbildung um den Faktor 3,2 erhöht dargestellt ($\Delta P = 30\,\text{bar}$, Korngröße F1200, Partikel-Volumenkonzentration im Tank $\epsilon_p = 1\%$).

Der Einfluss der Viskosität auf die Erosion wird über die Stokeszahl erklärt, die sich antiproportional zur Viskosität verhält. Es lässt sich eine gute Übereinstimmung zwischen Simulation und Experiment beobachten. Aufgrund einer höheren Viskosität können die Partikel dem Strömungsfeld besser folgen und kollidieren somit weniger mit der Wand, bei der die Erosion im Wesentlichen stattfindet (siehe Abbildung 6.25).

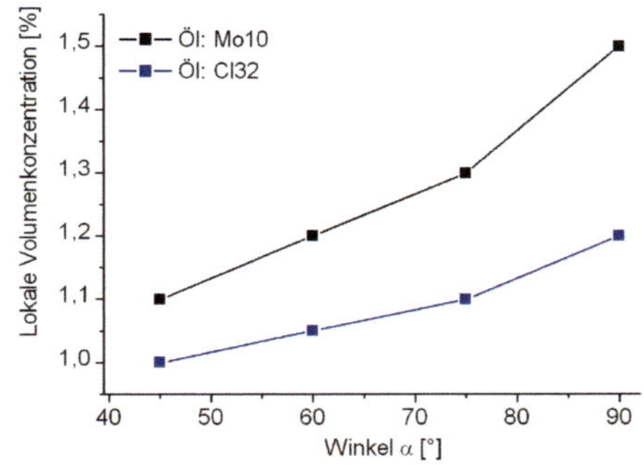

Abbildung 6.25.: Maximale Partikel-Volumenkonzentration in Abhängigkeit des Trägermediums und des Umlenkwinkels α.

Zusätzlich bewirkt eine höhere Viskosität sowohl eine geringere lokale Partikelgeschwindigkeit an der Wand (siehe Abbildung 6.26) als auch einen kleineren Partikelaufprallwinkel an der Wand (siehe Abbildung 6.27).

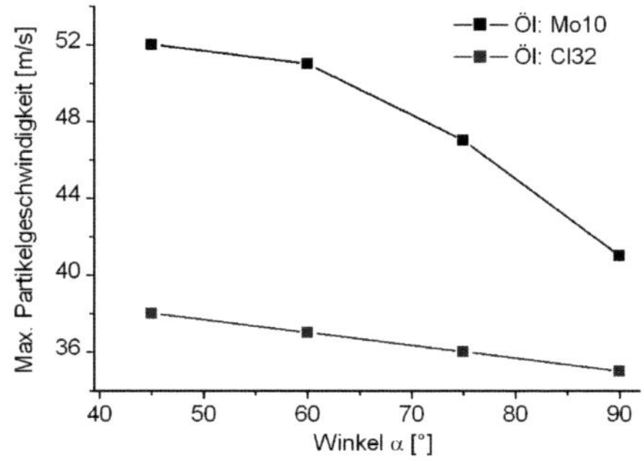

Abbildung 6.26.: Lokale Partikelgeschwindigkeit in Abhängigkeit des Trägermediums und des Umlenkwinkels α.

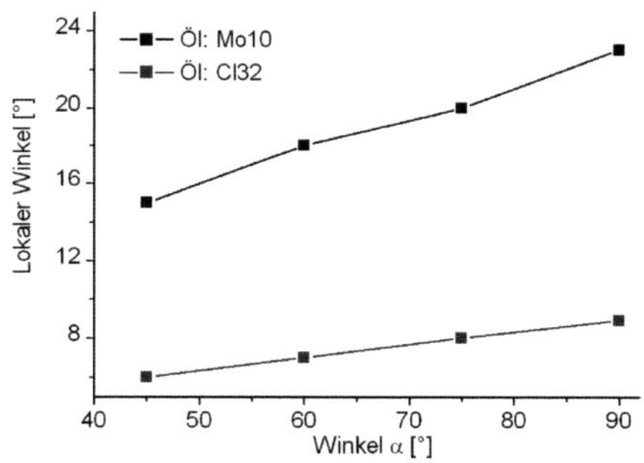

Abbildung 6.27.: Lokaler Aufprallwinkel der Partikel in Abhängigkeit des Trägermediums und des Umlenkwinkels α.

Die Partikelgeschwindigkeit sinkt mit größerem Umlenkwinkel α, da der Massenstrom durch die Geometrie mit größerem Umlenkwinkel α sinkt. Analog dazu verhält sich der Aufprallwinkel des Partikels an dieser Position.

Zusammenfassend lässt sich feststellen, dass die Validierung des Hydro-Erosionsmodells im Zusammenspiel mit der Euler-Euler Simulation an den Planargeometrien erfolgreich war. Es konnte eine sehr gute Übereinstimmung zwischen der Simulation und dem Experiment mit den variierten HE-Parametern (Druck, Konzentration, Partikeldurchmesser, Wandmaterial und Öl) festgestellt werden. In der Simulation ist aufgrund der kleinen Stokeszahlen nur ein geringer Unterschied im Erosionsverhalten zwischen einem sphärischen Partikel und einem Borkarbidteilchen festzustellen.

6.3. Validierung an einer Drossel

Die zweite Testgeometrie stellt eine Drossel dar. Die Zeichnung in Abbildung 6.28 illustriert die konische Zylinderbohrung der Drossel. Der Durchmesser des Zylinders beträgt am Einlass $120\,\mu m$ und am Auslass $100\,\mu m$.

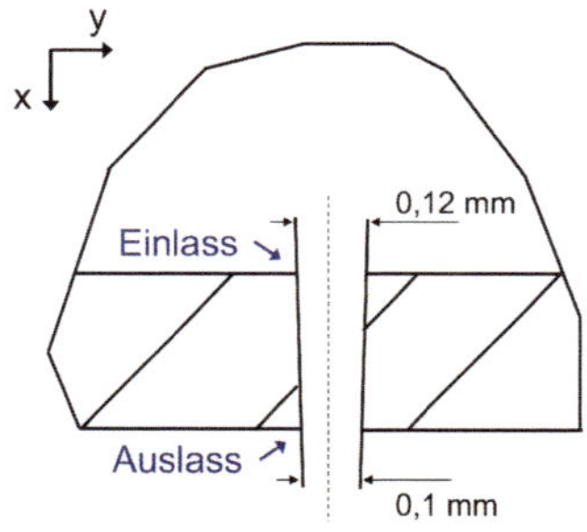

Abbildung 6.28.: Skizze der Drosselgeometrie.

Durch die geringe Konizität des Zylinders tritt nur eine Erosion an der Einlasskante auf. Die Verrundung der Einlasskante ist mit dem Massenstrom verknüpft. Im Folgenden wird die *HE-Grad Rate* eingeführt:

$$HE\text{-}Grad\ Rate = \frac{HE\text{-}Grad}{t_{Pro}}. \tag{6.3.1}$$

Sie entspricht dem Verhältnis zwischen dem *HE-Grad* (siehe Gleichung 6.1.1) und der Prozesszeit t_{Pro}. Für die Beschreibung der Strömungsbedingungen wird die Rohr-Reynoldszahl

$$Re = \frac{D\, u_{mittel}}{\nu_f} \tag{6.3.2}$$

verwendet. Hierbei stellt D den Rohrdurchmesser am Einlass, ν_f die kinematische Viskosität des Öls und u_{mittel}, die über den Querschnitt gemittelten Geschwindigkeit am Einlass, dar. Sie wird bei den Versuchen zwischen 309 und 2081 variiert.

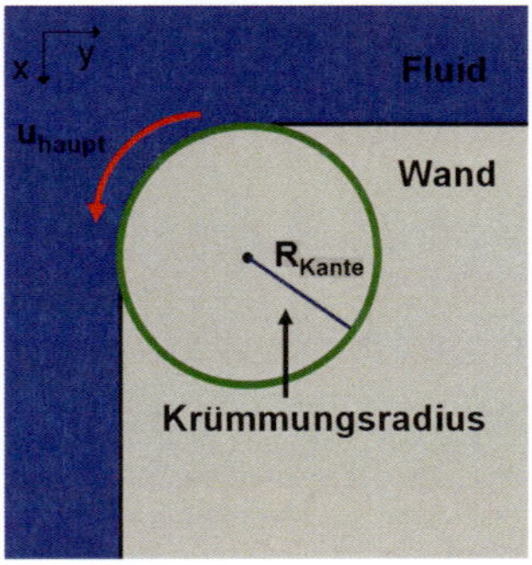

Abbildung 6.29.: Abbildung der Einlasskante der Drosselbohrung. Die Hauptströmungsrichtung ist dabei von oben nach unten gerichtet. Es wird die Definition des Krümmungsradius R_{Kante} und der Fluidgeschwindigkeit u_{haupt} dargestellt.

Die Stokeszahl ist über die mittlere Fluidgeschwindigkeit nahe der Einlasskante u_{haupt} und dem Kantenradius R_{Kante} (siehe Abbildung 6.29) vor dem HE-Prozess definiert:

$$St = \frac{\rho_p \, d_p^2 \, u_{haupt}}{18 \, \mu_f \, R_{Kante}}. \tag{6.3.3}$$

Die Fluidgeschwindigkeit u_{haupt} wird aus dem Mittelwert der Fluidgeschwindigkeiten, die sich in einem radialen Abstand von $5\,\mu$m von der Einlasskante befinden, bestimmt. Die Stokeszahl beträgt je nach Versuchseinstellung zwischen 0,3 und 10,4. Sowohl die Simulation als auch der HE-Prozess wird bei einem $HE - Grad$ von 7% beendet.

Die Analyse der Lochform an der Einlasskante wird mittels Raster-Elektronen-Mikroskop (REM) Bilder vorgenommen. Die REM Technologie wird unter anderem bei Demtröder [185] vorgestellt. Ein direkter qualitativer Vergleich zwischen Experiment und Simulation nach dem HE-Prozess ist mit den Abbildungen 6.30 und 6.31 gegeben.

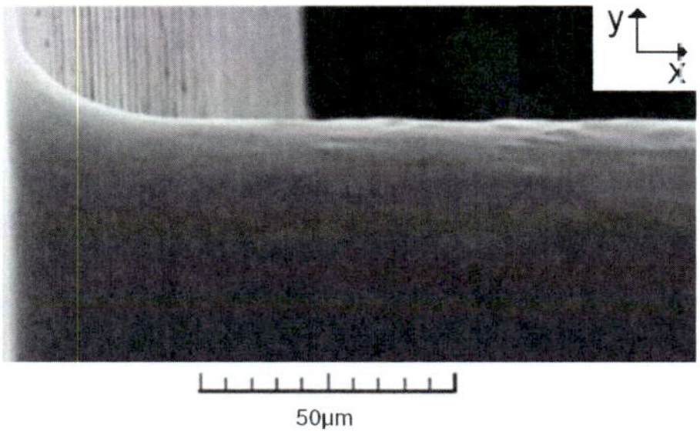

Abbildung 6.30.: Die Abbildung zeigt eine REM Aufnahme an der Einlasskante der Drossel nach dem hydro-erosiven Verrunden. Die Hauptströmungsrichtung verläuft von links nach rechts.

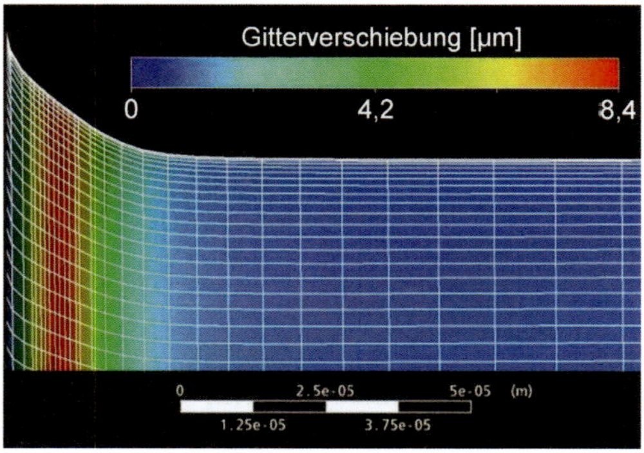

Abbildung 6.31.: Das verformte Rechengitter an der Einlasskante der Drossel nach dem hydro-erosiven Verrunden. Die Hauptströmungsrichtung verläuft von links nach rechts.

Es ist eine gute qualitative Übereinstimmung der Einlasskantenverrundung zwischen dem Experiment und der Simulation zu beobachten. Es tritt auch keine Erosion außerhalb des Bereichs der Einlasskante in der Simulation auf. Der Einfluss der Wandrauheit wird in der Simulation nicht abgebildet, wie in Abbildung 6.31 zu erkennen ist.
Ein quantitativer Vergleich zwischen der Einlasskante im Experiment und in der Simulation wird in Abbildung 6.32 illustriert. Es besteht eine gute Übereinstimmung zwischen dem Experiment und der Simulation.

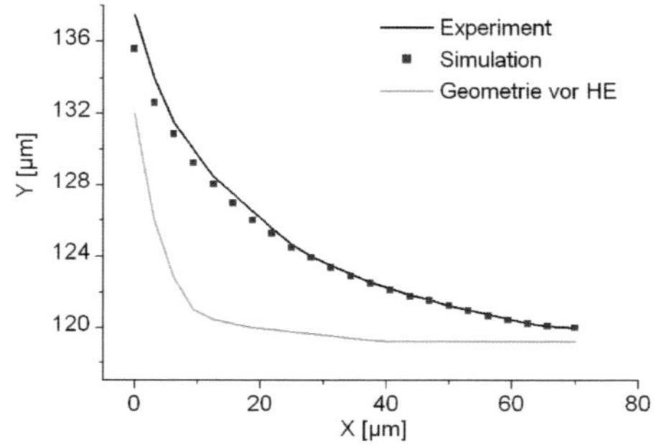

Abbildung 6.32.: Quantitativer Vergleich zwischen der Kontur der Einlasskante im Experiment und der Simulation nach dem hydro-erosiven Verrunden. Zusätzlich wird die Kontur der Einlasskante vor dem hydro-erosiven Verrunden dargestellt.

Im Folgenden werden die HE-Parameter: Druckdifferenz, Partikel-Volumenkonzentration, Korngröße und Viskosität variiert und auf die *HE-Grad Rate* untersucht. Die Temperatur beträgt in der Drossel für alle Versuche 40°C. Bei allen HE-Parametern wird nur eine Verrundung an der Einlasskante beobachtet. Es findet keine Erosion im weiteren Spritzlochverlauf statt, wodurch ausschließlich das Erosionsverhalten an der Einlasskante untersucht werden kann. Die Rohr-Reynoldszahl liegt dabei je nach Einstellung des Drucks und der Viskosität zwischen 300 und 2000. Alle physikalischen Werte wie die Partikelgeschwindigkeit, die Partikel-Volumenkonzentration oder der Aufprallwinkel der Partikel werden stets an der Position der Einlasskante bestimmt, die in Abbildung 6.37 mit einem roten Kreuz markiert ist. In den folgenden Abbildungen bezieht sich sowohl die lokale Partikelgeschwindigkeit als auch der Aufprallwinkel des Partikels immer auf den größeren Partikeldurchmesser der entsprechenden Korngröße (siehe Tabelle 6.1.2).

6.3.1. Einfluss der Partikelform auf die Erosion

Zuerst wird der Einfluss der Partikelform auf die Erosion untersucht. Abbildung 6.33 zeigt den Einfluss der Annahme einer sphärischen oder einer Borkarbid-förmigen Partikeloberfläche (siehe Abschnitt 3.4) auf die Erosion. Die HE-Parameter sind dabei wie folgt eingestellt: Druckdifferenz $\Delta P = 100\,\text{bar}$, Volumenkonzentration der Partikel im Tank $\epsilon_p = 1\%$ und Korngröße F1200. Es wird für die Korrektur der Koeffizienten der Widerstands- und History-Kraft ein signifikanter Einfluss beobachtet, da die Stokeszahl an der Einlasskante größer als eins ist und somit die Partikel der Strömung nicht folgen können. Die Korrektur der Koeffizienten der Auftriebskräfte (Magnus- und Saffmankraft) an die Form des Borkarbids kann in diesem Fall vernachlässigt werden, da die Widerstandskraft und die History-Kraft dominierend sind. Dies ist damit zu erklären, dass die Saffmankraft bzw. die Magnuskraft nicht linear vom Partikeldurchmesser abhängig ist. Im Gegensatz dazu ist zum Beispiel die Widerstandskraft nur linear vom Partikeldurchmesser im Stokesbereich abhängig. Dies führt bei den kleinen Borkarbidteilchen bei zugleich kleiner Scherrate im Fluid bzw. kleiner Rotationsgeschwindigkeit der Partikel zu einer geringen Saffman- und Magnuskraft.

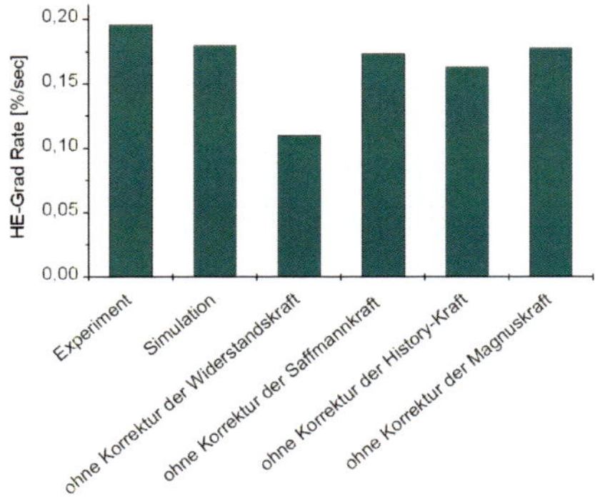

Abbildung 6.33.: Vergleich zwischen den experimentellen Daten und den Simulationen. Es wird der Einfluss der Koeffizienten aus der BBO Gleichung für sphärische und nicht-sphärische Partikel auf das Erosionsverhalten dargestellt. Simulation: Berücksichtigung aller Kräfte mit den Koeffizienten für nicht-sphärische Partikel, welche mit dem Lattice-Boltzmann Verfahren berechnet wurden (siehe Abschnitt 2.4). Ohne Korrektur der Widerstandskraft: Alle Partikelkräfte mit Ausnahme der Widerstandskraft werden mit den Koeffizienten für nicht-sphärische Partikel berechnet. Ohne Korrektur der Saffmankraft: Alle Partikelkräfte mit Ausnahme der Saffmankraft werden mit den Koeffizienten für nicht-sphärische Partikel berechnet. Ohne Korrektur der History-Kraft: Alle Partikelkräfte mit Ausnahme der History-Kraft werden mit den Koeffizienten für nicht-sphärische Partikel berechnet. Ohne Korrektur der Magnuskraft: Alle Partikelkräfte mit Ausnahme der Magnuskraft werden mit den Koeffizienten für nicht-sphärische Partikel berechnet.

6.3.2. Einfluss der Druckdifferenz auf die Erosion

Die Abbildung 6.34 zeigt den Einfluss der Druckdifferenz bei dem verwendeten Öl Clavus32. Das Verhältnis zwischen dem Einlass- und Auslassdruck ist zwei zu eins. Die Reynoldszahl beträgt 309 und die Stokeszahl ist 1,7 bei der Druckdifferenz von 50 bar.

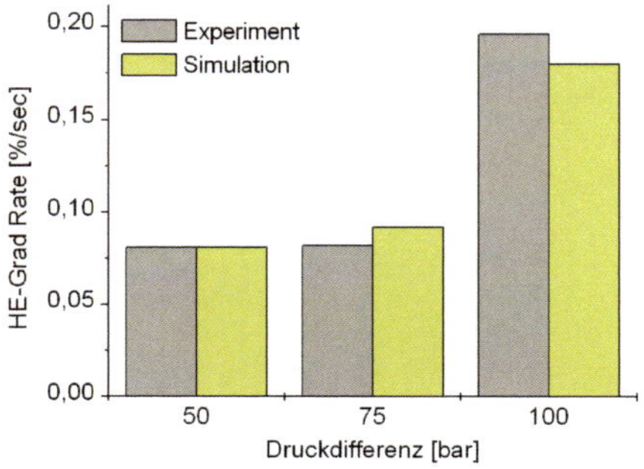

Abbildung 6.34.: Einfluss der Druckdifferenz auf die *HE-Grad Rate* (Öl Cl32, Korngröße F1200, Partikel-Volumenkonzentration im Tank $\epsilon_p = 1\%$).

Für die Druckdifferenz von 100 bar beträgt die Reynoldszahl 508 und die Stokeszahl ist 2,8. Bei der Entwicklung des Hydro-Erosionsmodells in Abschnitt 5.2.5 werden die Proportionalitätskonstanten k_1 und k_2

aus dem Vergleich zwischen dem Experiment und der Simulation bei folgender HE-Einstellung bestimmt: Öl Clavus32, Druckdifferenz $\Delta P = 50\,\text{bar}$, Korngröße F1200 und Partikel-Volumenkonzentration im Tank $\epsilon_p = 1\%$. Diese Einstellung stellt die Referenz zwischen der Simulation und dem Experiment dar, wodurch der Wert aus der Simulation und der Messung exakt übereinstimmt. Die Simulation zeigt bei den beiden höheren Druckdifferenzen keine signifikanten Unterschiede im Vergleich zum Experiment. Die nicht lineare Abhängigkeit der Druckdifferenz von der *HE-Grad Rate* erklärt sich durch zwei konkurrierende Phänomene. Einerseits erhöht sich die Geschwindigkeit der Partikel mit steigender Druckdifferenz ΔP (Abbildung 6.35). Andererseits erreichen große Partikel bei einer größeren Druckdifferenz ΔP nicht die Einlasskante (Abbildung 6.36). Am Ende des HE-Prozesses besitzen die Partikel an der Wand der Einlasskante eine geringere Geschwindigkeit, da die verrundete Einlasskante eine kleinere Stokeszahl bewirkt.

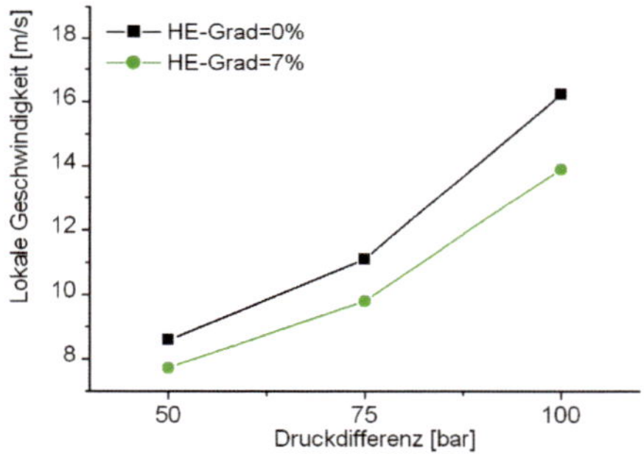

Abbildung 6.35.: Borkarbidgeschwindigkeit an der Einlasskante in Abhängigkeit von der Druckdifferenz. Zu Beginn des HE-Prozesses (schwarz) ist der Aufprallgeschwindigkeit an der Einlasskante höher als am Ende des HE-Prozesses (grün).

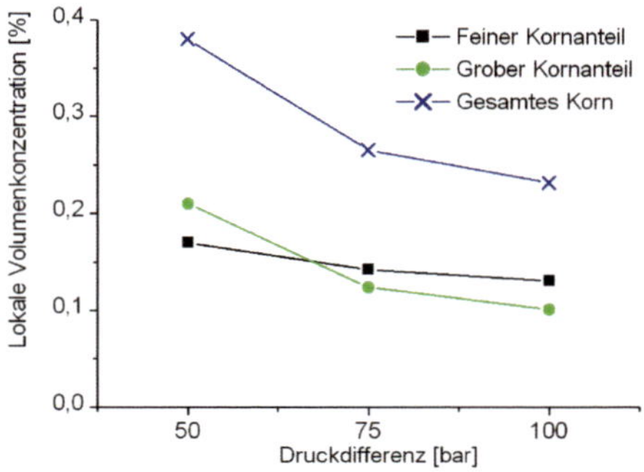

Abbildung 6.36.: Einfluss der Partikel-Volumenkonzentration in Abhängigkeit von der Druckdifferenz zu Beginn des HE-Prozesses. Es wird neben der gesamten Partikel-Volumenkonzentration des Korns F1200 auch die der zwei berücksichtigten Partikeldurchmesser dargestellt.

Das feine Korn hingegen erreicht auch noch bei einer Druckdifferenz von $\Delta P = 100\,\text{bar}$ die Einlasskante. Der Grund für dieses Verhalten ist, dass die Partikel aufgrund ihrer Trägheit den Stromlinien nicht optimal folgen können (siehe Abbildung 6.37).

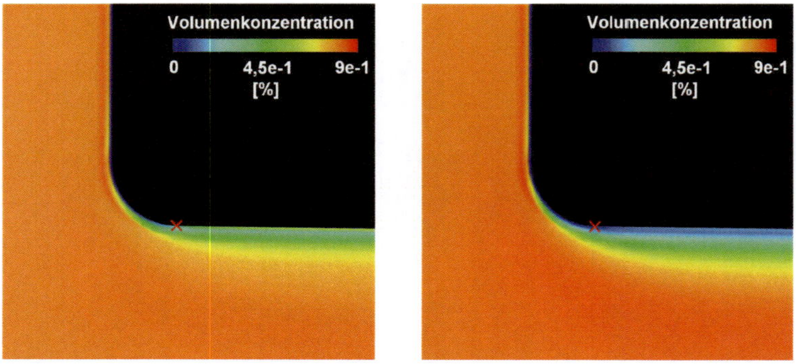

(a) Druckdiferenz $\Delta P = 50\,bar$.

(b) Druckdifferenz $\Delta P = 100\,bar$.

Abbildung 6.37.: Vergleich zwischen der lokalen Partikel-Volumenkonzentration der großen Partikel (Partikeldurchmesser $d_p = 5\,\mu\text{m}$) an der Einlasskante bei der Druckdifferenz von $\Delta P = 50\,\text{bar}$ (links) und $\Delta P = 100\,\text{bar}$ (rechts). Das rote Kreuz markiert die Position, an der die physikalischen Werte gemessen werden. Die Strömungsrichtung ist von links nach rechts (Öl Cl32, Korngröße F1200, Partikel-Volumenkonzentration im Tank $\epsilon_p = 1\%$).

Bei einer höheren Strömungsgeschwindigkeit an der Einlasskante, das heißt eine höhere Druckdifferenz, können die Partikel nicht schnell genug den gekrümmten Stromlinien an der Einlasskante folgen und erreichen somit nicht die Einlasskante. Zusätzlich reduziert sich auch der Aufprallwinkel der Partikel bei steigender Druckdifferenz ΔP (siehe Abbildung 6.38). Alle physikalischen Werte werden dabei, wie oben bereits erwähnt, an der Position der Einlasskante bestimmt, die in Abbildung 6.37 mit einem roten Kreuz markiert ist.

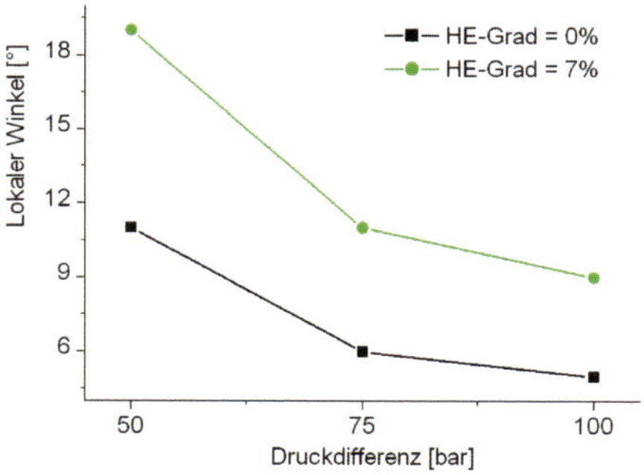

Abbildung 6.38.: Borkarbidgeschwindigkeit an der Einlasskante in Abhängigkeit von der Druckdifferenz. Beim Start des HE-Prozesses (schwarz) ist der Aufprallwinkel an der Einlasskante geringer als beim Abschalten des HE-Prozesses (grün).

6.3.3. Einfluss der Volumenkonzentration der Partikel auf die Erosion

Als weiterer Einflussparameter wird die Volumenkonzentration der dispersen Phase in Abbildung 6.39 untersucht. Auch hier wird eine gute Übereinstimmung zwischen Experiment und Simulation beobachtet. Der Referenzpunkt zwischen Experiment und Simulation ist bei der Partikel-Volumenkonzentration von $\epsilon_p = 1\%$ im Tank zu sehen (siehe Abschnitt 6.3.2). Die Reynoldszahl beträgt 309 und die Stokeszahl ist 1,7.

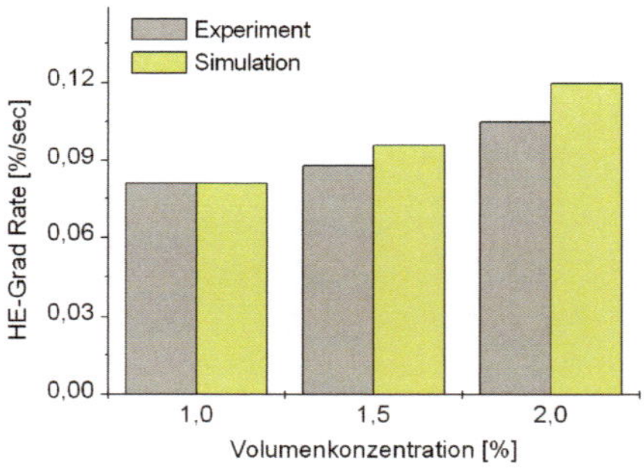

Abbildung 6.39.: Einfluss der Partikel-Volumenkonzentration auf die *HE-Grad Rate* (Öl C132, $\Delta P = 50\,\text{bar}$, Korngröße F1200).

Mit steigender Partikel-Volumenkonzentration erhöht sich die *HE-Grad Rate* nur leicht. Dies resultiert aus dem Energieverlust der Partikel bzw. einem Geschwindigkeitsverlust der Partikel. Der Energieverlust wird durch die Partikel-Partikel Stöße untereinander verursacht. Abbildung 6.40 zeigt dieses Verhalten in Abhängigkeit von der Volumenkonzentration der Partikel.

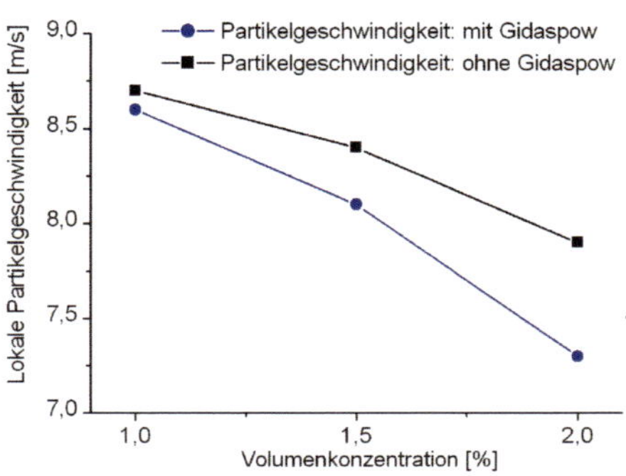

Abbildung 6.40.: Einfluss der Partikel-Volumenkonzentration auf die lokale Partikelgeschwindigkeit an der Einlasskante zu Beginn des HE-Prozesses.

Außerdem erhöht sich die Partikel-Volumenkonzentration an der Einlasskante weniger stark als die globale Partikel-Volumenkonzentration im Tank (siehe Abbildung 6.41). Dieser Effekt wird einerseits durch das Partikel-Partikel Kollisionsmodell von Gidaspow modelliert. Andererseits entsteht durch die Rückkopplung der Partikelkräfte auf das Strömungsfeld ein Kraftterm, der eine Senkung der Partikel-Volumenkonzentration an der Wand bewirkt.

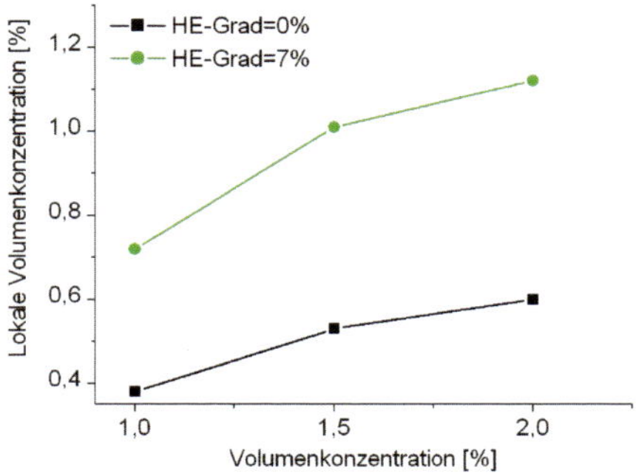

Abbildung 6.41.: Einfluss der Partikel-Volumenkonzentration im Tank auf die lokale Volumenkonzentration des Borkarbids an der Einlasskante zu Beginn des HE-Prozesses (schwarz) und am Ende des HE-Prozesses (grün).

6.3.4. Einfluss des Partikeldurchmessers auf die Erosion

In Abbildung 6.42 wird der Einfluss des Partikeldurchmessers dargestellt. Das Trägerfluid ist dabei das Clavus32. Bei dem Korn F1200 sind bei diesen HE-Parametern die Modellkonstanten anhand des Vergleichs zwischen dem Experiment und der Simulation bestimmt worden (siehe Abschnitt 6.3.2). In diesem Testfall ist die lokale Partikel-Volumenkonzentration an der Einlasskante nahezu unabhängig vom Partikeldurchmesser, da die hohe Viskosität des Trägermediums Clavus32 und die geringe Druckdifferenz von $\Delta P = 50\,\text{bar}$ für eine fast gleiche Verteilung der Partikel in der Drossel bewirkt. Die Stokeszahl beträgt 0,3 für das Korn F3000 und für das gröbere Korn F1200 ist die Stokeszahl 1,7.

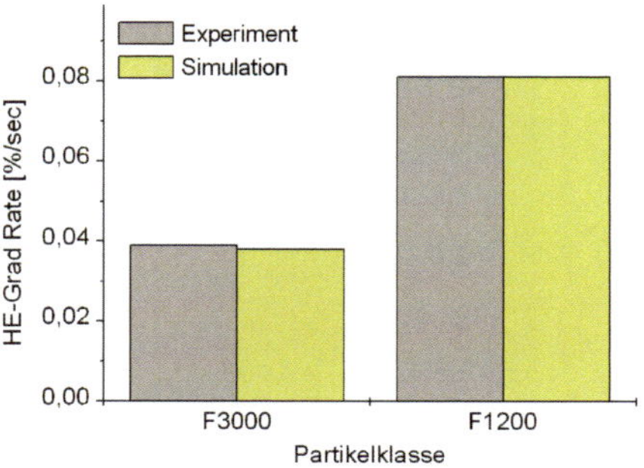

Abbildung 6.42.: Abhängigkeit der Partikelklasse von der *HE-Grad Rate* (Öl Cl32, $\Delta P = 50\,\text{bar}$, Partikel-Volumenkonzentration im Tank $\epsilon_p = 1\%$).

Es ist eine gute Übereinstimmung zwischen Experiment und Simulation festzustellen. Aufgrund der kleinen

Partikeldurchmesser können die Partikel optimal der Strömung folgen. Somit ist der Aufprallwinkel und die Partikelgeschwindigkeit an der Einlasskante unabhängig vom Partikeldurchmesser. Daraus leitet sich eine lineare Abhängigkeit des Partikeldurchmessers von der Erosionsrate ab. Dieses Verhalten ist auch im Hydro-Erosionsmodell (siehe Gleichung 5.2.32 und Gleichung 5.2.33) zu finden.

6.3.5. Einfluss des Trägermediums auf die Erosion

Als letzter Einflussparameter wird das Trägermedium auf das Erosionsverhalten in Abbildung 6.43 dargestellt.

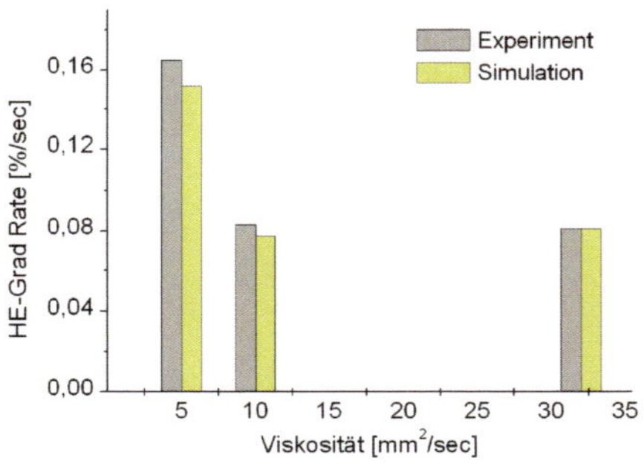

Abbildung 6.43.: Einfluss der Viskosität des Trägermediums auf die *HE-GradRate* ($\Delta P = 50\,\text{bar}$, Partikel-Volumenkonzentration im Tank $\epsilon_p = 1\%$).

Es ist eine gute Übereinstimmung zwischen den Experimenten und der Simulation festzustellen. Die Reynoldszahl beträgt 2081 beim Trägermedium Morlina5 und 309 beim Trägermedium Clavus32. Dabei ist die Stokeszahl 10,4 bei Morlina5 und 1,7 bei Clavus32. Das Trägermedium Clavus32 stellt, wie im Abschnitt 6.3.2 beschrieben, den Referenzpunkt zwischen dem Experiment und der Simulation dar.

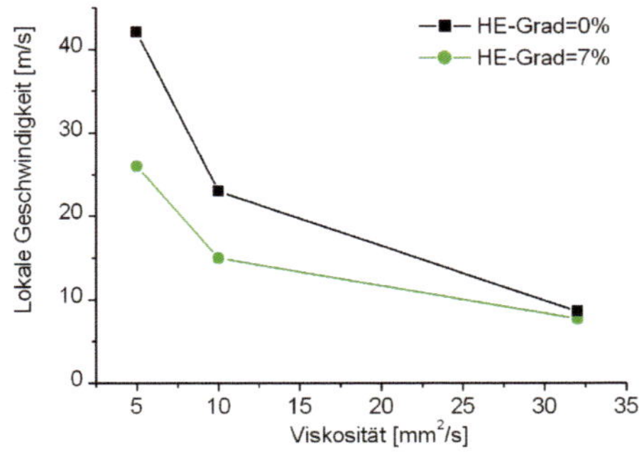

Abbildung 6.44.: Abhängigkeit der Partikelgeschwindigkeit an der Einlasskante von der Erosionsrate bei variierendem Trägermedium. Beim Start des HE-Prozesses (schwarz) ist die lokale Geschwindigkeit an der Einlasskante höher als beim Abschalten des HE-Prozesses (grün).

Der nicht lineare Zusammenhang zwischen Viskosität und *HE-Grad Rate* erklärt sich durch die kleiner werdende Partikelgeschwindigkeit an der Einlasskante (siehe Abbildung 6.44). Im Gegensatz zur Umlenkgeometrie verhält sich hier die Viskosität antiproportional zum Wandabtrag. Der Einfluss, dass der Aufprallwinkel der Partikel (Abbildung 6.45) und die Volumenkonzentration der Partikel (Abbildung 6.46) an der Einlasskante bei größerer Viskosität steigt, dominiert den Einfluss der größeren Partikelgeschwindigkeit bei höherer Viskosität nicht.

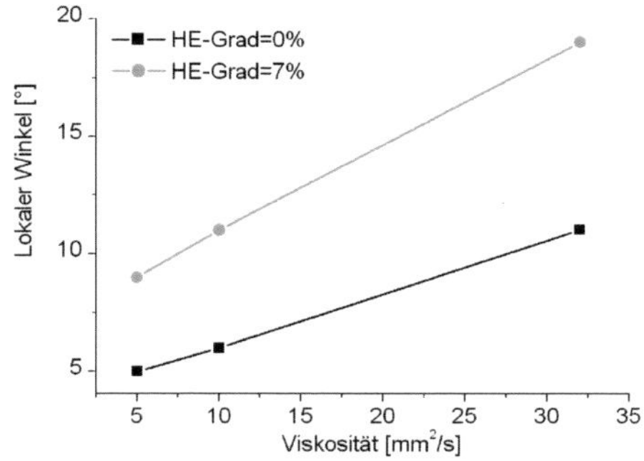

Abbildung 6.45.: Abhängigkeit des Aufprallwinkels der Partikel an der Einlasskante von der Erosionsrate bei variierendem Trägermedium. Beim Start des HE-Prozesses (schwarz) ist der Aufprallwinkel an der Einlasskante geringer als beim Abschalten des HE-Prozesses (grün).

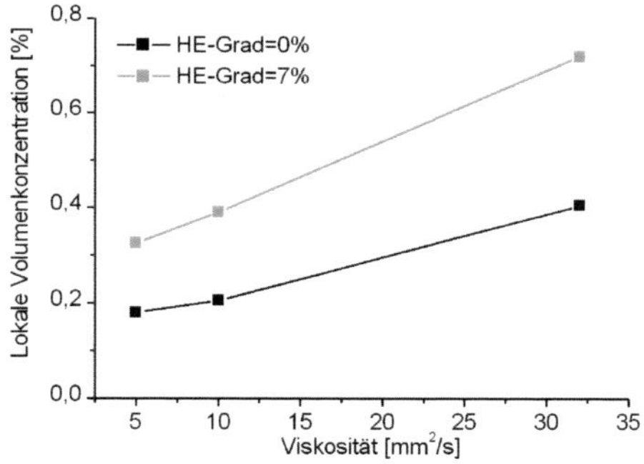

Abbildung 6.46.: Abhängigkeit der Partikel-Volumenkonzentration von der Viskosität des Trägermediums. Beim Start des HE-Prozesses (schwarz) ist die lokale Volumenkonzentration des Borkarbids an der Einlasskante geringer als beim Abschalten des HE-Prozesses (grün).

Insgesamt lässt sich feststellen, dass auch für die Drosselgeometrie eine sehr gute Übereinstimmung bei allen variierten HE-Parametern zwischen den experimentellen Messungen und den Simulationen erzielt wurde. Aufgrund der geringen Konizität der Drosselbohrung fand nur eine Erosion an der Einlasskante statt. Somit konnte ausschließlich die Verrundung der Einlasskante untersucht werden. Darüber hinaus ist zu beobachten, dass der Einfluss der Partikeloberfläche auf das Erosionsverhalten sehr signifikant ist. Dies ist aufgrund der größeren Stokeszahlen als bei den Planargeometrien bedingt.

6.4. Validierung an einer Düse

Nach der erfolgreichen Validierung des Hydro-Erosionsmodells an der Einlasskante einer Drossel und an Planargeometrien wird nun die komplexe Diesel-Einspritzdüse untersucht. Als Düsentyp wurde eine Sacklochdüse mit acht Spritzlöchern (siehe Abbildung 6.47) ausgewählt. Die Spritzlöcher sind dabei konisch ausgelegt.

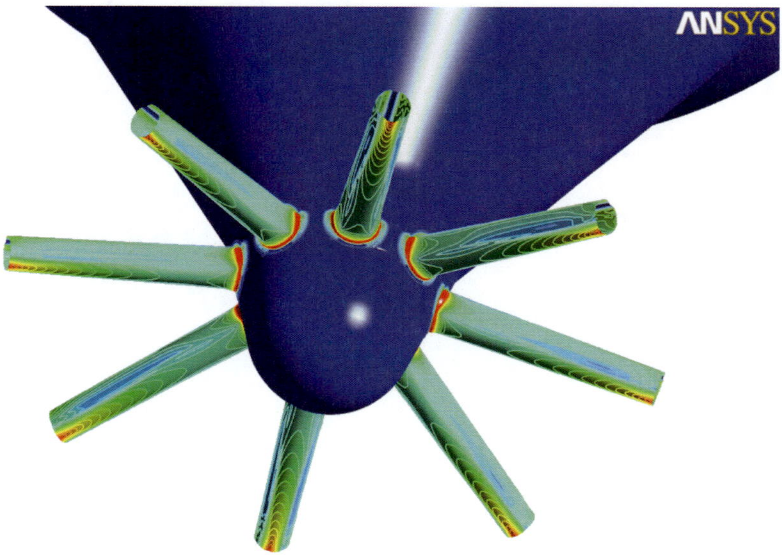

Abbildung 6.47.: Simulationsmodell der 8-Spritzlochdüse. Die Konturfarbe deutet die Erosionsstellen zu Beginn des HE-Rundens bei dem verwendeten Öl Morlina10, der Druckdifferenz $\Delta P = 100\,\text{bar}$ und der Partikel-Volumenkonzentration im Tank $\epsilon_p = 0,042$ an. Der Erosion ist normiert dargestellt. Rot steht für eine große Erosion und blau bedeutet keine Erosion.

Durch die komplexe Geometrie der Düse entwickelt sich über den gesamten Spritzlochverlauf eine Erosion, die sowohl von der Wirbelstruktur des Trägermediums als auch von dem Folgevermögen der Partikel, das heißt der Partikel-Relaxationszeit, abhängig ist. Die Rohr-Reynoldszahl liegt je nach Einstellung der Druckdifferenz zwischen Ein- und Auslass sowie der Viskosität des Öls zwischen 100 und 980. Aus den experimentellen Messungen und den numerischen Simulationen am Düsengroßmodell (siehe Kapitel 4) folgt, dass sich dieser Rohr-Reynoldszahl Bereich zwischen dem laminaren- und dem Übergangsbereich liegt. Die Stokeszahl wird wie bei den Drosseln (siehe Abschnitt 6.3) an der Einlasskante der Düse ermittelt. Sie liegt je nach HE-Parameter zwischen eins und acht.

In Kapitel 3 wurden die einphasigen Strömungsfelder der Düseninnenströmung im laminaren Bereich und dem Übergangsbereich präsentiert. Das Strömungsfeld der dispersen Phase, den Borkarbidteilchen, wird neben der Fluidphase in Abbildung 6.48 dargestellt. Es ist zu erkennen, dass die Partikel kaum an die Wand des Spritzlochs gelangen. Hier bewirkt die Einlasskante eine Ablenkung der Partikel von der Spritzlochwand.

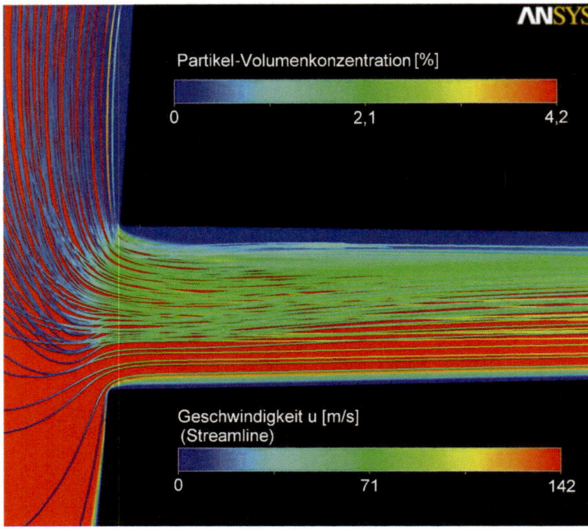

Abbildung 6.48.: Die Stromlinien zeigen die einzelnen Partikelbahnen in der Symmetrie-Ebene des Spritzlochs zu Beginn des HE-Prozesses. Dies entspricht der gleichen Position im Spritzloch wie die der gezeigten Abbildungen des Strömungsfelds in Abschnitt 4.4. Der Partikeldurchmesser beträgt dabei $6\,\mu m$. Im Hintergrund ist ein Konturplot der Partikel-Volumenkonzentration in Prozent visualisiert. Die HE-Prozess Parameter sind: Clavus32, Druckdifferenz $\Delta P = 100\,\text{bar}$, Korngröße F1000 und Partikel-Volumenkonzentration im Tank $\epsilon_p = 0{,}042$. Die Reynoldszahl beträgt 298 und die Stokeszahl ist 2,2.

In der Simulation wird aufgrund des numerischen Aufwands die physikalisch vorhandene Symmetrie-Ebene zwischen den einzelnen Spritzlöchern ausgenutzt, da Wechselwirkungen zwischen den Spritzlöchern im Experiment bei den eingestellten Rohr-Reynoldszahlen nicht auftreten. Somit muss in der Simulation nur ein Spritzloch numerisch berechnet werden. Der HE-Prozess wird bei einem *HE-Grad* (siehe Gleichung 6.1.1) von 19% im Experiment und in der Simulation beendet. Es ist zu bemerken, dass bei allen verwendeten Drücken und Viskositäten keine Kavitation vorherrscht. Dies lässt sich über die Kennlinie des Massenstroms in Abhängigkeit von der Druckdifferenz ermitteln.

6.4.1. Messtechnik zur Auswertung

Die experimentelle Messtechnik zur Erfassung der Spritzlochform wird einerseits mit REM Bilder eines Elastomerabdrucks [25] vorgenommen und andererseits mit einem optischen Messverfahren untersucht. Bei diesem Verfahren wird ein Lichtleiter in das Spritzloch geführt, der ein Laserstrahl senkrecht zum Leiter in Richtung der Spritzlochwand auskoppelt. Das Laserlicht wird an der Wand des Spritzlochs reflektiert und wieder in den Lichtleiter eingekoppelt. Die Interferenz des einfallenden und reflektierten Laserstrahls ermöglicht eine Abstandsbestimmung zwischen dem Lichtleiter und der Spritzlochwand. Das Messverfahren ermöglicht darüber hinaus eine Bestimmung der Lochform bei einer bestimmten Position der Spritzlochachse z, in dem der Lichtleiter im Spritzloch gedreht wird. Die Spritzlochachse z ist über den Normalenvektor der Auslassfläche des Spritzlochs, der in Richtung des Spritzlocheingangs zeigt, definiert. Der Auslass befindet sich bei $z = 0\,\text{mm}$. Die Länge des Spritzlochs beträgt $1\,\text{mm}$.

Aus den Messergebnissen wird ein Ellipsenfit über den abgetasteten Lochumfang mit einem „Least Square“ Verfahren erstellt. Mit der parametrisierten Ellipsengleichung lässt sich dann die Fläche der Ellipse $A_{ellipse}$

bestimmen und somit ein sogenannter Spritzlochdurchmesser

$$d_{SL} = \sqrt{\frac{A_{ellipse}}{\pi}} \tag{6.4.1}$$

ermitteln.
Aus dem Spritzlochdurchmesser folgt ein über den Umfang gemittelter Massenabtrag, welcher sich sehr gut mit der Simulation vergleichen lässt. Das Erosionsverhalten über den Umfang betrachtet kann aus dieser Methode aber nicht ermittelt werden. Eine qualitative Aussage über die Rundheit des Spritzloches wird aber über REM Aufnahmen ermöglicht, die die Wandrauheit und Rundheit des Spritzlochs sehr gut abbilden können.

Zunächst wird wie bei den Untersuchungen an den Umlenkungen und den Drosseln der Verlauf der Einlasskantenform validiert. In Abbildung 6.49 ist ein qualitativer Vergleich der Einlasskantenform zwischen dem Experiment und der Simulation dargestellt.

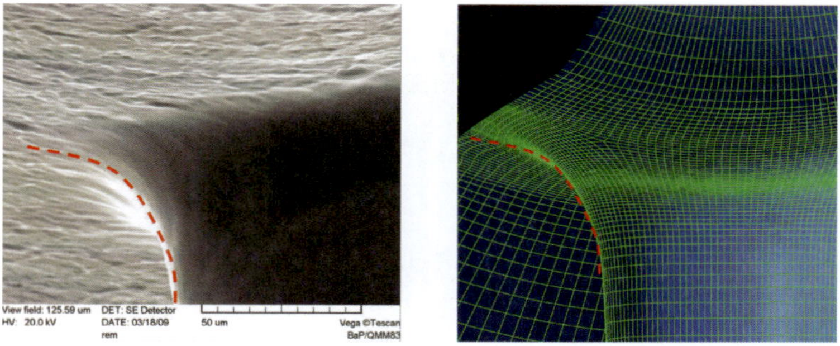

(a) REM Aufnahme der Einlasskante.

(b) Geometrie der verrundeten Düse aus der Simulation.

Abbildung 6.49.: Qualitativer Vergleich der Einlasskante nach dem HE-Verfahren zwischen Experiment und Simulation. Es wird das Öl Morlina10, die Druckdifferenz $\Delta P = 100\,\text{bar}$ und die Partikel-Volumenkonzentration im Tank $\epsilon_p = 4{,}2\%$ verwendet.

Das Bild aus dem Experiment wurde mittels einer REM Aufnahmen erstellt. Die rote gestrichelte Linie stellt eine Orientierung dar, um den Verlauf besser miteinander vergleichen zu können. Es wird eine qualitativ gute Übereinstimmung zwischen Experiment und Simulation beobachtet.

Da in einer REM Aufnahme nicht das gesamte Spritzloch abgebildet werden kann, wird jeweils eine Aufnahme des unteren Teils und eine Aufnahme des oberen Teils des Spritzlochs präsentiert. Im besonderen Fokus steht dabei die vorhandene oder unveränderte Wandrauheit des Spritzloches nach dem hydro-erosiven Verrunden im Vergleich zum Zustand vor dem Verrunden. Im Falle einer noch vorhanden Wandrauheit kann einerseits eine Strömungsablösung dafür verantwortlich sein, dass keine Borkarbidteilchen an die Wand gelangen. Ein zu geringer Energieeintrag der Borkarbidteilchen in die Wand würde kein Wandmaterial entfernen.

Um quantitative Aussagen über die Form des Spritzlochs treffen zu können, werden zusätzlich aus der Simulation vier Auswertelinien am Spritzlochumfang gegenüber der Spritzlochachse z dargestellt. Die vier Auswertelinien sind aus der Abbildung 6.50 zu entnehmen.

Die Quantifizierung der Erosion an den Auswertelinien wird über die Einführung eines Radius im Spritzloch ermöglicht, welcher den radialen Abstand von der Spritzlochachse zur Auswertelinie darstellt. Aufgrund der fehlenden Information zur Lage der Spritzlochachse im Experiment kann kein Vergleich zwischen der Simulation und dem Experiment hergestellt werden.

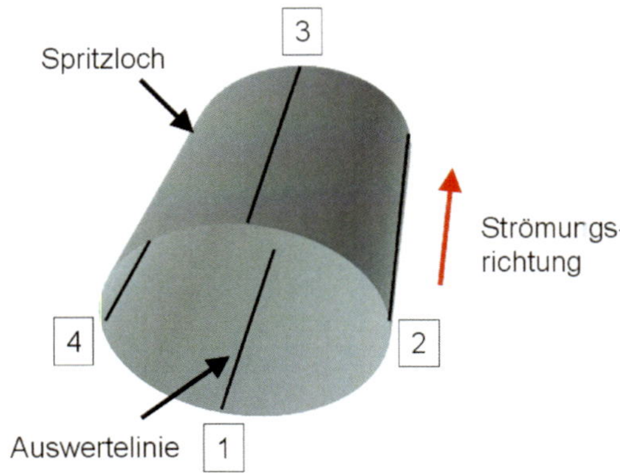

Abbildung 6.50.: Lage der Auswertelinien bei Blick in Richtung des Auslasses. Die Düsenkuppe befindet sich bei dieser Bildorientierung unterhalb des Spritzlochs.

6.4.2. Einfluss der Druckdifferenz auf die Erosion

Um den Einfluss des Drucks auf den HE-Prozess festzustellen, werden im folgenden Abschnitt die Druckdifferenzen $\Delta P = 100\,\text{bar}$, $\Delta P = 80\,\text{bar}$ und $\Delta P = 70\,\text{bar}$ untersucht. Der Auslassdruck beträgt in den Untersuchungen stets dem vorherrschenden Atmosphärendruck. Als HE-Prozessparameter wird das Öl Morlina10, die Korngröße F1000 und eine Partikel-Volumenkonzentration von $\epsilon_p = 4.2\%$ verwendet. Die Rohr-Reynoldszahl beträgt 980 bei der Druckdifferenz von $\Delta P = 100\,\text{bar}$, 872 bei der Druckdifferenz von $\Delta P = 80\,\text{bar}$ und 763 bei der Druckdifferenz von $\Delta P = 70\,\text{bar}$.

Spritzlochdurchmesser

In den Abbildungen 6.51, 6.52 und 6.53 wird der normierte Spritzlochdurchmesser gegenüber der Spritzlochachse vor und nach dem HE-Prozess zwischen dem Experiment und der Simulation verglichen. Der Spritzlochdurchmesser wird dabei über die Gleichung 6.4.1 bestimmt. Die Normierung des Spritzlochdurchmessers wird in den Abbildungen für jede Abbildung gleich gewählt.

Bei allen drei Drücken ist eine gute Übereinstimmung zwischen dem Experiment und der Simulation festzustellen. In Abbildung 6.51 werden zusätzlich zwei weitere Düsen mit denselben Einstellparametern verrundet, um die Reproduzierbarkeit zu überprüfen. Es ist eine sehr gute Reproduzierbarkeit festzustellen.

Die Einlasskante wird tendenziell deutlich stärker verrundet, wenn die Druckdifferenz geringer ist. Eine Erklärung für diese Beobachtung ist, dass die Partikel bei einer geringeren Stokeszahl schneller der Strömung folgen können und somit besser an die Wand transportiert werden.

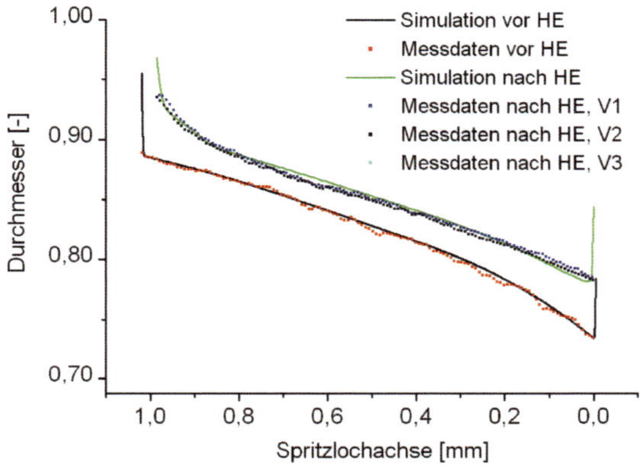

Abbildung 6.51.: Vergleich der Spritzlochdurchmesser zwischen der Simulation und dem Experiment vor und nach dem HE-Runden (Öl Mo10, Druckdifferenz $\Delta P = 100\,\text{bar}$, Partikel-Volumenkonzentration im Tank $\epsilon_p = 4{,}2\%$). Für die Untersuchung der Reproduzierbarkeit der Messungen wird dieser Versuch dreimal wiederholt.

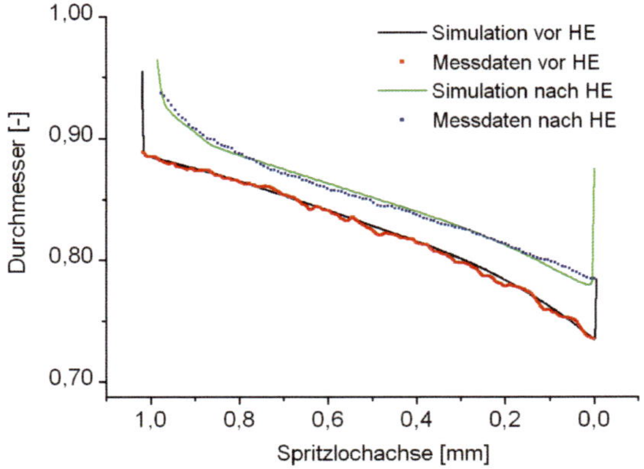

Abbildung 6.52.: Vergleich der Spritzlochdurchmesser zwischen der Simulation und dem Experiment vor und nach dem HE-Runden (Öl Mo10, Druckdifferenz $\Delta P = 80\,\text{bar}$, Partikel-Volumenkonzentration im Tank $\epsilon_p = 4{,}2\%$).

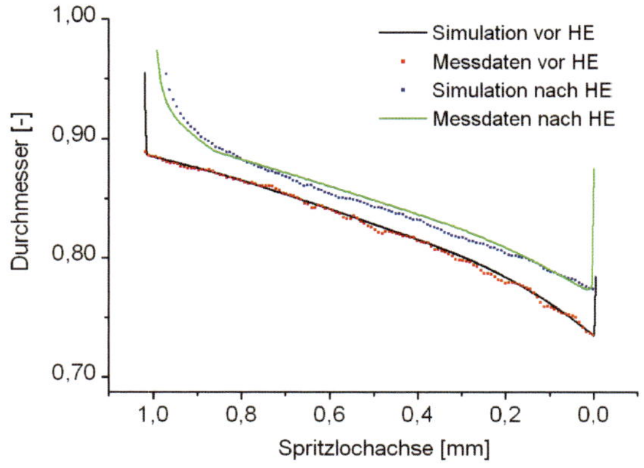

Abbildung 6.53.: Vergleich der Spritzlochdurchmesser zwischen der Simulation und dem Experiment vor und nach dem HE-Runden (Öl Mo10, Druckdifferenz ΔP = 70 bar, Partikel-Volumenkonzentration im Tank $\epsilon_p = 4{,}2\%$).

Die Stokeszahl beträgt 7,9 bei der Druckdifferenz von $\Delta P = 100$ bar und entsprechend 6,4 bei einer Druckdifferenz von $\Delta P = 80$ bar sowie 5,6 bei einer Druckdifferenz von $\Delta P = 70$ bar. Alle angegebenen Werte beziehen sich dabei wie bei den Planargeometrien und der Drossel auf den größeren Partikeldurchmesser des Korns F1000, der in der Simulation berücksichtigt wird.

Die Auslasskante wird aufgrund der Verjüngung des Spritzlochs auch stärker verrundet, da dort die Strömungsgeschwindigkeiten aufgrund der Massenerhaltung größer sind und somit die Borkarbidteilchen eine größere Geschwindigkeit beim Aufprall an die Spritzlochwand besitzen.

Abtragpositionen

Der qualitative Vergleich zwischen den REM Aufnahmen und der Simulation bei einer Druckdifferenz von $\Delta P = 100$ bar ist in Abbildung 6.54 dargestellt.

Es ist eine qualitativ gute Übereinstimmung zwischen dem Experiment und der Simulation zu beobachten. Sowohl die Abrisskante an der oberen Einlasskante (Auswertelinie 3) als auch der nicht vorhandene Materialabtrag im Bereich der Auswertelinie 3 wird qualitativ korrekt numerisch abgebildet. In der Simulation nimmt auch das Rauheitsgebiet über den Lochumfang betrachtet in Richtung des Auslasses ab (siehe Abbildung 6.54(b)). Auf der gegenüberliegenden Betrachtungsseite des Spritzlochs ist sowohl im Experiment 6.54(c) als auch in der Simulation 6.54(d) eine gleichmäßigere Verrundung der Spritzlochwand zu erkennen. Die größte Erosion findet an der Auswertelinie 2 und 4 statt, was durch das Wirbelsystem in der Ebene senkrecht zur Spritzlochachse zu erklären ist. Am Ende des Abschnitts 4.4.4 wurde das Wirbelsystem der einphasigen Fluidströmung einer ähnlichen Düse dargestellt, bei der sich qualitativ die gleichen Wirbelsysteme ausbilden. Dort ist zu erkennen, dass sich die oberen und unteren Wirbel entgegengesetzt drehen und somit die Borkarbidteilchen aus beiden Wirbelsystemen an die Auswertelinie 2 und 4 befördert werden.

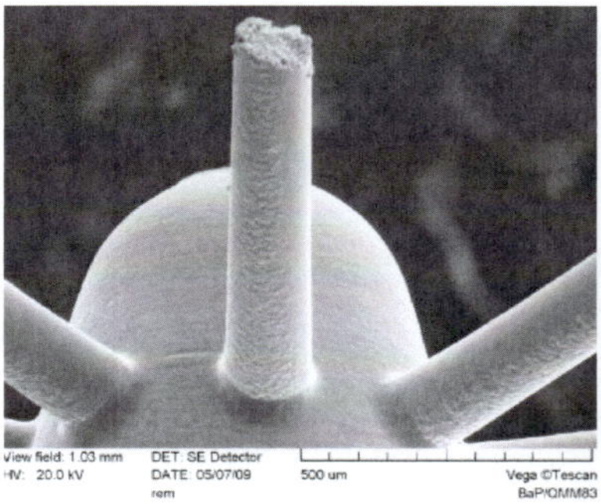

(a) REM Aufnahme eines Spritzlochs mit Blickrichtung zur Kuppe.

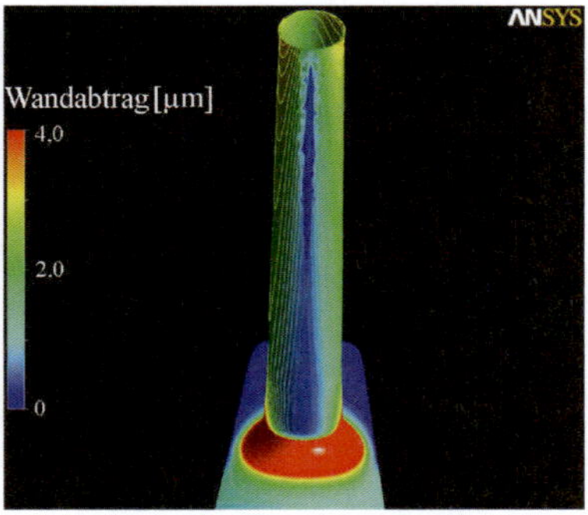

(b) Wandabtrag in der Simulation mit Blickrichtung zur Kuppe.

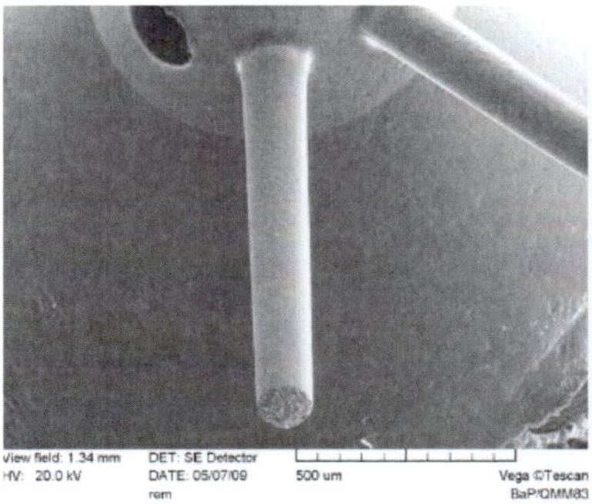

(c) REM Aufnahme eines Spritzlochs mit Blickrichtung zum Einlass der Düse.

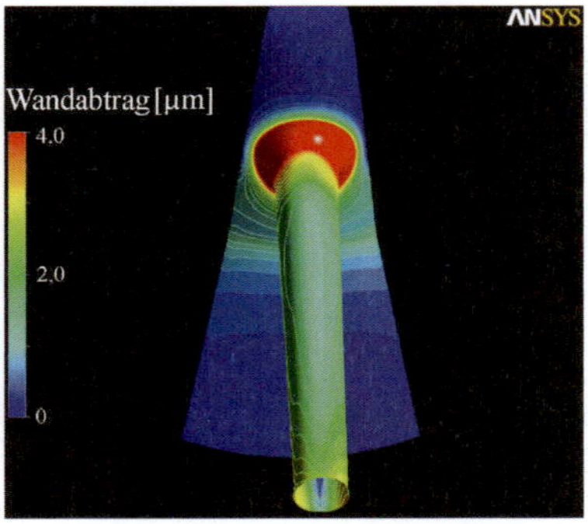

(d) Wandabtrag in der Simulation mit Blickrichtung zum Einlass der Düse.

Abbildung 6.54.: Vergleich der Erosion an der Spritzlochwand zwischen der Simulation und dem Experiment. Die Druckdifferenz beträgt $\Delta P = 100\,\text{bar}$ und die Partikel-Volumenkonzentration im Tank ist $\epsilon_p = 4,2\%$ unter Verwendung des Trägermediums Morlina10.

In den folgenden beiden Abbildungen wird die Form des Spritzlochs aus der Simulation über die eingeführten Auswertelinien illustriert.

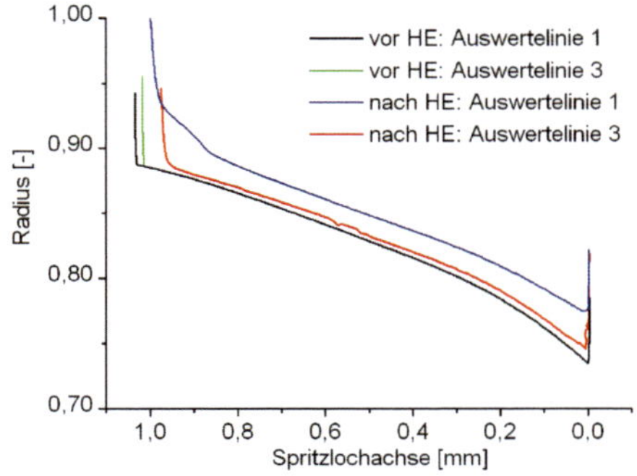

Abbildung 6.55.: Vergleich des Radius im Spritzloch an der Auswertelinie 1 und 3 zwischen der Simulation vor und nach dem hydro-erosiven Verrunden (Öl Mo10, Druckdifferenz $\Delta P = 100\,\text{bar}$, Partikel-Volumenkonzentration im Tank $\epsilon_p = 4,2\%$).

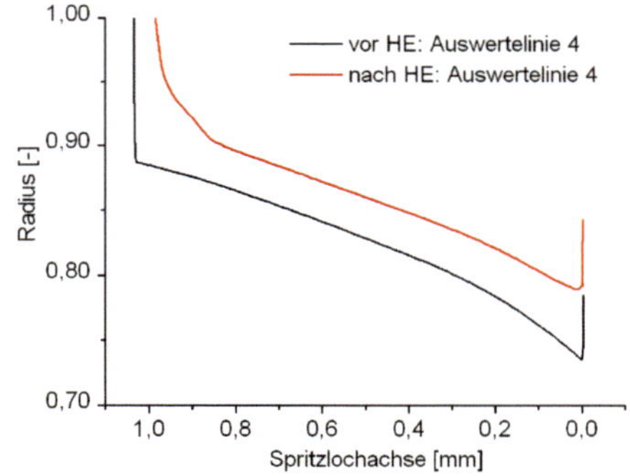

Abbildung 6.56.: Vergleich des Radius im Spritzloch an der Auswertelinie 4 zwischen der Simulation vor und nach dem hydro-erosiven Verrunden (Öl Mo10, Druckdifferenz $\Delta P = 100\,\text{bar}$, Partikel-Volumenkonzentration im Tank $\epsilon_p = 4,2\%$).

Es ist deutlich zu erkennen, dass auf Auswertelinie 3 (Abbildung 6.55) kaum Wandmaterial abgetragen wird. Dieser Effekt wird durch die Einlasskante im Bereich der Auswertelinie 3 verursacht, die die Partikel nicht in die Nähe der Wand kommen lässt. Hingegen findet an der unteren Spritzlochseite bei der Auswertelinie 1 eine Erosion statt, da die Partikel weniger von der Einlasskante blockiert werden.

In Abbildung 6.56 ist zu erkennen, dass an der Auswertelinie 4 über die gesamte Auswertelinie hinweg sehr viel Wandmaterial abgetragen wird. Aus Gründen der über die Zeit gemittelten symmetrischen Strömungsgrößen (zum Beispiel die Partikelgeschwindigkeit) ist der Verlauf zwischen der Auswertelinie 2 und 4 identisch.

Das qualitative Verhalten zwischen den REM Aufnahmen und der Simulation bei der Druckdifferenz von

$\Delta P = 80$ bar und $\Delta P = 70$ bar stimmt sehr gut überein. Es existiert kein beobachtbarer qualitativer Unterschied an den Erosionsstellen im Vergleich zu den Erosionsstellen bei der Druckdifferenz von ΔP =100 bar. Aus diesem Grund werden die Abbildungen hier nicht dargestellt.

Die Erosion an der Auswertelinie 4 des Spritzlochs nach dem HE-Verfahren wird bei allen drei Druckdifferenzen in der Abbildung 6.57 dargestellt. In der Abbildung 6.58 werden die Druckdifferenzen $\Delta P = 80$ bar und $\Delta P = 70$ bar für die Erosion an der Auswertelinie 1 und 3 illustriert.

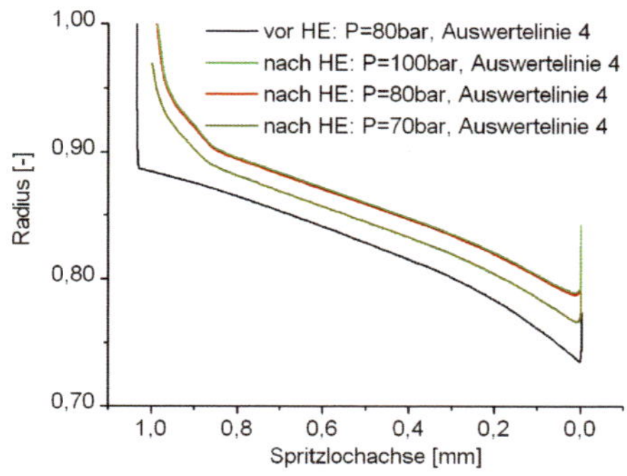

Abbildung 6.57.: Vergleich des Radius im Spritzloch an der Auswertelinie 4 in der Simulation zwischen den Druckdifferenzen $\Delta P = 100$ bar, $\Delta P = 80$ bar und $\Delta P = 70$ bar. (Öl Mo10, Partikel-Volumenkonzentration im Tank $\epsilon_p = 4,2\%$).

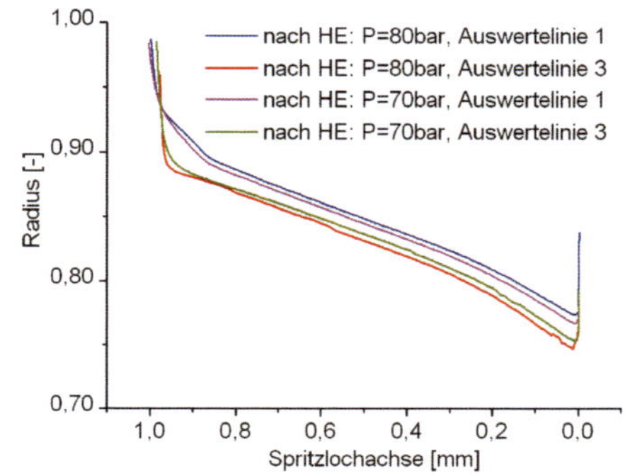

Abbildung 6.58.: Vergleich des Radius im Spritzloch an der Auswertelinie 1 und 3 zwischen den Druckdifferenzen $\Delta P = 80$ bar und $\Delta P = 70$ bar. (Öl Mo10, Partikel-Volumenkonzentration im Tank $\epsilon_p = 4,2\%$).

Es ist in Abbildung 6.57 deutlich zu erkennen, dass an der Auswertelinie 4 bei einer Druckdifferenz von $\Delta P = 70$ bar etwas weniger Wandmaterial abgetragen wird als bei den größeren Drücken. Es ist kein signifikanter Unterschied an der Auswertelinie 4 zwischen den Druckdifferenzen von $\Delta P = 100$ bar und $\Delta P = 80$ bar zu beobachten. In Abbildung 6.58 ist festzustellen, dass an der Auswertelinie 1 und 3 kein signifikanter Unterschied an den Erosionsstellen im Spritzloch zwischen den Druckdifferenzen von $\Delta P = 80$ bar und $\Delta P = 70$ bar besteht. Die Auswertelinie 1 weißt stets einen größeren Wandabtrag als die Auswertelinie 3 auf.

Zusammenfassend lässt sich feststellen, dass bei einer Druckdifferenz von $\Delta P = 70\,\text{bar}$ das Spritzloch etwas gleichmäßiger über den Lochumfang verrundet wird als bei den beiden größeren Druckdifferenzen. Dies wird vor allem durch den geringeren Wandabtrag an der Auswertelinie 4 (aufgrund der Symmetrie auch Auswertelinie 2) bei kleinerem Druck bewirkt.

6.4.3. Einfluss des Trägermediums auf die Erosion

Um den Einfluss des Trägermediums auf den HE-Prozess zu untersuchen, werden die Öle Morlina10, Clavus32 und Morlina68 verwendet. In allen drei Fällen beträgt die Druckdifferenz $\Delta P = 100\,\text{bar}$, und das Korn F1000 wird als Schleifmedium benutzt. Die Partikel-Volumenkonzentration im Tank beträgt bei Morlina10, Morlina68 und Clavus32 jeweils $4,2\%$. Die Rohr-Reynoldszahl ist 298 bei dem Trägermedium Clavus32 und 134 bei dem Trägermedium Morlina68.

Spritzlochdurchmesser

Der Verlauf des Spritzlochdurchmessers beim Trägermedium Morlina10 wurde bereits in Abschnitt 6.4.2 vorgestellt. In der Abbildung 6.59 wird der Einfluss des Trägermediums Clavus32 und in der Abbildung 6.60 wird der Einfluss des Trägermediums Morlina68 auf den Spritzlochdurchmesser untersucht. In beiden Abbildungen wird der normierte Spritzlochdurchmesser gegenüber der Spritzlochachse vor und nach dem HE-Prozess zwischen dem Experiment und der Simulation verglichen.

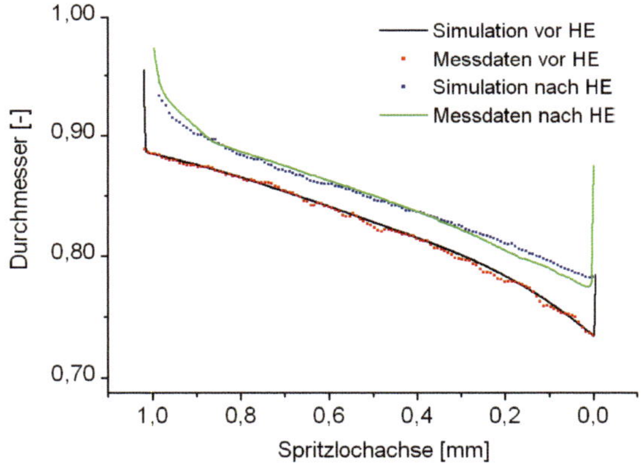

Abbildung 6.59.: Vergleich der Spritzlochdurchmesser zwischen der Simulation und dem Experiment vor und nach dem HE-Runden. (Öl Cl32, $\Delta P = 100\,\text{bar}$, Partikel-Volumenkonzentration im Tank $\epsilon_p = 4,2\%$).

Bei beiden Viskositäten ist eine gute Übereinstimmung zwischen Experiment und Simulation festzustellen. Tendenziell wird bei höherer Viskosität die Einlasskante deutlich stärker verrundet. Eine Erklärung für diese Beobachtung ist, dass die Partikel bei einer geringeren Partikel-Relaxationszeit besser der Strömung folgen können und somit gleichmäßiger an die Wand transportiert werden. Die Stokeszahl beträgt 2,2 bei dem Trägeröl Clavus32 und sie beträgt 0,8 bei dem Trägermedium Morlina68.

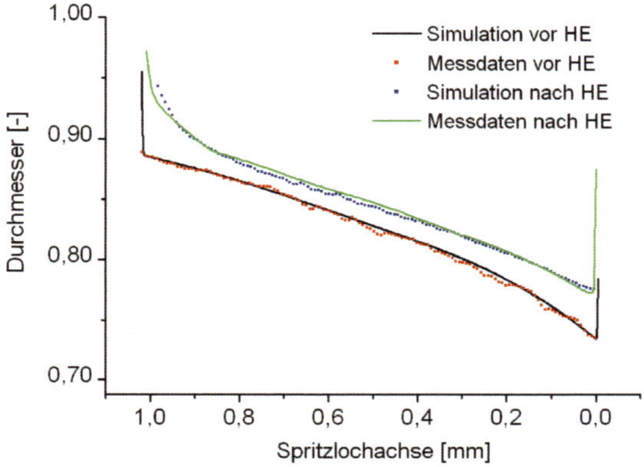

Abbildung 6.60.: Vergleich der Spritzlochdurchmesser zwischen der Simulation und dem Experiment vor und nach dem HE-Runden. (Öl Mo68, $\Delta P = 100\,\text{bar}$, Partikel-Volumenkonzentration im Tank $\epsilon_p = 4,2\%$).

Abtragpositionen

Die Abtragspositionen des Trägermediums Morlina68 werden zwischen den REM Aufnahmen aus dem Experiment und der Simulation in Abbildung 6.61 verglichen.

Es ist eine qualitativ gute Übereinstimmung zwischen dem Experiment und der Simulation zu beobachten. Sowohl die nicht mehr vorhandene Abrisskante an der oberen Einlasskante (Auswertelinie 3) als auch der deutlich vorhandene Materialabtrag im weiteren Verlauf der Auswertelinie wird numerisch abgebildet.

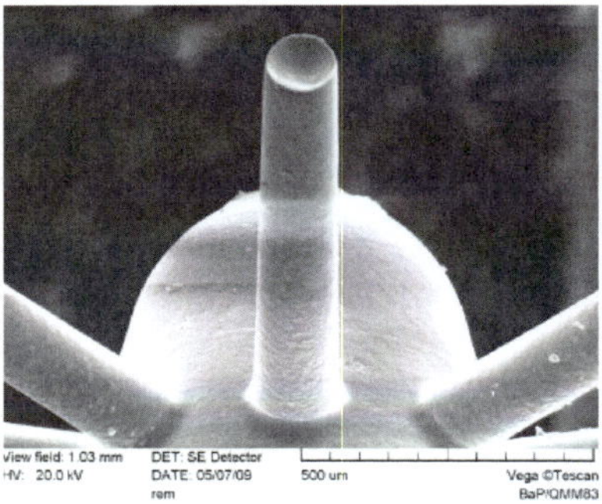

(a) REM Aufnahme eines Spritzlochs mit Blickrichtung zur Kuppe.

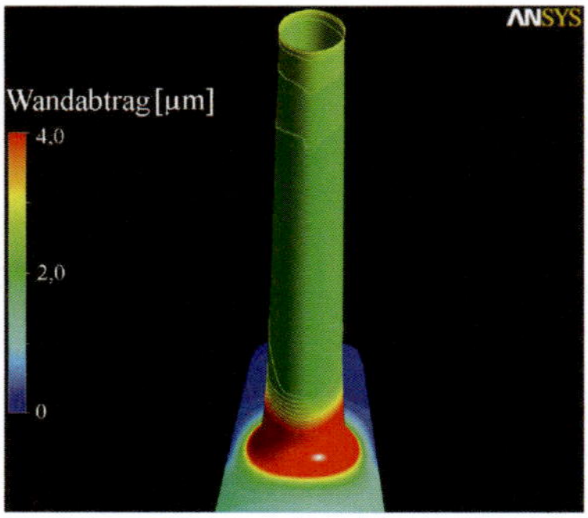

(b) Wandabtrag in der Simulation mit Blickrichtung zur Kuppe.

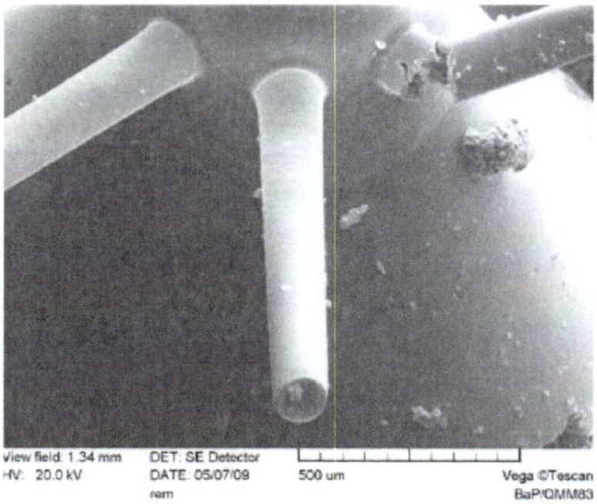

(c) REM Aufnahme eines Spritzlochs mit Blickrichtung zum Einlass.

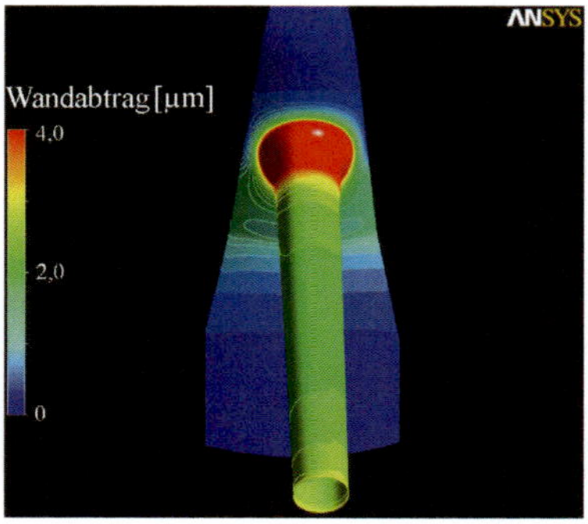

(d) Wandabtrag in der Simulation mit Blickrichtung zum Einlass.

Abbildung 6.61.: Vergleich des Wandabtrags zwischen der Simulation und dem Experiment bei dem Trägermedium Morlina68. Die Druckdifferenz beträgt hier $\Delta P = 100\,\mathrm{bar}$ und die Partikel-Volumenkonzentration ist $\epsilon_p = 4{,}2\%$ im Tank. Es wird das Öl Morlina68 verwendet.

Den Verlauf der Auswertelinien aus der Simulation vor und nach dem HE-Prozess werden in den Abbildungen 6.62 und 6.63 dargestellt.

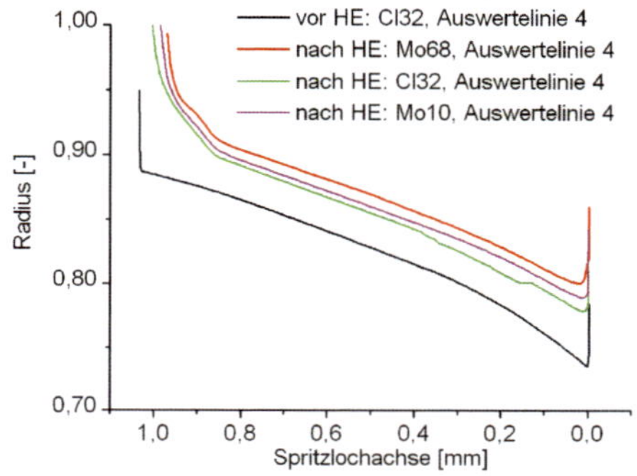

Abbildung 6.62.: Vergleich des Radius im Spritzloch an der Auswertelinie 4 in der Simulation zwischen den drei verschiedenen Viskositäten Morlina10, Clavus32 und Morlin68.

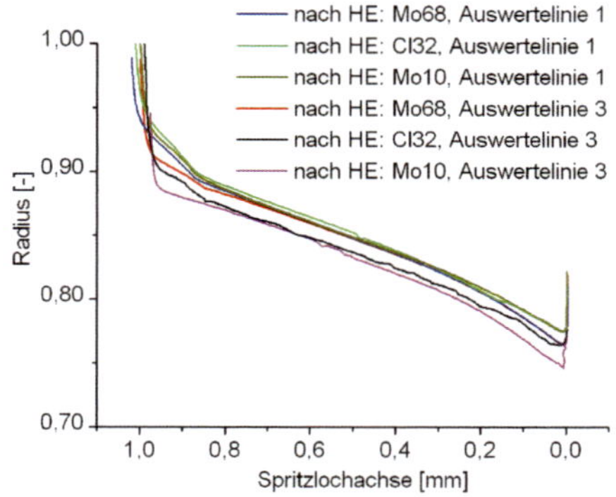

Abbildung 6.63.: Vergleich des Radius im Spritzloch an der Auswertelinie 1 und 3 zwischen den drei verschiedenen Viskositäten Morlina10, Clavus32 und Morlin68.

In Abbildung 6.62 ist zu beobachten, dass am Auslassbereich des Spritzlochs bei größerer Viskosität mehr Wandmaterial an der Auswertelinie 4 abgetragen wird. Darüber hinaus ist in Abbildung 6.63 deutlich zu erkennen, dass mit steigender Viskosität des Öls sich der Verläufe der Auswertelinie 1 und 3 annähern. Bei dem Trägermedium Morlina68 wird an allen vier Auswertelinien fast gleich viel Material abgetragen.

Zusammenfassend lässt sich feststellen, dass der quantitative Vergleich zwischen den Messungen und den Simulationen über die Einführung des Spritzlochdurchmessers entlang der Spritzlochachse gelungen ist. Die Simulation bestätigt auch den Trend, dass sowohl bei kleineren Eingangsdrücken als auch bei höheren Viskositäten des Trägermediums eine gleichmäßigere Verrundung des Spritzlochs stattfindet.

Kapitel 7

Zusammenfassung

In der vorliegenden Arbeit wurde ein Simulationsprogramm für das hydro-erosive Verrunden erstellt und experimentell an Planargeometrien sowie an einer Drossel und an einer Düse validiert. Das hydro-erosive Verrunden stellt ein Fertigungsverfahren für die Oberflächenbehandlung an Bauteilen dar. Hierbei werden die Rauheiten der Oberfläche entfernt und scharfe Kanten abgerundet. Das Verfahren wird durch eine Zweiphasenströmung realisiert, die aus einem Trägermedium (Mineralöl) besteht, das mit Schleifpartikeln versetzt ist. Die Durchmesser der Schleifpartikel betragen zwischen 1 - 50 μm. Sie bestehen aus dem Material „Borkarbid", das nahe an die Materialhärte von Diamant heranreicht [6]. Das Simulationsprogramm soll die Mechanismen der Partikelerosion in den beim hydro-erosiven Verrunden auftretenden laminaren und schwach turbulenten Strömungen abbilden. Die beiden entscheidenden Mechanismen beim hydro-erosiven Verrunden sind der Partikeltransport der Schleifkörner und die Partikel-Wand Interaktion, welche die Erosion an den Wänden des Bauteils bewirkt. Das Programm kann unter Berücksichtigung der wesentlichen Mechanismen zu Optimierungen an den zu bearbeitenden Bauteilen wie zum Beispiel dem Spritzloch einer Diesel-Einspritzdüse eingesetzt werden.

Die numerische Beschreibung des Partikeltransports nicht-sphärischer Schleifkörner ist bisher nur über eine hochaufgelöste Partikeloberfläche möglich [27]. Dies erfordert einen zu hohen Rechenaufwand, um den Prozess des hydro-erosiven Verrundens abbilden zu können, bei dem Millionen von Partikeln die Erosion verursachen. In den recheneffizienten und anwendbaren Euler-Euler und Euler-Lagrange Verfahren wird das Partikel über eine Punktmasse abgebildet. Die Ausdehnung des Partikels wird über die „Basset-Boussinesq-Oseen" (BBO) Gleichung [76] berücksichtigt, die für sphärische Partikel gültig ist. Die Annahme, dass die Schleifkörner eine sphärische Partikeloberfläche besitzen, führte bisher nur bei kleinen Stokeszahlen zu einer Übereinstimmung zwischen den Simulationen und Experimenten [24, 25]. Die Partikel-Wand Interaktion konnte bis heute nur mit semi-empirischen Erosionsmodellen beschrieben werden. Hierbei unterliegt der Partikeltransport zur Wand der Annahme, dass die Schleifkörner eine sphärische Oberfläche besitzen. Diese Annahme führt bei größeren Stokeszahlen zu keiner korrekten Berechnung der Partikeldynamik an der Wand. Somit sind die bisher entwickelten Erosionsmodelle nicht auf andere Bauteile übertragbar. Experimentell konnten die mikroskaligen Schleifkörner aufgrund ihrer kleinen Abmessungen bisher nicht detektiert werden.

Der Einfluss der Partikeloberfläche auf die Partikeldynamik wurde mit einem entwickelten numerischen Verfahren, dem Lattice-Boltzmann Verfahren, untersucht. Dieses Programm ermöglicht sowohl die detaillierte Untersuchung hochaufgelöster, beliebig geformter Partikel in laminaren und turbulenten Strömungsfeldern als auch die Betrachtung der Partikel-Wand Interaktion beim hydro-erosiven Verrunden, die für die Erosionsart entscheidend ist. Mittels dem Lattice-Boltzmann Verfahren wurden die Koeffizienten aus der BBO Gleichung [76] für die verwendeten Schleifkörner bestimmt. Die Erweiterung der BBO Gleichung basiert auf den Koeffizienten der Widerstandskraft, der Magnuskraft, der Saffmankraft und der History-Kraft [151] für das Schleifpartikel. Die ermittelten Koeffizienten aus der BBO Gleichung wurden in das Euler-Euler Verfahren von ANSYS CFX11 [28] implementiert, um das existierende Verfahren auf nicht-sphärische Partikel zu erweitern. In der Euler-Euler Simulation wird der Materialabtrag bzw. die Geometrieverformung über einen entwickelten Verschiebungsalgorithmus des Rechengitters während der Rechenzeit berücksichtigt. Das Simulationsprogramm wurde anhand drei verschiedener Geometrien validiert, um den Einfluss der einzelnen Strömungsfelder in Abhängigkeit von der Kanal-Reynoldszahl, der Partikel-Reynoldszahl und der Stokeszahl auf das Erosionsverhalten untersuchen zu können. Auf Basis der Messdaten lässt sich somit ein großer Gültigkeitsbereich des zu entwickelnden Erosionsmodells angeben.

Für die hier untersuchten Bauteile ist nur eine Betrachtung laminarer und schwach turbulenter Strömungen relevant. Um diesen Übergangsbereich numerisch präzise genug abbilden zu können, wurde das „LES-WALE“ Turbulenzmodell [14] in das Lattice-Boltzmann Verfahren mathematisch und numerisch neu eingeführt [49]. Dieses Turbulenzmodell hat sich in dieser Arbeit als ein sehr geeignetes Modell bewiesen. Darüber hinaus lassen sich mit dem verallgemeinerten numerischen Verfahren beliebige „Subgrid-scale“ Turbulenzmodelle in das Lattice-Boltzmann Verfahren implementieren. Aufbauend auf diesen einphasigen Strömungslöser wurde ein Verfahren für die Berücksichtigung von Partikeln in der Strömung entwickelt und implementiert. Im besonderen Interesse stand die numerische Berechnung der Partikeldynamik in laminaren und schwach turbulenten Strömungen. Dafür wurde eine hochauflösende Gitterverfeinerung um das Partikel implementiert. Dieses feinere Rechengitter folgt der Partikelbewegung, in dem Fluidzellen verfeinert und auch wieder entsprechend vergröbert werden. Diese Methode ermöglichte es, sowohl den Einfluss der Partikelform auf die Partikeldynamik als auch die Dynamik der Partikel-Wand Interaktion bei einem akzeptablen Rechenaufwand näher zu studieren.

Das Lattice-Boltzmann Verfahren ist im wandfernen Bereich anhand von Widerstandsbeiwerten bei Würfeln [93] sowie der History-Kraft [92] und der Magnus- und Saffmankraft bei Kugeln [26, 97] validiert worden. Der Einfluss der Partikelform auf die Saffman- und Magnuskraft wurde in Abhängigkeit von der Partikel-, Scher- und Rotation-Reynoldszahl untersucht. Die History- und Widerstandskraft ist in Abhängigkeit von der Partikel-Reynoldszahl erfasst worden. Mittels dieser Berechnungen konnte für ein Standardteilchen „Borkarbid“ eine Bewegungsgleichung entwickelt werden, in dem die Koeffizienten aus der BBO Gleichung [76] für sphärische Partikel modifiziert wurden.
Bei der Untersuchung der Partikel-Wand Interaktion stellte sich heraus, dass je nach Lage und Form des Partikels ein Quetschfilm entsteht, der das Partikel vor dem Aufprall abbremst. Dadurch treffen die Borkarbidteilchen unter einem flachen Winkel auf die Wand, so dass sie im weiteren Verlauf wiederholt mit der Wand stoßen. Diese Erkenntnis wurde bei der Erstellung des Erosionsmodells für das hydro-erosive Verrunden mit einbezogen, in dem die Rotationsgeschwindigkeit der Partikel mitberücksichitigt wurde. Das qualitative Verhalten stimmt mit der Theorie für zylindrische Partikel [34] sehr gut überein. Auch die mit dem Lattice-Boltzmann Verfahren simulierte Partikel-Wand Interaktion konnte an einem Strömungskanal mittels „High-Speed“ Aufnahmen von Würfeln validiert werden.

Aufgrund der komplexen Mehrphasenströmung beim hydro-erosiven Verrunden wurde in dieser Dissertation die einphasige Düseninnenströmung experimentell und numerisch mit dem „scale-adaptive Simulation“ (SAS) [16] Ansatz und dem „Subgrid-scale“ Ansatz „LES-WALE“ [14, 15] untersucht. Hierbei wurde die notwendige Gitterauflösung und Zeitschrittweite ermittelt. An einem Düsengroßmodell ist die einphasige komplexe Düseninnenströmung mit den zwei verschiedenen Messtechniken 2D „Laser-Doppler-Anemometrie“ (LDA) [158, 157] und 3D „Particle-Image-Velocimetry“(PIV) [152] im laminaren, laminar-turbulenten und im voll turbulenten Bereich vermessen worden. Das 3D PIV Verfahren erreichte in der Tiefenebene im wandfernen Bereich eine bessere räumliche Auflösung als das 2D LDA Verfahren. Der Vergleich beider Messmethoden zeigte, dass die Messdaten qualitativ sehr gut übereinstimmen. Die quantitativen Unterschiede ergaben sich zum einen aus der unterschiedlichen räumlichen Auflösung und zum anderen aus dem Bias-Effekt [164], der beim LDA auftritt. Das LES-WALE Turbulenzmodell hat sich bezüglich der Vorhersagequalität des Übergangs laminar zu turbulent als das geeignetere gezeigt. Das skalen-adaptive SAS Turbulenzmodell bildet die turbulenten Schwankungen im Übergangsbereich nicht präzise ab. Aus diesem Grund wurde auch das LES-WALE Turbulenzmodell in das Lattice-Boltzmann Verfahren implementiert und für die Simulationen verwendet.

Ein weiter entwickeltes Erosionsmodell von Finnie und Bitter [39] beschreibt die Partikelerosion an der Wand. In diesem Erosionsmodell wurde neben der translatorischen Geschwindigkeit auch die rotatorische Geschwindigkeit des Partikels an der Wand mit einbezogen. Diese Modellerweiterung wurde aufgrund der mit dem Lattice-Boltzmann Verfahren simulierten Partikel-Wand Interaktion bestimmt. Der experimentelle Befund der linearen Abhängigkeit des Partikeldurchmessers und der Geschwindigkeit des Partikels von der Erosionsrate wurde über den aus der Literatur bekannten Ansatz [172, 181, 182] berücksichtigt.

Das Erosionsmodell liefert zunächst nur den Betrag der Wandverschiebung an einem Wandknoten. Die Verschiebungsrichtung der Wandknoten wurde über eine Mittelung der Oberflächen-Normalenvektoren berechnet. Sie ermöglicht eine hinreichend glatte Netzverformung während der Simulationszeit.

Die zur Validierung verwendete Planargeometrie zeichnete sich durch ihre relativ hohe Kanal-Reynoldszahl aus, die je nach Einstellung der HE-Parameter wie Druck oder Viskosität im Bereich von 1200 bis 6612 streute. Die Stokeszahl, die das Verhältniss zwischen der Partikel-Relaxationszeit zur Systemzeit darstellt, war dabei kleiner als eins. Aufgrund der kleinen Stokeszahl wurde kein signifikanter Einfluss der Partikeloberfläche bei dieser Geometrie festgestellt. Sowohl die Erosionsrate als auch die Abtragspositionen an den Planargeometrien konnten numerisch im Vergleich zum Experiment sehr gut abgebildet werden.

Die in den Experimenten untersuchte Drossel ließ sich über ihren relativ kleinen Durchmesser von $120\mu m$ charakterisieren. Die Rohr-Reynoldszahl variierte je nach HE-Parameter zwischen 120 und 900. Die Stokeszahl war bei dieser Geometrie stets über eins, da der Drosseldurchmesser nur etwa das Zwanzigfache des mittleren Partikeldurchmessers beim Korn F1200 betragen hat. Hier zeigte sich ein signifikanter Einfluss der Partikeloberfläche auf die Erosionsrate. Die Annahme, dass das Schleifkorn eine sphärische Oberfläche besitzt, führte damit zu keiner Übereinstimmung zwischen den experimentellen und numerischen Ergebnissen. Hingegen wurde unter Verwendung der an das Borkarbid angepasste Bewegungsgleichung eine sehr gute Übereinstimmung zwischen den Simulationen und den Experimenten erreicht. Bei der Verwendung der höheren Partikel-Volumenkonzentration von 2% ergab sich mit dem Partikel-Partikel Stoßmodell von Ding und Gidaspow [30] eine bessere Übereinstimmung zwischen der Simulation und dem Experiment.

Die untersuchte Einspritzdüse zeichnete sich durch ihren kleinen Spritzlochdurchmesser und ihr komplexes Strömungsfeld aus. Die Rohr-Reynoldszahl lag bei den Versuchen zwischen 120 und 800 und die maximale Stokeszahl an der Einlasskante befand sich stets zwischen zwei und acht. Sowohl die Lochform des Spritzlochs als auch der über den Spritzlochumfang gemittelte Durchmesser stimmte sehr gut zwischen der Simulation und der Messung überein. Insbesondere ist zu erwähnen, dass die nicht verrundete Wand an der oberen Einlasskante des Spritzlochbereichs auch numerisch abgebildet wurde und über das Strömungsfeld im oberen Einlasskantenbereich erklärbar ist.

Zusammenfassend konnte mit dem entwickelten Simulationsprogramm der Prozess des hydro-erosiven Verrundens für alle verwendeten Geometrien numerisch abgebildet und experimentell validiert werden. Hierbei sind die beiden wesentlichen Mechanismen der Partikeltransport der Schleifkörner und die Partikel-Wand Interaktion berücksichtigt worden. Die vereinfachte Abbildung der nicht-sphärischen Partikel als Punktteilchen ist über die Modifizierung der Koeffizienten in der BBO Gleichung ermöglicht worden. Die Berechnung der Koeffizienten wurde mittels eines entwickelten Lattice-Boltzmann Verfahrens realisiert, das die Partikeloberfläche über ein verfeinertes Rechengitter um das Partikel berücksichtigt. Durch die Implementierung der modifizierten BBO Gleichung in das Euler-Euler Verfahren von ANSYS CFX11 konnte das hydroerosive Verrunden numerisch effizient berechnet werden. Das Erosionsveralten während des HE-Prozesses wurde durch einen entwickelten Algorithmus zur Gitterverschiebung in ANSYS CFX11 numerisch abbildbar. Hierbei berechnet das entwickelte Erosionsmodell den Betrag der Verschiebungsrichtung. Der Algorithmus ermöglichte erstmals die Berechnung des hydro-erosiven Verrundens bei Diesel-Einspritzdüsen, in dem ein über die Simulationszeit regulär bleibendes Rechengitter gewährleistet werden konnte. Mit dem entwickelten Simulationsprogramm war es möglich, den Einfluss der Partikelform auf das hydro-erosive Verrunden zu untersuchen. In dieser Arbeit ließ sich feststellen, dass die Partikelform signifikant den Partikeltransport und damit das Erosionsverhalten beeinflusst, wenn die Stokeszahl größer als eins ist.

KAPITEL 8

Summary

In the present work, a simulation program to describe hydro-erosive grinding processes was developed and experimentally validated on different planar geometries, a throttle and a nozzle. Hydro-erosive grinding represents a manufacturing process for the superficial treatment of components. It is capable of reducing surface roughness and rounding sharp edges. The procedure is realized via a two-phase flow of a carrier medium (mineral oil) loaded with abrasive particles. The latter have a diameter from 1 to $50\,\mu m$ and consist of boron carbide, which exhibits a hardness close to that of diamonds [6]. The purpose of the simulation program is to model the mechanisms of particle erosion in the laminar and weakly turbulent flows encountered during hydro-erosive grinding. In this context, the central mechanisms are the transport of the abrasive particles and the particle-wall interaction responsible for erosion processes. The developed program can be used to optimize the shape of different components like nozzle openings of Diesel injectors.

Up to now, the description of non-spherical particle transport was only possible via highly resolved particle surfaces [27]. The corresponding simulation of the grinding process with millions of particles is nowadays not feasible due to extremely high numerical requirements. The more efficient Euler-Euler and Euler-Lagrange methods represent the particles as point masses. The extension of the particle is accounted for by the „Basset-Boussinesq-Oseen“ (BBO) equation for spherical particles [76]. With this approximation, an agreement of numerical and experimental data could only be found for small Stokes numbers [24, 25]. As a result, the particle-wall interaction up to now could only be described using semi-empirical erosion models making the assumption that the particle shape is of spherical type. As this leads to incorrect results for large Stokes numbers, a transfer of the models to other components is generally not possible. Experimentally, up to now the micro-sized abrasive particles could not be detected.

In the present work, the influence of the particle surfaces on their dynamics was analyzed using a well-established numerical method, the Lattice-Boltzmann approach. In this way, both the analysis of highly resolved particles in laminar and turbulent flows as well as the evaluation of the particle-wall interaction became possible. In particular, the Lattice-Boltzmann equation allowed for the determination of the coefficients in the BBO equation for the abrasive particles. The corresponding consideration is based on the coefficients of the resistance force, the Magnus force, the Saffman force and the history force for the abrasive particles [151]. The coefficients of the BBO equation were implemented into the Euler-Euler model of Ansys CFX11 [28], thereby making an extension to non-spherical particles. The Euler-Euler simulation accounted for removal of material and the deformation of the geometry via a displacement algorithm applied during runtime. The simulation tool was validated on three example geometries in order to analyze the influence of flow fields, channel Reynolds number, particle Reynolds number and Stokes number on the erosion behavior. A comparison with measurements shows that the developed erosion model is valid in a large range of parameters.

The nature of turbulence in the components analyzed in this work lies between the laminar and the weakly turbulent regime. To model the transition region with sufficient precision, the „LES-WALE“ model [14] was newly introduced into the Lattice-Boltzmann method both mathematically and numerically [49]. It turned out that the model was highly appropriate for the problems discussed in the present work. In addition, the generalized numerical method could serve to implement arbitrary „sub-scale“ turbulence models in the Lattice-Boltzmann method. Particular focus was put on the numerical treatment of transient particle dynamics which was realized by implementing a highly resolved mesh adaption method in the vicinity of the particles. The adapted mesh moved along with the particles by refining and coarsening the individual fluid cells. In this way, both the influence of the particle shape on the dynamics and the particle-wall interaction could be studied with an acceptable computational effort.

The Lattice-Boltzmann model was validated in regions far away from walls by checking drag coefficients for cubes [93] and the history force [92] as well as the Magnus and Saffman forces for spheres [26, 97]. The influence of the particle shape of the Magnus and Saffman forces was studied in dependence of the particle, shear and rotation Reynolds numbers. The history and drag forces were recorded as function of the particle Reynolds number. In this way, an equation of motion could be set up for the standard particle „boron carbide“ by modifying the coefficients in the BBO equation [76] for spherical particles.

During the analysis of the particle-wall interaction it was found that depending on the position and shape of the particle a quenching film would form that decelerated the particles before their impact. In this way, the impact angle of the boron carbide particles became so low that multiple collisions with the wall occurred. This fact was accounted for when setting up the hydro-erosive grinding model by incorporating the rotation velocity of the particles. The observed behavior qualitatively agreed well with theoretical considerations for cylindrical particles [34]. Also, the particle-wall interaction simulated with the Lattice-Boltzmann method could be experimentally validated via high-speed recordings of cubes in a fluid channel.

Due to the complexity of the multiphase flow during the hydro-erosive grinding process, in the present dissertation the single-phase flow inside a nozzle was analyzed experimentally and numerically to determine grid resolutions and timestep sizes for the turbulence models „scale-adaptive simulation“ (SAS) [16] and „Subgrid scale LES-WALE“ [14, 15]. Using an upscaled version of the nozzle, the complex single-phase flow was analyzed in the laminar, laminar-turbulent and fully turbulent regime using the methods „Laser Doppler Anemometry“ (LDA) [158, 157] and „3D Particle Image Velocimetry“ (PIV) [152]. The two-dimensional LDA method provided a better spatial resolution close to the walls as the corresponding measurement region outside the nozzle hole. In contrast, far away from the walls the 3D PIV methods provided a better spatial resolution than the 3D LDA method. A comparison of both measurement techniques showed a very good qualitative agreement. Quantitative differences resulted from a different spatial resolution on the one hand and the bias effect occurring during LDA measurements [164] on the other hand. Concerning the turbulence model, the LES-WALE model gave more precise predictions for the laminar-turbulent transition region as the reproduction of turbulent fluctuations by the SAS model was of low quality on this range. Consequently, the LES-WALE model was implemented into the Lattice-Boltzmann method and used in subsequent simulations.

An extended erosion model by Finnie and Bitter [39] describes the wall erosion caused by broron carbide particles. The model contains both transient and rotational velocities of particles close to the wall. Due to a good correspondence with the particle-wall interaction found by the Lattice-Boltzmann method, the model was selected to describe erosion processes. The experimentally found linear dependence between particle diameter, particle velocity and erosion rate was included via a previously published standard ansatz [172, 181, 182]. The erosion model therefore yielded only the absolute displacement of the wall at a given node. By determining the missing displacement direction by averaging over the surface normal vectors, a sufficiently smooth net deformation during runtime could be obtained.

The model was validated on a planar geometry with a relatively high channel Reynolds number taking values between 1200 and 9600 (depending on parameters like pressure and viscosity). The Stokes number representing the ratio of particle relaxation time and system time was always smaller than one. Consequently, no significant influence of the particle surface could be found in the given case. A good agreement between numerical and experimental results could be found for both erosion rate and site.

Experimentally, also a throttle characterized by a relatively small diameter of 120 μm was analyzed. The pipe Reynolds number for this case was varied between 120 and 900. As the throttle diameter was only about twenty times the average particle diameter (grain F1200), the Stokes number for the geometry was always above unity. In this case, a significant influence of the particle surface on the erosion rate could be found. The assumption of spherically shaped abrasive particle led to no agreement between experimental and numerical results. In contrast, the dynamic equations specifically adapted to boron carbide produced a very good correspondence of the results. An exception is given for particle volume concentrations above 2%, where the particle-particle collision model of Ding and Gidaspow [30] provided a better agreement.

As a last example, an injection nozzle with a small nozzle diameter and a complex flow field was analyzed. Here, the pipe Reynolds number was between 120 and 800 whereas the maximum Stokes number at the inlet was always between two and eight. Both the shape and average diameter of the nozzle of simulations and experiment agreed very well. In particular, a non-rounded wall at the upper nozzle inlet was also found numerically and could be explained by the flow field in the upper inlet region.

In summary, with the newly developed simulation tool the process of hydroerosive grinding could be numerically described and experimentally validated for all geometries under consideration. Both transport of abrasive particles and particle-wall interaction were accounted for in the simulation. A simplified description of non-spherical particle became possible by modifying the coefficients of the BBO equation. The latter were calculated via a Lattice-Boltzmann method with spatially resolved fluid flow close to the particle surface. An effective numerical calculation of the grinding process became possible by implementing the modified BBO equation into the Euler-Euler algorithm of the software tool Ansys CFX11 [11]. In particular, the erosion behavior was incorporated into Ansys CFX11 via a moving mesh algorithm in which the erosion model determines the magnitude of the displacement vector. For the first time, it became possible to simulate the erosion process in Diesel injection nozzles by maintaining a regular numerical grid during runtime. Additionally, the influence of the particle shape on the erosion process could be quantified, showing that the particle shape significantly influences the particle transport and the erosion behavior when the Stokes number is larger than unity.

KAPITEL 9

Literaturverzeichnis

[1] Verordnung (EG) Nr. 715/2007 des Europäischen Parlaments und des Rates, *(2007).*

[2] H. Bauer, Diesel-Speichereinspritzsystem Common Rail, Systemübersicht Pkw und Nkw - Piezo-Inline-Injektor - Hochdruckpumpen, *Auflage 4, Christiani Verlag, Konstanz, ISBN 386522010X, (2007).*

[3] W. Christ and B. Dittus, Diesel nozzle - the determining interface between injection system and combustion chamber, *Thermofluidynamic Processes in Diesel Engines, Springer Verlag, Berlin, ISBN 9783540426653, (2000).*

[4] J. Walther, Quantitative Untersuchungen der Innenströmung in kavitierenden Dieseleinspritzdüsen, *Dissertation, Universität Darmstadt, (2002).*

[5] N. Mohria, Y. Fukuzawab, T. Tanic, N. Saitoa and K. Furutani, Assisting Electrode Method for Machining Insulating Ceramics CIRP Annals, *Manufacturing Technology, vol. 45, pp. 201-204, (1996).*

[6] E. Roos und K. Maile, Werkstoffkunde für Ingenieure. Grundlagen, Anwendungen, Prüfung: Grundlagen, Anwendung, Prufung, *2. Auflage, Springer Verlag, Berlin, ISBN 3540220348, (2004).*

[7] C. Weber, Simulation des hydroabrasiven Materialabtrages in hydraulischen Strömungsmaschinen, *Dissertation, Universität München, (2000).*

[8] Royal Dutch Shell plc, Stoffdaten der Trägermedien, *www.shell.com, (2009).*

[9] Robert Bosch GmbH, Kraftfahrtechnisches Taschenbuch, *VDI-Verlag, Düsseldorf, ISBN 3184191141, (1995).*

[10] C. Burger, Untersuchungen zur Regelung eines Strömungsschleifprozesses, *Diplomarbeit, Fachhochschule für Technik, Esslingen, (2005).*

[11] M. Kraus, Experimentelle und numerische Untersuchung des hydroerosiven Verrundungsprozesses, *Diplomarbeit, Hochschule Coburg, (2008).*

[12] Robert Bosch GmbH, Beschreibung des Common Rail Systems, *www.bosch-kraftfahrzeugtechnik.de, (2008).*

[13] J. G. Eggels, J. Westerweel, F. T. Nieuwstadt and R. J. Adrian, Direct numerical simulation of turbulent pipe flow, *Applied Scientific Research, vol. 51, Numbers 1-2, (1993).*

[14] F. Nicoud and F. Ducros, Subgrid-Scale Stress Modelling Based on the Square of the Velocity Gradient Tensor, *Flow, Turbulence and Combustion, vol. 62, pp. 183-200, (1999).*

[15] I. Wendling, Dynamische Large Eddy Simulation turbulenter Strömungen in komplexen Geometrien, *Dissertation, Technische Universität Darmstadt, (2007).*

[16] Y. Egorov and F. Menter, A Scale Adaptive Simulation Model using Two-Equation Models, *43rd AIAA Aerospace Sciences Meeting and Exhibit, Number 1095, Nevada, (2005).*

[17] D. Lilly, A proposed modification of the Germano subgrid-scale closure method, *Physics of Fluids A, vol. 4, pp. 633-635, (1992).*

[18] M. Germano, U. Piomelli, P. Moin and W. Cabot, A dynamic subgrid-scale eddy viscosity model, *Physics of Fluids A, vol. 7, pp. 1760-1765 (1991).*

[19] T. Brandt, A posteriory study on modelling and numerical error in LES applying the Smagorinsky model, *Complex Effects in Large Eddy Simulation, vol. 56, pp. 173-189, Springer Verlag, Heidelberg, (2007).*

[20] H. Klank and G. Goranovi, PIV measurements in a microfluidic 3D-sheathing structure with three-dimensional flow behaviour, *Journal of Micromechanics and Microengineering, vol. 6, Number 6, (2002).*

[21] W. Habchi, P. Vergne, S. Bair, O. Andersson, D. Eyheramendye and G. E Morales-Espejel, Influence of pressure and temperature dependence of thermal properties of a lubricant on the behaviour of circular TEHD contacts, *Tribology International, doi:10.1016/j.triboint.2009.10.002, (2009).*

[22] A. D. Bruns, T. Frank, I. Hamill and Jun-Mei Shi4, Drag model for turbulent dispersion in Eulerian-Multi-Phase flows, *5th International conference on Multiphase flow, Number 392, (2004).*

[23] M. Sommerfeld, Modellierung und numerische Berechnung von partikelbeladenen turbulenten Strömungen mit Hilfe des Euler/Lagrange-Verfahrens, *Habilitation, Friedrich-Alexander-Universität, Erlangen-Nürnberg, ISBN 3826519515, (1996)*

[24] P. A. Rizkalla, Development of a Hydroerosion Model using a Semi-Empirical Method Coupled with an Euler-Euler Approach, *Dissertation, Universität Melbourne, (2007).*

[25] G. M. Urzua, Numerical and experimental examinations of the hydroerosive material removal on Diesel Direct Injection nozzles, *Dissertation, Shaker Verlag, Universität Magdeburg, (2005).*

[26] C. Crowe, M. Sommerfeld and Y. Tsuji, *Multiphase Flows With Droplets And Particles, CRC Press, ISBN 0849394694, (1998).*

[27] A. Hölzer and M. Sommerfeld, Lattice Boltzmann Simulations to Determine Forces Acting on Non-Spherical Particles, *Fluid Mechanics and Its Applications, Springer Verlag, ISBN 9781402049767, (2006).*

[28] ANSYS CFX, Release 11.0 Documentation, *www.ansys.com/ANSYS/ansyshelp/ansys.html, (2008).*

[29] CFD++, CFD++ User manual, *http://www.metacomptech.com, (2009).*

[30] J. Ding and D. Gidaspow, A Bubbling Fluidization Model Using Kinetic Theory of Granular Flow, *American Institute of Chemical Engineer, vol. 36, Issue 4, pp. 523-538, (1989).*

[31] J. X. Bouillard, R. W. Lyczkowski and D. Gidaspow, Porosity Distributions in a Fluidized Bed with an Immersed Obstacle, *American Institute of Chemical Engineer, vol. 35, Issue 6, pp. 908-922, (1989).*

[32] G. Joseph, R. Zenit, M. L. Hunt and A. M. Rosenwinkel, Particle-wall collisions in a viscous fluid, *Journal of Fluid Mechanics, vol. 433, pp. 329-346, (2001).*

[33] A. K. Cousens and I. M. Hutchings, Influence of erodent particle shape on the erosion of mild steel, *Proceedings 6th International Conferecnce on Erosion by Liquid and Solid Impact, vol. 41, pp. 1-8, (1983).*

[34] H. Mc Clark and L. C. Burmeister, The influence of the squeeze film on particle impact velocities in erosion, *International Journal of Impact Engineering, vol. 12, pp. 415-426, (1992).*

[35] H. Mc Clark, A comparison of particle impact in gas-solid and liquid-solid film erosion, *Journal of Wear, vol. 186-187, pp. 465-472, (1995).*

[36] H. Mc Clark and R. B. Hartwick, A re-examination of the particle size effect in slurry erosion, *Journal of Wear, vol. 248, pp. 147-161, (2001).*

[37] E. Abbe, Abhandlungen über die Theorie des Mikroskops, *G. Fischer Verlag, Jena, (1904).*

[38] A. Magnée, Generalized law of erosion: application to various alloys and intermetallics, *Journal of Wear, vol. 181-183, pp. 500-510, (1995).*

[39] I. Finnie, The mechanism of erosion of ductile metals, *3rd U.S. National Congress of Applied Mechanics, pp. 527-532, (1958).*

[40] J.G.A. Bitter, A study of erosion phenomena (part 1), *Journal of Wear, vol. 6, pp. 5-21, (1963).*

[41] K. Haugen, O. Kvernvold, A. Ronold and R. Sandberg, Sand erosion of wear-resistant materials: Erosion in choke valves, *Journal of Wear, vol. 186-187, Part 1, pp. 179-188, (1995).*

[42] G. Grant and W. Tabakoff, An experimental investigation of the erosive characteristics of 2024 Aluminium alloy, *National technical information service, Number 0762467, (1973).*

[43] M. M. Khruschov, Resistance of metals to wear by abrasion as related to hardness, *Proceedings of the Conference of Lubrication and Wear, vol. 44, pp. 43-47, (1957).*

[44] A. Forder, M. Thew and D. Harrison, A numerical investigation of solid particle erosion experienced within oilfield control valves, *Journal of Wear, vol. 216, pp. 184-1093, (1998).*

[45] B. E. Launder, G. J. Reece and W. Rodi, Progress in the Development of a Reynolds-Stress Turbulence Closure, *Journal of Fluid Mechanics, vol. 68, pp. 537-566, (1975).*

[46] J. Jim, J. Fan, X. Zhang and K. Chen, Numerical simulation of the tube erosion resulted from particle impacts, *Journal of Wear, vol. 250, pp. 114-119, (2001).*

[47] H. Wadell, The Coefficient of Resistance as a Function of Reynolds Number for Solids of Various Shapes, *The Franklin Institute, vol. 217, pp. 459-490, (1934).*

[48] J. S. McNown and J. Malaika, Effects of Particle Shape on Settling Velocity at Low Reynolds Numbers, *Transactions, American Geophysical Union, vol. 31, pp. 74-82, (1950).*

[49] M. Weickert, G. Teike, O. Schmidt and M. Sommerfeld, Investigation of the LES WALE turbulence model within the lattice Boltzmann framework, *Computers and Mathematics with Applications, vol. 59, Issue 7, pp. 2200-2214, (2010).*

[50] J. Hardy and Y. Pomeau, Thermo- and hydrodynamics for a model fluid, *Journal of Mathematical Physics, vol. 13, pp. 1042-1051, (1972).*

[51] H. Haug, Statistische Physik - Gleichgewichtstheorie und Kinetik, *Vieweg Verlag, ISBN 3528072857, (1997).*

[52] L. Bhatnagar, E. P.Gross, and M. Krook, A model for collision processes in gases: Small amplitude processes in charged and neutral onecomponent systems, *Physical Review, vol. 94, pp. 511 (1954).*

[53] J. Spurk, Strömungslehre, Einführung in die Theorie der Strömungen, *6. Auflage, Springer Verlag, Berlin, ISBN 3540550771, (2007).*

[54] S. Chapman and T. Cowling, The mathematical theory of non-uniform gases, *Cambridge University Press, ISBN 052140844X, (1990).*

[55] B. Crouse, Lattice Boltzmann Strömungssimulationen auf Baumdatenstrukturen, *Dissertation, TU München, (2003).*

[56] M. Krafczyk, J. Tölke and L.-S. Luo, LES simulations based on a multiple relaxation time LB model, *International Journal of Modern Physics B, vol. 17, pp. 33-39, (2003).*

[57] O. Filippova and D. Hänel, Boundary Fitting and local Grid Refinement for Lattice-BGK Models, *International Journal of Modern Physics C, vol. 9, pp. 1271-1279, (1998).*

[58] D. Humieres, I. Grinzburg, M. Krafczyk, P. Lallemand and L.-S. Luo, Multiple-relaxation-time lattice Boltzmann models in three dimensions, *The Royal Society, vol. 360, pp. 437-451 (2002).*

[59] M. Krafczyk, Gitter-Boltzmann Methoden: Von der Theorie zur Anwendung, *Habilitationsschrift am Lehrstuhl für Bauinformatik, TU München, (2001).*

[60] J. Smagorinsky, General Circulation experiments with the primitive equations, *Monthly Weather Review, vol. 91, pp. 99-164, (1963).*

[61] R. Moser, J. Kim and N. Mansour, Direct numerical simulation of turbulent channel flow up to $Re_\tau = 590$, *Physics of Fluids, vol. 11, pp. 943-945, (1999).*

[62] R. Martinuzzi, Experimentelle Untersuchung der Umströmung wandgebundener, rechteckiger, prismatischer Hindernisse, *Dissertation, Universität Erlangen, (1992).*

[63] S. Hou, J. Sterling, S. Chen and G. D. Doolen, A Lattice Boltzmann subgrid model for high Reynolds number flows, *Fields Institute Communications, vol. 6, pp. 151-165, (1996).*

[64] P. Sagaut, Large Eddy Simulation for Incompressible Flows, *Springer Verlag, ISBN 3540437533, (2004).*

[65] H. Reichardt, Gesetzmässigkeiten der freien Turbulenz, *VDI Forschungsheft, vol. 414, (1951).*

[66] H. Xi, G. Peng and S. Chou, Finite-volume lattice Boltzmann method, *Physical Review E Stat Phys Plasmas Fluids Relat Interdiscip Topics, vol. 59, pp. 6202-6205, (1999)*

[67] OpenMP Application Program Interface, *API Version 2.5, (2005).*

[68] M. Bouzidi, M. Firdaouss and P.Lallemand, Momentum transfer of a Boltzmann-lattice fluid with boundaries, *Physics of Fluids, vol. 13, pp. 3452-3459, (2001).*

[69] Z. Guo and C. Zheng, An extrapolation method for boundary conditions in the lattice Boltzmann method, *Physics of Fluids, vol. 14, pp. 2007-2010, (2002).*

[70] R. Mei, D. Yu, W. Shyy and L.-S. Luo, Force evaluation in the lattice Boltzmann method involving curved geometry, *Physical Review E, vol. 65, pp. 23-41, (2002).*

[71] M. Bouzidi, M. Firdaouss and P. Lallemand, Momentum transfer of a Boltzmann-lattice fluid with boundaries, *Physics of Fluids, vol. 13, pp. 3452-3459, (2001).*

[72] A. Caiazzo, Analysis of lattice Boltzmann nodes initialization in Moving Boundary problems, *Progress in Computational Fluid Dynamics, vol. 8, Number 1-4, pp. 3-10, (2008).*

[73] P. Lallemand and L. Luo, Lattice Boltzmann method for moving boundaries, *Journal of Computational Physics, vol. 184, pp. 406-420, (2002).*

[74] T. Fließbach, Mechanik, *Lehrbuch zur theoretischen Physik I, 4. Auflage, Spektrum Verlag, (2003).*

[75] S. Langer, Adaptive Gitterbewegung in Lattice-Boltzmann 3D, *Diplomarbeit, Fachhochschule Merseburg, (2009).*

[76] A. T. Hjelmfelt and L. F. Mockros, Motion of Discrete Particles in a Turbulent Fluid, *Journal of Applied Science Research, vol. 16, pp. 149-161, (1966).*

[77] A. Boemer, Euler/Euler-Simulation der Fluiddynamik blasenbildender Wirbelschichten, *Dissertation, Technische Hochschule Aachen, (1996).*

[78] A. B. Bailey and J. Hiatt, Sphere Drag Coefficients for a Broad Range of Mach and Reynolds Numbers, *AIAA, vol. 10, pp. 1436-1440, (1972).*

[79] P. G. Saffman, The lift on a small sphere in a slow shear flow, *Journal of Fluid Mechanics, vol. 22, pp. 385, (1965).*

[80] R. Mei, An Approximate Expression for the Shear Lift Force on a Spherical Particle at Finite Reynolds Number, *International Journal of Multiphase Flow, vol. 18, pp. 145-147, (1992).*

[81] S. I. Rubinow and J. B. Keller, The transverse force on a spinning sphere moving in a viscous fluid, *Journal of Fluid Mechanics, vol. 11, pp. 447-459, (1961).*

[82] A. B. Basset, Treatise on hydrodynamics, *Journal of Fluid Mechanics, vol. 2, pp. 103-113, (1888).*

[83] M. W. Reeks and S. McKee, The dispersive effect of Basset history forces on particle motion in turbulent flow, *Physics of Fluids, vol. 27, pp. 1573, (1984).*

[84] F. Odar, Verification on the proposed equation for calculation of the forces on a sphere accelerating in a viscous fluid, *Journal of Fluid Mechanics, vol. 25, pp. 591-592, (1964).*

[85] F. Odar and W. Hamilton, Forces on a sphere accelerating in a viscous fluid, *Journal of Fluid Mechanics, vol. 18, pp. 302-314, (1964).*

[86] M. A. Rizk and S. E. Elghobashi, The Motion of Spherical Particle Suspended in a Turbulent FLow Near a Plane Wall, *Physical Fluids, vol.28, pp. 806-817, (1985).*

[87] Y. Tsuji, N. Kato and T. Tanaka, Experiments on the unsteady drag and wake of a sphere at high Reynolds numbers, *International Journal of Multiphase Flow, vol. 17, pp. 343-354, (1991).*

[88] L. Liang and E. E. Michaelides, The magnitude of Basset forces in unsteady multiphase flow computations, *Journal of Fluids engineering, vol. 114, pp. 417-419, (1992).*

[89] J.-F. Domgin, D. Huilier, J-J. Karl, P. Gardin and H. Burnage, Experimental and numerical study of rigid particles, droplets and bubbles motion in quiescent and turbulent flows - Influence of the history force, *ASME/JSME, Fluids Engineering Conference, Symposium on Gas-Particle Flows, vol. 228, pp. 393-399, (1995).*

[90] K. Fukagata, S. Zahrai and H. F. Bark, Force balance in a turbulent particulate channel flow, *International Journal of Multiphase Flow, vol. 24, pp.867-887, (1998).*

[91] R. Mei and R. J. Adrian, Flow past a sphere with an oscillation in the free-stream velocity and unsteady drag at finite Reynolds number, *Journal of Fluid Mechanics, vol. 237, pp. 323-341, (1992).*

[92] R. Mei, History force on a sphere due to a step change in the free-stream velocity, *International Journal of Multiphase flow, vol. 19, no.3, pp. 509-525, (1993).*

[93] E. Pettyjohn and E. Christiansen, Effect of particle shape on free-settling rates of isometric particles, *Chemical engineering progress, vol. 44, pp. 157-172, (1948).*

[94] I. Newton, Mathematische Prinzipien der Naturlehre, *Herausgegeben von J. Ph. Wolfers, Wissenschaftliche Buchgesellschaft, Darmstadt, (1963).*

[95] G. Galilei, Unterredungen und mathematische Demonstrationen über zwei neue Wissenszweige, die Mechanik und die Fallkräfte betreffend, erster und zweiter Tag, *Übersetzt von Arthur von Oettingen, Verlag von Wilhelm Engelmann, (1917).*

[96] H. Faxén, Der Widerstand gegen die Bewegung einer starren Kugel in einer zähen Flüssigkeit, die zwischen zwei parallelen ebenen Wänden eingeschlossen ist, *Annalen der Physik, vol. 68, pp. 89-119, (1922).*

[97] B. Oesterle and T.B. Dinh, Experiments on the lift of a spinning sphere in a range of intermediate Reynolds numbers, *Journal of Experimental Fluids, vol. 25, pp. 16-22, (1998).*

[98] A. J. Dorgan and E. Loth, Efficient calculation of the history force at finite Reynolds numbers, *International Journal of multiphase flow, vol. 33, pp. 833-848, (2007).*

[99] I. Kim, S. Elghobashi and W. B. Sirignana, On the equation for spherical-particle motion: effect of Reynolds and acceleration numbers, *Journal of Fluid Mechanics, vol. 367, pp. 221–253, (1998).*

[100] G. Springer, Fachkunde Elektrotechnik, *vol. 18, Verlag-Europa-Lehrmittel, Wuppertal, ISBN 3808530189, (1989).*

[101] LaVision, Internetseite des PIV Herstellers, *www.lavision.de.*

[102] L. V. Popov, Kontaktmechanik und Reibung. Ein Lehr- und Anwendungsbuch von der Nanotribologie bis zur numerischen Simulation, *Springer-Verlag, ISBN 9783540888369, (2009).*

[103] H. D. Arnold, Limitations imposed by Slip and Inertia Terms upon Stokes's Law for the Motion of Spheres through Liquids, *Philosophical Magazine, vol. 6, pp. 755-775, (1911).*

[104] J. B. McLaughlin, Inertial migration of a small sphere in linear shear flows, *Journal of Fluid Mechanics, vol. 224, pp. 261-274, (1991).*

[105] L. Zhou, Theory and numerical Modelling of turbulent Gas-Particle Flows and Combustion, *Science Press and CRC Press, ISBN 0849377218, (1993).*

[106] A. Boemer, Euler/Euler-Simulation der Fluiddynamik blasenbildender Wirbelschichten, *Dissertation, RWTH Aachen, (1996).*

[107] A. Adeniji-Fashola, Modelling of confined turbulent fluid particle flows using eulerian and lagrangian schemes, *Journal of Heat and Mass Transfer, vol. 33, pp. 680-691, (1990).*

[108] G. Sharath, Partially averaged Navier-Stokes (PANS) approach: A RANS to LES bridging model, *American Physical Society, Division of Fluid Dynamics 56th Annual Meeting, (2003).*

[109] F.R. Menter, Zonal Two Equation k-ω Turbulence Models for Aerodynamic Flows, *AIAA, Number 1993-2906, (1993).*

[110] L. Prandtl, Der Luftwiderstand von Kugeln, *Nachrichten der Königlichen Gesellschaft der Wissenschaften zu Göttingen, Mathematisch-physikalische Klasse, pp. 177-190, (1914).*

[111] L. Prandtl und A. Betz, Ergebnisse der Aerodynamischen Versuchsanstalt zu Göttingen, *Oldenbourg, (1921-1932).*

[112] L. Prandtl und A. Betz, Über den Reibungswiderstand strömender Luft, *Ergebnisse der Aerodynamischen Versuchsanstalt zu Göttingen, vol. 3, pp. 1-5, (1927).*

[113] V. J. Boussinesq, Théorie de l'écoulement tourbillonnant et tumultueux des liquides dans les lits rectilignes a grande section, *Gauthier-Villars Verlag, (1897).*

[114] J. T. Kuo, W.-S. Hsu and T.-C. Yo, Effect of Air Distributionon Solid Fuel Bed Combustion, *International Journal of Energy Resources Technology, vol. 119, pp. 120-128, (1998).*

[115] R. J. Kee, F. M. Rupley and J. A. Miller, CHEMKIN-II: A Fortran Chemical Kinetics Package for the Analysis of Gas-Phase Chemical Kinetics, *SAND89-8009/Sandia National Laboratories, (1991).*

[116] J. Bardina, J. H. Ferziger and W. C. Reynolds, Improved Sub-grid Models for Large Eddy Simulation, *AIAA, vol. 80, Number 1357-1369, (1980).*

[117] A. W. Vreman, An eddy-viscosity subgrid-scale model for turbulent shear flow: algebraic theory and applications, *Physical Fluids, vol. 16, pp. 3670-3681, (2004).*

[118] U. Piomelli and A. Cubero, Large-eddy simulations of channel flows with variable filter-width-to-grid-size ratios, *Springer Verlag, ISBN 9781402049095, (2006).*

[119] T. Kármán und L. Edson, Die Wirbelstraße. Mein Leben für die Luftfahrt, *Hoffmann und Campe, (1968).*

[120] J. C. Rotta, Vergleichende Berechnungen von turbulenten Grenzschichten mit verschiedenen Dissipationsgesetzen, *Springer Verlag, ISSN 0939-1533, (1968).*

[121] P. J. Oliveira, A. D. Gosman and R. I. Issa, A method for particle location and field interpolation on complex, three-dimensional computational meshes, *Advances in Engineering Software archive, vol. 28 , pp. 607-614, (1997).*

[122] A. Jonsson, Markov's inequality on compact sets and Lagrange interpolation, *Complex Variables and Elliptic Equations, vol. 12, pp. 80-87, (2009).*

[123] M. Indenbirken, Beitrag zur Modellierung berandeter Gas-Feststoff Strömungen mit dem Euler-Euler Verfahren, *Dissertation, Shaker Verlag, Universität Dortmund, ISBN 382658435X, (2001).*

[124] B. Kuan, W. Yang and C. Solnordal, CFD simulation and experimental validation of dilute particulate turbulent flows in a 90 degree duct bend, *3rd International Conference on CFD in the Minerals and Process Industries, pp. 531-536, (2003).*

[125] C. Wen and Y. Yu, Mechanics of Fluidization, *Chemical Engineering Progress Symposium, vol. 62, pp. 100-108, (1966).*

[126] E. J. Bolio, J. A. Yasuna and J. L. Sinclair, Dilute Turbulent Gas-Solid Flow in Risers with Particle-Particle Interactions, *American Institute of Chemical Engineers, vol. 41, Issue 6, pp. 1375-1388, (1995).*

[127] M. Syamlal, A Review of Granular Stress Constitutive Relations, *Forschungsbericht, DOE/MC/21353-2372, (1987).*

[128] D. Guha, P. A. Ramachandran, M. P. Dudukovic and J. J. Derksen, Evaluation of large Eddy simulation and Euler-Euler CFD models for solids flow dynamics in a stirred tank reactor, *American Institute of Chemical Engineers, vol. 54, Issue 3, pp. 766-778, (2008).*

[129] M. Bertodano, The Modeling of Lift and Dispersion Forces in Two-Fluid Model Simulations of a Bubbly Jet, *Journal of Fluids Engineering, vol. 126, pp. 573-578, (2004).*

[130] D. Drew, A turbulence dispersion model for particles or bubbles, *Journal of Engineer Mathematics, vol. 41, pp. 259-274, (2001).*

[131] C.M. Rhie and W. L. Chow, Numerical study of the turbulent flow past an airfoil with trailing edge separation, *AIAA, vol. 21, pp. 1525-1532, (1983).*

[132] A. Brucato, F. Grisafi and G. Montante, Particle drag coefficients in turbulent fluids, *Journal of Chemical Engineering Science, vol. 53, pp. 3295-3314, (1998).*

[133] A. N. Kolmogorov, Equations of Motion of an Incompressible Turbulent Fluid, *Izvestiya Akad. Nauk SSSR, vol. 6, pp. 56–58, (1942).*

[134] J. Ding, R. W. Lyczkowski, S. W. Burge and G. Gidaspow, Three-Dimensional Models of Hydrodynamics and Erosion in Fluidized Bed Combustors, *American Institute of Chemical Engineers Symposium, vol. 88, (1992).*

[135] D. Gidaspow, Multiphase Flow and Fluidization-Continuum and Kinetics Theory Description, *Academic Press, SanDiego (USA), ISBN 0122824709, (1994).*

[136] K. Schwister, Taschenbuch der Verfahrenstechnik, *Fachbuchverlag Leipzig, ISBN 3446410589, (2001).*

[137] J. Ding and D. Gidaspow, A Bubbling Fluidization Model Using Kinetic Theory of Granular Flow, *American Institute of Chemical Engineers, vol. 36, pp. 523-538, (1990).*

[138] N. F. Carnahan and K. E. Starling, Equation of State for Non-Attracting Rigid Spheres, *International Journal of Chemical Physics, vol. 51, pp. 635-636, (1969).*

[139] C. K. Lun and F. B. Savage, The efects of Impact Velocity Dependant Co-effcient of Restitution Stress Developed by Sheared Granular Materials, *Journal of Acta Mechanica, vol. 63, pp. 15–44, (1986).*

[140] S. Savage, Analyses of slow high-concentration flows of granular materials, *Journal of Fluid Mechanics, vol. 377, pp. 1–26, (1998).*

[141] G. Balzer and O. Simonin, Extension of Eulerian Gas-Solid Flow Modelling to Dense Fluidized Bed, *Proceedings, 5th International Symposium on Refined Flow Modelling and Turbulence Measurements, (1993).*

[142] B. J. Alder and T. E. Wainwright, Studies in Molekular Dynamics, *Behaviour for Small Number of Elastic Spheres, International Journal of Chemical Physics, vol. 33, pp. 1439-1451, (1960).*

[143] S. Ogawa, A. Umemura and N. Oshima, On the Equation of Fully Fluidized Granular Materials, *International Journal of Applied Mathematical Physics, vol. 31, Number 4, pp. 483-493, (1979).*

[144] J. Ding, R. W. Lyczkowski, S. W. Burge and D. Gidaspow, Three-Dimensional Models of Hydrodynamics and Erosion in Fluidized Bed Combustors, *American Institute of Chemical Engineers Symposium, vol. 88, pp. 289-299, (1992).*

[145] W. C. Mih, An Empirical Shear Stress Equation for General Solid-Fluid Mixture Flows, *International Journal of Multiphase Flow, vol. 19, pp. 683-690, (1992).*

[146] T. Li, J. Grace and X. Bi, Study of wall boundary condition in numerical simulations of bubbling fluidized beds, *Powder Technology, vol. 203, Issue 3, pp. 447-457, (2010)*

[147] S. C. Campbell and D. G. Wang, Particle Pressure in Gas-Fluidized Beds, *Journal of Fluid Mechanics, vol. 227, pp. 495-508, (1991).*

[148] D. Prasad and H. K. Kytömaa, Particle Stress and Viscous Compaction During Shear of Dense Suspensions, *International Journal of Multiphase Flow, vol. 21, pp. 775-785, (1995).*

[149] H. Altenbach, Einführung in die Kontinuumsmechanik, *Teubner Verlag, Stuttgart, ISBN 3519030969, (1994).*

[150] G. G. Stokes, Mathematical and physical papers, *5 Bände, Cambridge, (1880–1905).*

[151] M. Sommerfeld, Bewegung fester Partikel in Gasen und Flüssigkeiten, *VDI-Wärmeatlas, Springer Verlag, (2002).*

[152] LaVision, PIV-Manual Version 7.2, *Vector Post processing, Göttingen, (2007).*

[153] H. Blasius, Das Aehnlichkeitsgesetz bei Reibungsvorgängen in Flüssigkeiten,*Mitteilungen über Forschungsarbeiten des VDI, vol. 131, pp. 1-40, (1913).*

[154] H. Blasius, Grenzschichten in Flüssigkeiten mit kleiner Reibung, *Zeitschrift für Mathematik und Physik, vol. 56, pp. 1-37, (1908).*

[155] TSI GmbH, TSI User manual, *http://www.tsiinc.de, (2009).*

[156] G. Mie, Beiträge zur Optik trüber Medien, speziell kolloidaler Metallösungen, *Annalen der Physik, vol. 4, pp. 377-445, (1908).*

[157] I. Gillandt, U. Fritsching and K. Bauckhage, Measurement of phase interaction in dispersed gas/particle two-phase flow, *International Journal of Multiphase Flow, vol. 27, pp. 1313-1332, (2001).*

[158] B. Ruck, Laser-Doppler-Anemometrie, *AT-Fachverlag GmbH, Stuttgart, (1987).*

[159] B. Ruck, Lasermethoden in der Strömungsmesstechnik, *AT-Fachverlag GmbH, Stuttgart, (1990).*

[160] Gerthsen Physik, *22. Auflage, Springer-Verlag Berlin, Heidelberg, ISBN 9783540254218, (2007).*

[161] T.Gehrlein, Experimentelle Messung von Partikelgeschwindigkeiten in einem Düsengroßmodell mit 2D LDA und 3D PIV Verfahren und Vergleich mit numerischen Simulationen, *Diplomarbeit, Technische Universität Karlsruhe, (2007).*

[162] B. Rembold and L. Kleiser, Large-eddy simulation of compressible rectangular duct flow, *PAMM, vol. 2, Issue 1, pp. 352-353, (2003).*

[163] H. Helmholtz, Über Wirbelbewegungen, *Herausgeber von A. Wangerin, 2. Auflage, (1858).*

[164] Z. Zhang, Velocity bias in LDA measurements and its dependence on the flow turbulence, *Flow Measurement and Instrumentation, vol. 13, Issue 3, pp. 63-68, (2002).*

[165] E. R. Ceder, Grundlagen-Untersuchungen zum Strömungs- und Erosionsverhalten beim hydroerosiven Verrunden, *Diplomarbeit, Universität Stuttgart, (2002).*

[166] H. Mc Clark and R.B. Hartwich, A re-examination of the particle size effect in slurry erosion, *Journal of Wear, vol. 248, pp. 147-161, (2001).*

[167] H. Mc Clark and K. K. Wong, A model of particle impact in gas-solid and liquid-solid erosion, *Journal of Wear, vol. 186, pp. 465-472, (1995).*

[168] M. Hashish, An improved model of erosion by solid particle impact, *Proceedings, 7th International Conference on Erosion by Liquid and Solid Impact, vol. 66, pp. 1-9, (1987).*

[169] K. Ahlert, Effects of particle impingement angle and surface wetting on solid particle erosion of AISI 1018 steel, *M.S. Thesis, Department of Mechanical Engineering, The University of Tulsa, (1994).*

[170] I. Finnie, A. Levy and D. H. McFadden, Fundamental mechanism of the erosive wear of ductile metals by solid particles, *American Society of Testing and Materials, vol. 664, pp. 36-58, (1979).*

[171] J. G. A. Bitter, A study of erosion phenomena (part 2), *Journal of Wear, vol. 6, pp. 169-190, (1963).*

[172] Q. Fang, P. S. Sidky and M. G. Hocking, Microripple formation and removal mechanism of ceramic materials by solid-liquid slurry erosion, *Journal of Wear, vol. 223, pp. 93-101, (1998).*

[173] H. Hertz, Über die Berührung fester elastischer Körper, *Die Reine und angewandte Mathematik, vol. 92, pp. 156–171, (1882).*

[174] S. G. Sapate and A. V. Rao, Effect of erodent particle hardness on velocity exponent in erosion of steels and cast irons, *Journal of Material and Manufacturing Process, vol. 18, pp. 783-802, (2003).*

[175] J.F. Archard, Contacting and rubbing of flat surfaces, *Journal of Applied Physics, vol. 24, pp. 981-988, (1953).*

[176] J. P. Andrews, Elastic-Plastic collision, *Phil. Magazine, vol. 9, pp. 593-599, (1929).*

[177] J. H. Neilson and A. Gilchrist, Erosion by a stream of solid particles, *Journal of Wear, vol. 11, pp. 111-122, (1967).*

[178] G. L. Sheldon, Simalarities and differences in the erosion behaviour of materials, *American Society of Mechanical Engineers, vol. 92, pp. 619-625, (1970).*

[179] H. Wahl, A survey of the field of wear, *Journal of Wear, vol. 9, pp. 4-19, (1954).*

[180] B. F. Levin, K. S. Vecchio, J. N. DuPoint and A. R. Marder, Modelling solid-particle erosion of ductile alloys, *Metallurgical and Material Transactions A, vol. 30A, pp. 1763-1774, (1999).*

[181] T. Deng, M. S. Bingley and M.S. A Bradley, The influence of particle rotation on the solid-particle erosion rate of metals, *Journal of Wear, vol. 256, pp. 1037-1049, (2004).*

[182] G. G. Joseph and M. L. Hunt, Oblique particle-wall collisions in a liquid, *Journal of Fluid Mechanics, vol. 510, pp. 71-93, (2004).*

[183] ANSYS ICEM CFD, Release 11.0 Documentation for ICEM, *www.cadfem.de, (2008).*

[184] Sympatec GmbH, System-Partikel-Technik, *HELOS-Partikelgrößenanalyse, (2008).*

[185] W. Demtröder, Experimentalphysik 2, *Springer Verlag, Berlin, ISBN 3540651969, (2002).*

LEBENSLAUF

Mathias Weickert

geboren am 26.05.1981 in Weinheim

verheiratet

	Beruflicher Werdegang
seit 08.2009	Simulationsingenieur in der zentralen Forschung und Vorausentwicklung der Robert Bosch GmbH. Verantwortlichkeitsbereich: Simulation tribologischer Kontakte mittels Fluid-Struktur-Interaktionsmethoden
	Dissertation
10.2006-07.2009	Promotion bei der Robert Bosch GmbH, Thema: *„Partikelerosion in laminaren und turbulenten Strömungen"* Hochschulbetreuung durch Prof. Martin Sommerfeld an der Martin-Luther Universität Halle-Wittenberg am Lehrstuhl für mechanische Verfahrenstechnik
	Hochschulbildung
04.2002-10.2006	Diplomstudiengang Physik mit dem Nebenfach Mathematik an der Ruprecht-Karls-Universität Heidelberg
	Studienschwerpunkte in Physik: Experimentelle Atomphysik, Laser- und Quantenoptik, Halbleiterphysik Mathematik: Finite-Elemente-Methode, algorithmische Optimierung, Parameterschätzung für gewöhnliche und partielle Differentialgleichungen, Funktionentheorie
	Nicht technische Zusatzfächer: Güterwirtschaft 1 und Produktionsmanagement
10.2005-09.2006	Diplomarbeit im Bereich Quantenoptik, Thema: *„Lebensdauerbestimmung von Dunkelzuständen"*
	Wehrdienst
12.2001-03.2002	Wehrdienst an der Hans-Graf-von-Sponeck-Kaserne in Germersheim
07.2001-11.2001	Offiziersausbildung an der Offizierschule der Luftwaffe in Fürstenfeldbruck
	Schulbildung
08.1992-06.2001	Heinrich Böll Gymnasium in Ludwigshafen-Mundenheim

Stuttgart, im Dezember 2010

Puplikationsliste

Veröffentlichungen in Konferenzbändern

- M. Weickert, U. Iben, M. Sommerfeld:
  „Online Simulation des hydroerosiven Verrundens.“
  ANSYS Conference and 25. CADFEM Meeting, Dresden, (2007).
- M. Weickert, G. Teike, U. Iben, M. Sommerfeld:
  „Investigation of non-spherical particle transport in turbulent fluid flows using 3D Lattice Boltzmann methods.“
  The Fifth International Conference for Mesoscopic Methods in Engineering and Science, Amsterdam, (2008).
- M. Weickert und U. Iben:
  „Experimental and Numerical Investigations of Hydroerosive Grinding for Injection Components.“
  Expertverlag, Diesel- und Benzindirekteinspritzung: BD VI, ISBN-10: 3816930522, (2010).

Veröffentlichungen in Journals

- M. Weickert, G. Teike, O. Schmidt, M. Sommerfeld:
  „Investigation of the LES WALE turbulence model within the lattice Boltzmann framework.“
  Computers and Mathematics with Applications, vol. 59, pp. 2200-2214,
  doi:10.1016/j.camwa.2009.08.060, (2010).
- M. Weickert, M. Sommerfeld, G. Teike, U. Iben:
  „Experimental and numerical investigation of the hydroerosive grinding.“
  (begutachtet von Prof. Martin Sommerfeld und aktuell unter Begutachtung bei Powder Technology)
- M. Weickert, M. Sommerfeld, S. Langer, P. Assogba, G. Teike, U. Iben:
  „Investigation of non-spherical particle transport in arbitrary flow regimes using 3D Lattice Boltzmann methods.“
  (unter Begutachtung bei Prof. Martin Sommerfeld)

Vorträge

- U. Iben und M. Weickert:
  „Experimental and Numerical Investigations of Hydroerosive Grinding for Injection Components.“
  7. Tagung Diesel- und Benzindirekteinspritzung, Berlin, (2010).
- M. Weickert, G. Teike, U. Iben, M. Sommerfeld:
  „Investigation of non-spherical particle transport in turbulent fluid flows using 3D Lattice Boltzmann methods.“
  The Fifth International Conference for Mesoscopic Methods in Engineering and Science, Amsterdam, (2008).
- M. Weickert, U. Iben, M. Sommerfeld:
  „Online Simulation des hydroerosiven Verrundens.“
  ANSYS Conference and 25. CADFEM Meeting, Dresden, (2007).